플라스마 물리 입문

박 원 택 | Sergey Dvinin 공저

Plasma Physics

홍릉과학출판사

본론 기술에 앞서

사용되는 기호, 규칙과 관습을 살핀다. 사용되는 좌표는 Right Handed Coordinate을 사용한다. 그림에서 사용되는 기호 ⊙는 화면 앞으로 향하는 방향을 나타내고 반대되는 방향은 ⊗ 이다. 많은 사람들이 자장의 방향을 좌표계에서 z 축으로 표시하고 있다. 본문 중에 사용되는 기호 ≡ 는 Definition을 의미한다. 수식을 유도하는 사람이 정했다는 것을 뜻한다. 맞고 틀림의 시시비비보다는 잘 정의되고 서투르게 정의 됐음을 가리는 것이 올바르다.

Plasma Physics에서 가장 많이 사용되는 단위계는 MKS와 cgs 단위계를 혼합한 "kg, cm, sec" 단위계이다. 온도의 단위는 절대온도 K, volt, eV 중에서 volt를 주로 사용한다. 주어진 공식에서 구체적인 수치를 계산할 때 Data를 MKS 단위계나 cgs 단위계로 변환하고 MKS, 혹은 cgs 단위계로 주어진 물리적 상수들을 이용하여 계산하고 다시 "kg, cm, sec" 단위계로 변환할 것을 추천한다.

사용되는 용어는 영어와 한국어를 혼용하기로 한다.

2012. 3. 1
박 원 택

차 례

제 1 장

Plasma 개념과 용어

1-1 Plasma 정의 1

Plasma란?

Plasma란 Ionized Gas이다.

Heating이란?

기체를 전리시키기 위해서는 핵과 전자 사이에 Coulomb Force로 인하여 형성된 Potential 에너지 이상의 운동에너지를 전자에 주어야 한다. 전자에 운동에너지를 주는 것을 전자를 Heating 한다고 한다. 우리가 온도계로 재는 온도라는 것은 입자들의 방향성 없고 불규칙한 운동에너지이다. 전자가 에너지를 가지고 있는 형태는 x, y, z 방향의 Translation 에너지 밖에 없다. 전자는 Moment Arm이 짧아서 Rotation의 형태로 큰 에너지를 가질 수 없고 강체이기 때문에 Vibration의 형태로 에너지를 가질 수 없다. 전자의 열이라는 것은 전자의 Translational 운동에너지이다.

Ionization and Excitation

q_1, q_2의 전하를 가지고 있는 2개의 입자 사이에 작용하는 힘은 두 입자의 전하를 곱한 것에 비례하고 거리의 제곱에 반비례한다. 이 힘을 Coulomb Force라고 하는데 상수를 MKS 단위에 맞게 조정하여 나타낸 방정식은 다음과 같다. 여기서 ε은 Permittivity(유전율), r은 핵과 전자 사이의 거리이다.

$$F = \frac{1}{4\pi\varepsilon}\frac{q_1 q_2}{r^2} \tag{1.1}$$

q가 핵의 전하이고 e가 전자의 전하라고 정한다. 전자를 핵에서 Coulomb Force를 극복하여 뜯어내는 것은 전자의 위치를 r = R(궤도 반지름)에서 r = ∞로 하는 것과 같다. 이를 Ionization이라 하는데 이에 사용되는 에너지는 다음과 같이 수식으로 표현할 수 있다.

$$\begin{aligned} W &= -\int_R^\infty F dr \\ &= -\frac{1}{4\pi\varepsilon}\int_R^\infty \frac{qe}{r^2} dr \\ &= -\frac{1}{4\pi\varepsilon}\frac{qe}{R} \end{aligned} \tag{1.2}$$

방정식 (1.2)에서 Minus 부호가 붙은 것은 힘의 방향의 반대 방향으로 일을 할 때 사용되는 에너지가 Plus이기 때문이다. 핵으로부터 R의 거리에 m의 질량을 가지고 있는 전자가 핵 표면에서 총을 발사하는 것과 같은 방식으로 초속도 v_0를 가지고 멀리 탈출할 때 필요한 초기 운동에너지 E는 다음과 같은 조건을 만족한다.

$$W = -\frac{1}{4\pi\varepsilon}\frac{eq}{R} \quad < \quad E = \frac{1}{2}mv_o^2 \tag{1.3}$$

방정식 (1.3)의 의미는 Ionization을 위해 전하 사이의 Potential 에너지 보다 큰 운동에너지를 전자에 주어야 한다는 것이다. Potential 에너지 W를 Ionization 에너지라고 부른다. Excitation이라는 것은 전자의 궤도를 R_1에서 보다 작은 Potential 에너지를 가진 높은 궤도 R_2로 옮기는 것이다. 방정식 (1.2)에서 적분 상한과 하한을 R_1과 R_2로 바꾸면 Excitation 에너지를 구할 수 있다. 방정식 (1.1)과 같이 힘을 안다는 것은 전장을 안다는 것과 같고 이는 Potential 에너지를 아는 것과 같다. 방정식 (1.5)의 C는 적분상수이다. U는 전장 E의 Potential이다.

$$\begin{aligned} F &= \frac{1}{4\pi\varepsilon}\frac{eq}{r^2} \\ &\equiv eE \\ E &= \frac{1}{4\pi\varepsilon}\frac{q}{r^2} \end{aligned} \tag{1.4}$$

$$\begin{aligned} U &\equiv -\int Edr \\ &= \frac{1}{4\pi\varepsilon}\frac{q}{r} + C \end{aligned} \tag{1.5}$$

전하 사이의 Potential 분포를 알게 되면 Ionization 에너지, Excitation 에너지와 같은 각종 Reaction 에너지들을 계산할 수 있다. 그러나 원자는 여러 개의 전자를 포함하는 Multi-Pole이라 정량적으로 Potential 분포를 알기는 어렵다.

전자를 Heating하는 방법

Plasma를 만들고 Gas를 Ionization이나 Excitation을 하기 위해서는 핵으로부터 독립된 전자를 가속하여 핵에 구속된 전자에 충돌시켜야 한다. 비효율적이지만 Ionization을 위해 전자장과 같은 Field의 힘으로 전자를 핵으로부터 뜯어내는 방법도 있다. 전자를 가속시키는 방법에는 전자장과 같은 Field에 의한 가속과 큰 에너지를 가진 다른 입자와의 충돌로 에너지를 얻게 하는 방법이 있다. Field에 의한 가속을 다시 분류하여 시간적으로 변하는 Field와 충돌로 인하여 생기는 가속을

Stochastic Heating이라고 한다. Field를 따라 운동하는 하전입자가 Field의 방향이 바뀌었을 때 마치 충돌하는 것과 같이 반대 쪽으로 운동 방향을 바꾸는 것을 Field와 충돌했다고 한다.

➔ 머리 식히며 상식 늘리기: Rocket의 탈출속도

널리 알려져 있는 Coulomb 법칙과 Newton의 만류인력 법칙과의 유사성을 이용하여 Rocket의 탈출 속도를 설명하고자 한다. M과 m의 질량을 가지고 둘 사이의 거리가 r인 두 물체 사이에 작용하는 힘은 Newton의 만류인력 법칙에 의하여 다음과 같다. G는 만유인력상수이다.

$$F = -G\frac{Mm}{r^2} \tag{1.6}$$

질량 M을 가진 물체의 중심을 Spherical Coordinate의 원점으로 했을때에 힘의 방향은 r 좌표상으로 Negative 하기 때문에 방정식 (1.6)에서 Minus Sign을 붙인다. M이 지구의 질량이고 m이 Rocket의 질량이라 하고 Rocket을 지구에서 (r = R: 지구 반지름) 우주 멀리 (r = ∞) 보낼 때 사용되는 에너지는 다음과 같다.

$$\begin{aligned} W &= -\int_R^\infty F dr \\ &= \int_R^\infty G\frac{Mm}{r^2}dr \\ &= G\frac{Mm}{R} \end{aligned} \tag{1.7}$$

Rocket을 지구 표면에서 총과 같이 초기속도 v_0로 발사했을 때 Rocket의 초기에너지는 다음과 같다.

$$E = \frac{1}{2}mv_o^2 \tag{1.8}$$

Rocket이 중력을 이기고 지구로부터 무한대의 거리로 가기 위해서는 Rocket의 초기 운동에너지가 지구와의 Potential 에너지보다 커야 한다.

$$G\frac{Mm}{R} < \frac{1}{2}mv_o^2 \tag{1.9}$$

(1-9) 식을 만족하는 v_0를 Rocket의 탈출속도라고 한다. Rocket을 총처럼 발사하지 않고 서서히 가속하면 더 많은 에너지가 필요하다.

1-2 Plasma에 사용되는 용어들

Collision이란?

Collision(충돌)이란 두 개의 물체가 부딪히는 것이다. 당구공과 같은 강체가 충돌했을 경우 접촉 후 천천히 운동 방향을 바꾸는 것이 아니라 반사각을 가지고 한 번에 운동 방향을 바꾼다. 전자가 전자와 혹은 Negative Ion이 충돌했을 경우에는 접촉이 되지 않고 먼 거리서부터 서로 영향을 주어 운동방향을 서서히 바꾼다. 접촉이 되지는 않았지만 운동에 서로 영향을 주었다는 점에서 Collision이 일어났다고 규정한다. 전자와 Positive Ion의 경우에 서로 접촉이 되지 않더라도 각 입자들의 운동에 서로 영향을 주면 Collision이 일어났다고 역시 규정한다. Collision에는 Elastic Collision과 Inelastic Collision으로 분류할 수 있다. Elastic Collision은 입자들이 충돌 전후의 운동량과 에너지가 같을 경우이고 Inelastic Collision은 운동량과 에너지가 충돌 전후에 달라질 경우이다. Inelastic Collision의 경우에는 에너지가 Ionization, Excitation 등 내부에너지로 축적 되거나 소모된다.

Collision Parameters

Plasma Engineer들 사이의 대화에 자주 사용되는 용어들인 Collision Parameter를 정의하기 위하여 전자로 대표되는 Projectile과 주로 Neutral Gas로 대표되는 Target이 아주 얇은 Slab 모양의 공간에서 충돌하는 Model을 그림 1.1과 같이 설정한다.

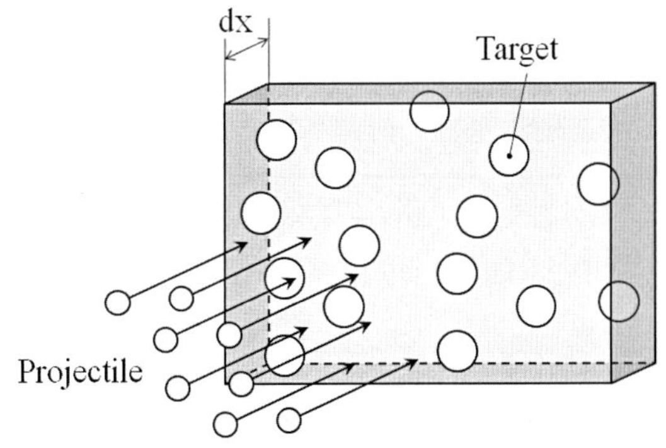

그림 1.1 Slab 안에서의 Target과 Projectile의 충돌

Slab의 두께를 Infinitesimal하게 dx cm로 하고 Target의 밀도를 n_g[#/cm^3], Slab의 면적을 A cm^3, N을 Slab 안의 Target 개수라고 하면 N은 다음과 같다(#는 개수이다).

$$\begin{aligned} N &= n_g [\#/cm^3] \times A [cm^2] \times dx [cm] \\ &= n_g A dx \ [\#] \end{aligned} \tag{1.10}$$

[ ] 안은 해당 변수의 단위를 나타낸다. 단위는 해당 변수의 물리적 성격을 설명하는 경우에 유용하다. Neutral Gas는 상압일 때도 충돌 없이 진행할 수 있는 여유 공간이 있다. Slab의 두께를 Infinitesimal하게 dx로 했다는 것은 Slab 내의 Target과 충돌 예정인 전자에서 Target을 관찰했을 때 겹쳐서 보이는 Target의 단면적이 Zero라고 할 수 있다. 겹치는 것을 무시한다. Slab 안에 있는 모든 Target의 단면적의 합을 B라 하면 B는 다음과 같다.

$$\begin{aligned} B &= n_g A dx \times \sigma \ [cm^2] \\ &= n_g \sigma A dx \ \ [cm^2] \end{aligned} \tag{1.11}$$

σ는 Target의 충돌 단면적이다. Projectile의 충돌 단면적이 'Target의 충돌 단면적과 비교하여 무시할만하다'하고 Target에 부딪히면 Projectile이 없어진다는 가정하에 밀도 n의 Projectile이 dx를 전진하면서 Target과 부딪혀서 없어지는 양은 방정식 (1.12)와 같다.

$$\begin{aligned} dn &= -n \frac{B}{A} \\ &= -n \left(\frac{\sigma A dx n_g}{A} \right) \\ &= -\sigma n n_g dx \end{aligned} \tag{1.12}$$

Flux Γ를 방정식 (1.13)과 같이 정의한다.

$$\begin{aligned} \Gamma &\equiv \text{속도 } v \ [cm/sec] \times \text{ 밀도 } n \ [\#/cm^3] \\ &= nv \ [\#/sec \cdot cm^2] \end{aligned} \tag{1.13}$$

물리적 의미는 단위 면적당 1초에 흘러 들어오는 입자들의 개수이다. 이를 이용하여 방정식 (1.12)를 전개하면 방정식 (1.14)와 같이 Γ를 유도할 수 있다.

$$\begin{aligned}
&vdn = -\sigma vnn_g dx \\
&d\Gamma = -\sigma\Gamma n_g dx \\
&\frac{d\Gamma}{\Gamma} = -\sigma n_g dx \\
&\ln(\Gamma) = -\sigma n_g x + C \\
&\Gamma(x) = \Gamma_0 e^{-n_g \sigma x} \\
&\quad\quad \equiv \Gamma_0 e^{-x/\lambda}
\end{aligned} \tag{1.14}$$

$$\text{where } \lambda = \frac{1}{n_g \sigma} \tag{1.15}$$

여기서 정의된 λ는 Mean Free Path로 불리며 Projectile이 충돌 없이 지나갈 수 있는 평균 거리를 의미한다. 방정식 (1.14)는 투입된 전자와 같은 Projectile이 Exponentially 감소한다는 것을 보여준다. 충돌 횟수가 크면 즉 λ가 작으면 감소 속도가 크다. Mean Free Path와 이에 관련된 정의는 방정식 (1.16)~(1.18)과 같다.

$$\tau \equiv \lambda / v \ \text{: Collision Time} \tag{1.16}$$

$$\begin{aligned}
&k \equiv \sigma v \quad \text{: Rate Constant} \\
&\nu \equiv \tau^{-1} \\
&\quad = n_g \sigma v
\end{aligned} \tag{1.17}$$

$$\quad = kn_g \text{: Collision Frequency} \tag{1.18}$$

Collision Time은 1개 Projectile이 충돌한 후 다시 충돌할 사이의 평균시간이며 Collision Frequency는 1초 동안 충돌하는 횟수이다. 방정식 (1.16)의 Plasma 반응의 Rate Constant는 화학 반응의 반응 상수와 동일한 개념이다. Rate Constant k의 정의를 이용하면 밀도 n인 Projectile의 소모율은 방정식 (1.19)와 같다.

$$\begin{aligned}
&vdn = -\sigma vnn_g dx = -knn_g dx \\
&\frac{d\Gamma}{dx} = -knn_g \ [\#/\text{sec}/\text{cm}^3]
\end{aligned} \tag{1.19}$$

$d\Gamma/dx$의 단위는 [#/sec/cm^3]으로 단위 시간당, 단위 부피당 Projectile의 소모 속도를 의미한다. 한편으로 방정식 (1.19)는 밀도 n의 Projectile, 밀도 n_g의 Target이 반응하여 새로운 물질을 만드는 생성속도를 의미한다. 다음과 같이 화학 반응에서 A와 B물질이 반응하여 C와 D물질을 만들 때의 생성속도와 의미와 단위가 같다.

$$\text{생성속도} = k\ [A]\ [B] \quad \text{Where } [A] + [B] \rightarrow [C] + [D] \tag{1.20}$$

Plasma Oscillation

구동주파수 ω[radian/sec]를 가진 전류를 이용하여 Chamber 안에 Plasma를 만들고 Probe를 삽입한 후 Filter를 이용하여 전류의 영향을 차단한 후 Vector Network Analyzer를 이용하여 주파수를 횡축으로 하고 Probe의 Potential을 종축으로 하여 측정하면 Langmuir Plasma Frequency(ω_{pe})라 불리는 주파수에서 Peak가 생기는 것을 관찰할 수가 있다. Langmuir Plasma Frequency를 줄여서 흔히 Plasma Frequency라고 한다.

전자와 핵과의 무게 차이가 가장 작은 수소의 경우 1,836배의 차이가 있고 Argon의 경우에는 73,44배의 차이가 있다. Coulomb Force로 인하여 전기적으로 중성 상태를 유지하고 있는 Plasma가 외부에서 유래된 교란 요인으로 인하여 전자와 Ion이 움직였을 때 무게 차이가 크기 때문에 전자의 움직인 거리가 Ion에 비해 상대적으로 커서 Ion은 Dull해서 움직임이 없다고 가정해도 오차는 크지 않다. Ion이 움직임이 없다고 가정하고 전기적 중성을 깨면서 전자가 움직였을 때 전자는 새로 만들어진 전장에 의해 제자리로 돌아가려 하고 돌아가는 전자는 관성에 의해 원래 위치를 지나치게 되어 다시 돌아가는 진동이 생기게 된다. Plasma Frequency를 수식으로 표현하면 다음과 같다.

$$\omega_{pe}^2 \equiv \frac{e^2 n_o}{\varepsilon_o m} \quad [\text{rad / sec}] \tag{1.21}$$

$$f_{pe} = \frac{\omega_{pe}}{2\pi} = 8980\sqrt{n_o}\,\text{Hz} \quad (n_o \ \text{in} \ \text{cm}^{-3}) \tag{1.22}$$

ω_{pe}의 단위는 rad/sec이고 f_{pe} 단위는 Hz이다. n_0는 전자 밀도이고, e는 전자의 전하량이며 ε은 permittivity이다. ω_{pe}는 흔히 Collision Frequency ν와 비교하여 Plasma의 Neutral과의 Collision이 많고 적은 정도를 판단할 때에 사용된다. 다음 그림 1.2는 수학적으로 ω_{pe}를 유도하는 것을 나타낸 것이다.

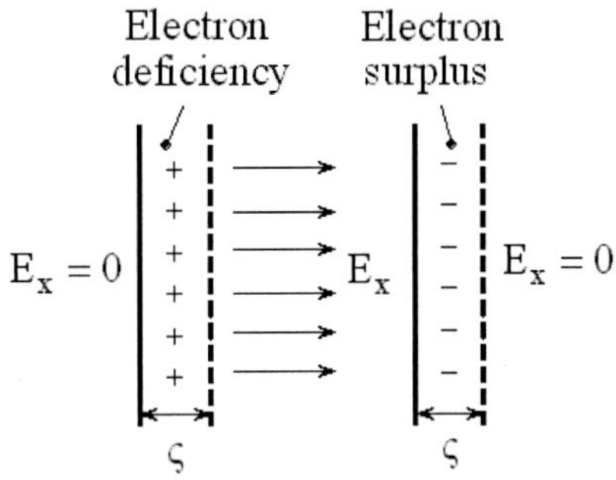

| 그림 1.2 | Plasma Frequency를 계산하기 위한 설명도.
$n_e=n_i=n_0$이고 Ion이 Dull 하고 Electron의 위치에 ζ 만큼 변이가 왔다는 가정.

그림 1.2에서 Solid Line 두 개 사이의 전자가 외부에서 주어진 교란 요인에 의해 두 개의 Broken Line 사이의 위치로 ζ 만큼 움직였을 때, 왼쪽에 Electron Deficiency Region이 생기고 오른쪽에 Electron Surplus Region이 생겨 내부에 오른쪽 방향으로 전장이 생긴다. 우선 그림 1.2의 E_X를 Gauss 법칙을 이용하여 계산한다. 왼쪽의 Solid Line과 Broken Line을 그림 1.3과 같이 확대한다.

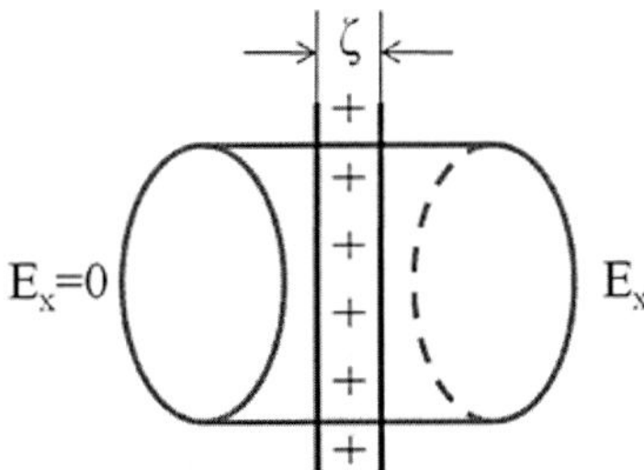

| 그림 1.3 | E_X를 계산하기 위한 설명도. 원통은 Control Volume이다.

ζ 두께의 얇은 Slab에 Positive Charge가 들어 있다고 근사하면 Surface Charge가 존재한다고 할 수 있다. 이 Surface Charge의 일부분을 포함하는 원통형 Control Volume을 그림 1.4와 같이 설정한다.

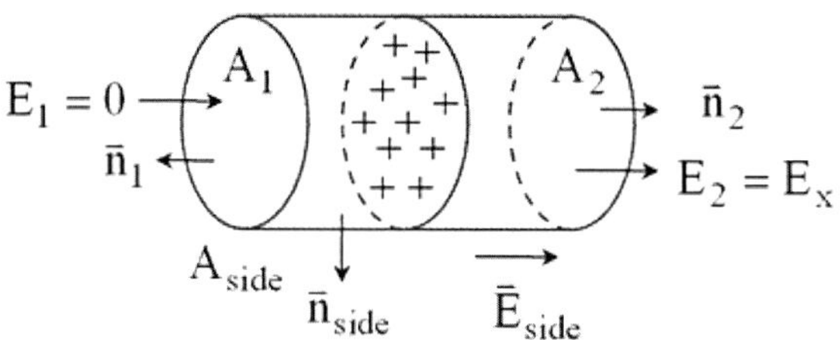

| 그림 1.4 | Surface Charge를 포함하는 Control Volume.

A_1, A_2는 양쪽 원의 각각의 면적이고 $\bar{n}$ 은 표면에서 바깥으로 향하는 Normal Vector이다. 부피 적분을 면 적분으로 바꾸는 Gauss의 수학법칙을 이용하여 Control Volume에서 Gauss 방정식을 부피 적분하여 전장을 구한다. ρ는 공간 전하밀도이고 Q는 Charge, V는 Volume이다.

$$\begin{aligned}
&\varepsilon_o \nabla \cdot \bar{E} = \rho \\
&\varepsilon_o \int \nabla \cdot \bar{E} dV = \int \rho dV \\
&\varepsilon_o \oint \bar{E} \cdot \bar{n} ds = Q \\
&\varepsilon_o \left[\left(\bar{E}_1 \cdot \bar{n}_1 \right) A_1 \quad + \left(\bar{E}_{side} \cdot \bar{n}_{side} \right) A_{side} \quad + \left(\bar{E}_2 \cdot \bar{n}_2 \right) A_2 \right] = Q \\
&\varepsilon_o E_x A = e n_o \varsigma A \\
&E_x = e n_o \varsigma / \varepsilon_o
\end{aligned} \tag{1.23}$$

왼쪽과 오른쪽의 Solid Line과 Broken Line 사이에 있는 전자들이 받는 힘은 다음과 같다.

$$m \frac{d^2 \varsigma}{dt^2} = -eE_x \tag{1.24}$$

방정식 (1.23)을 이용하여 방정식 (1.24)의 해를 다음과 같이 구한다.

$$\begin{aligned}
&\frac{d^2 \varsigma}{dt^2} = -\frac{e}{m} E_x = -\omega_{pe}^2 \varsigma \\
&\varsigma = \varsigma_o \cos\left(\omega_{pe} t + \phi_o \right)
\end{aligned} \tag{1.25}$$

ς_o, ϕ_0를 임의의 상수라 하면 전자가 각속도 ω_{pe}를 가지고 왕복 운동을 하는 것을 알 수 있다. Plasma Frequency ω_{pe}는 Neutral Atom과의 Collision Frequency ν_m, Driving Frequency ω와 더불어 Plasma의 상태나 특성을 표시하는데 많이 사용된다. 예를 들면 다음과 같다.

- $2\pi\nu_m > \omega_{pe}$ 이면 Collision이 많은 Plasma.
- $2\pi\nu_m \sim \omega$ 이면 Joule Heating이 잘 된다. 25 mTorr의 압력일 경우의 Collision Frequency와 비슷한 13.56MHz의 Field Frequency를 많이 사용하던 이유이다.
- $2\pi\nu_m < \omega << \omega_{pe}$ 이면 Stochastic Heating이 Dominant하며 전형적인 Low Pressure Rf Discharge이다.

Debye Length

Debye Length는 Plasma Physics에서 길이의 척도이다. 예를 들면 다음과 같이 사용된다.

- Debye Length 보다 먼 거리에 있는 Charge를 Plasma가 알지 못한다.
- Retarded Field Ion Analyzer에서 Ion을 추출하기 위한 전압이 부가되는 Mesh를 만들 때 Debye Length 보다 짧은 지름을 가진 구멍을 만들어야 Plasma가 보지 못하기 때문에 Mesh의 영향이 작아 정확한 Ion 에너지를 측정할 수 있다.

Debye Length를 수식으로 표현하면 다음과 같다. T_e는 전자온도이다.

$$\lambda_{De}^2 \equiv \frac{\varepsilon_0 T_e}{e n_e} \tag{1.26}$$

$$\lambda_{De} = 743\sqrt{T_e / n_e} \ \ \text{mm} \ (T_e \text{ in volt}, \ n_0 \text{ in cm}^{-3}) \tag{1.27}$$

전자온도 T_e=4volt, n_e=10^{10} cm^{-3}일 때 Debye length는 0.14mm이다. 방정식 (1.26)에서 T_e는 에너지의 단위를 가진다. 단위를 잘 추정하기 바란다. 그림 1.5와 같이 Plasma에 Anode, Cathode를 도입하면 반대되는 극성을 가진 전하들이 이를 둘러싸게 된다.

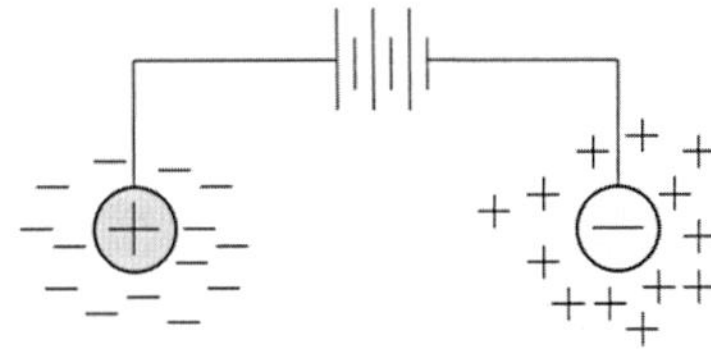

그림 1.5 Debye Length를 계산하기 위한 설명도. Anode, Cathode가 Plasma에 잠겨있다.

먼 곳에서 $n_i = n_e = n_o$ 이고 Ion은 Immobile하다고 가정하고 시간적 변화가 없다면 Gauss 법칙과 Potential 정의와 Boltzmann의 관계식으로부터 Debye Length가 정의된다. Boltzmann's Relation은 Steady State에서 전장에 의한 힘과 충돌에 의한 힘이 하전입자에서 균형을 이루는 경우의 온도와 밀도 분포의 관계식이다. 다음은 전자의 경우이다.

$$n_e(x) = n_0 e^{\Phi/T_e} \tag{1.28}$$

Taylor Series와 Poisson 방정식을 이용하여 방정식 (1.29)과 같이 Potential Φ를 계산하면서 Debye Length λ_{De}를 정의한다.

$$\begin{aligned} \frac{d^2\Phi}{dx^2} &= -\frac{e}{\varepsilon_o}(n_i - n_e) \\ &= -\frac{en_o}{\varepsilon_o}\left(e^{\Phi/T_e} - 1\right) \\ &\approx \frac{en_o}{\varepsilon_o}\frac{\Phi}{T_e} \\ \therefore\ \Phi &\equiv \Phi_o \exp\left(-|x|/\lambda_{De}\right) \end{aligned} \tag{1.29}$$

전하로부터 λ_{De}의 거리에서는 원점에 비하여 36.8%의 크기를 가진 Potential이 존재하는데 많은 Plasma Engineer들은 많은 경우에 이 36.8%를 무시하고 λ_{De}의 거리에서는 Potential이 zero이라고 가정한다. Plasma Physics의 현재 지식은 λ_{De}의 거리 해상도를 가진다. 예를 들면 Plasma 측정을 위해 Mesh를 만들 때 Mesh의 크기를 λ_{De}보다 작게 만든다.

그 밖의 용어들

Plasma Engineer들 사이에 널리 사용되는 용어들을 표 1.1과 같이 소개한다. "//"는 평행이란 뜻이고 "⊥"는 수직이란 뜻이다. 첨자 "1"은 유도됐고 첨자 "0"은 주어졌다는 뜻이다. 표 1.1은 기본적으로 큰 전장이나 자장이 외부로부터 Plasma에 주어지고 그보다는 작은 Induced Field가 생겼다는 생각과 Computer가 없던 시절에 손으로 문제를 풀기 위해 방정식을 0th Order 방정식, 1st Order 방정식, 2nd ... 와 같이 분리하던 습관에 기인하고 있다고 판단되는데 현재도 유용하다.

표 1.1 용어 설명

Longitudinal	// E
Transverse	⊥ E
Parallel	// B
Perpendicular	⊥ B
Extraordinary	$E_1 \perp B_0$
Ordinary	$E_1 // B_0$
Electrostatic	$B_1 = 0$
Electromagnetic	$B_1 \neq 0$
Magnetic Induction	B
Magnetic Field	H
Electric Flux	D
Electric Field	E

1-3 Plasma 정의 2

Plasma Parameter

Plasma에 대한 정의는 "생명이란 무엇인가?", "민주주의란 무엇인가?" 등의 질문에 비해 답하기가 그다지 어렵지 않다. 생명은 우리가 있기 전부터 있었고 공통된 무엇인가 있었다. 잘 알려져 있지 않고 모호한 공통점을 Plasma에서도 힘들여 찾을 필요가 있을까 생각한다. 20 세기 초에 Plasma라고 이름을 만든 사람은 Langmuir와 Tonks이다. 그들은 태양을 구성하는 물질을 Plasma라 했다. 태양을 구성하는 물질은 기체 상태에서 Atom이 에너지를 더 받아 전자의 운동에너지가 Coulomb Force로 인한 핵과 전자의 Potential 에너지보다 커서 핵에 구속되지 않고 자유롭게 운동하는 물질이다. 고체에 열을 가하면 액체가 되고 액체에 열을 가하면 기체가 되고 기체에 열을 가하면 Plasma가 되고 이것 때문에 고체, 액체, 기체에 이은 제 4상태라는 정의이다. 그런데 이 정연한 것 같은 논리에서 우리가 알고 있는 Plasma를 좀더 좁게 한정하는 정리가 유도된다. 우선 Langmuir의 정의에 따른 Plasma Parameter에 대하여 논의 한다. Plasma가 되기 위한 조건으로 전자의 운동에너지 eT_e가 Coulomb 에너지 e^2/d 보다 커야 한다. d는 핵과 전자 사이의 평균거리이다.

$$eT_e >> \frac{1}{4\pi\varepsilon}\frac{e^2}{d} \tag{1.30}$$

방정식 (1.30)에서 T_e의 단위는 volt이다. $d \approx n^{-1/3}$ 라 근사하고 다음의 Plasma Parameter g를 정의한다.

$$\begin{cases} eT_e >> \dfrac{1}{4\pi\varepsilon}\dfrac{e^2}{d} \approx \dfrac{e^2}{4\pi\varepsilon}n^{1/3} \\ \dfrac{\varepsilon T_e}{en} >> \dfrac{1}{4\pi}n^{-2/3} \\ n\lambda_{De}^3 >> (4\pi)^{-3/2} = 0.02245 \end{cases} \tag{1.31}$$

$$\rightarrow \quad g \equiv n\lambda_{De}^3 >> 1$$

Langmuir와 Tonks의 정의에 의하면 방정식 (1.31)을 만족하는 물질이 Plasma이다. 0.02245가 1로 변했다는 것을 감안하면 그다지 좋은 정의라고 판단되지 않지만 실제로 반도체 공정용 Plasma에서 방정식 (1.31)를 만족 시킨다. 종종 저자에 따라 (1.31)의 역수를 Plasma Parameter g로 정의하기도 한다.

Langmuir Plasma의 특성

Langmuir가 정의한 Plasma 정의에 따라 반드시 만족해야 하는 조건이 있다. λ_m를 전자의 Mean Free Path라 하고 b_0를 전자의 운동에너지와 Coulomb 에너지가 같은 거리라고 하면 Single-Large-Angle Scattering의 Mean Free Path는 방정식 (1.32)와 같이 구할 수 있다. Single-Large-Angle Scattering은 특정 하전입자가 곁에 있는 한 개의 하전입자로부터 영향을 받는 Scattering이라는 뜻이다.

$$\begin{aligned} \lambda_m &= \frac{1}{n\pi b_0^2} \\ &= \frac{T_e^2}{n16\pi e^2} \qquad \text{where} \quad eT_e = \frac{1}{4\pi\varepsilon}\frac{e^2}{b_0} \\ &= 16\pi\left(n\lambda_{De}^3\right)\lambda_{De} \end{aligned} \tag{1.32}$$

Fully Ionized Plasma에서 Small Angle Scattering을 고려했을 때 Plasma Frequency와 Collision Frequency의 관계 방정식을 다음과 같이 얻는다.

$$\omega_{pe} = \frac{8\sqrt{2}\pi}{\ln\Lambda}\left(n\lambda_{De}^3\right)\nu_{ei} \tag{1.33}$$

Small-Angle Scattering이란 특정 하전입자가 멀리 있는 많은 하전입자에서 조금씩 영향을 받는 것을 의미한다. Plasma에서는 멀리 있는 많은 하전입자들의 영향력의 합이 큰 영향을 주는 가까이 있는 적은 하전입자 보다 크다. 방정식 (1.32)과 (1.33)로부터 Langmuir의 Plasma 정의로부터 다음의 결론을 얻는다.

$$\lambda_m >> \lambda_{De} \tag{1.34}$$

$$\nu_{ei} << \omega_{pe} \tag{1.35}$$

Langmuir Plasma는 Collision이 많지 않다는 뜻이다. Collision이 적은 저압 방전의 경우에는 문제가 없지만 500Torr 정도의 상압을 이용하는 Plasma Display 내의 전리 기체와 같이 Neutral Atom과의 Collision이 많은 Weakly Ionized Gas는 물질의 제 4상태에 속하지 못하고 기체로 분류가 되어야 하는데 전자기장에 반응한다는 면에서 기체보다는 Plasma Physics에서 다루는 Plasma에 특성이 가깝기 때문에 단순한 Plasma Engineer들은 Plasma를 Ionized Gas라고 단순하게 정의하는 것이 여러모로 편할 듯 싶다.

Plasma 내부로 도입된 Charge는 Debye Shielding에 의해 차폐되기 때문에 Debye Length 밖에서는 Plasma가 전기적으로 중성에 가깝다. L을 Characteristic Length라 하면 일반적으로 우리가 이용하는 Plasma는 방정식 (1.36)을 만족시킨다. 보통은 Characteristic Length는 장치의 기하학적 크기를 규정하는 수치 중에서 짧은 것을 선택한다.

$$L >> \lambda_{De} \tag{1.36}$$

방정식 (1.36)과 근사화 된 Poisson 방정식, Debye Length 정의를 이용하여 Plasma의 Quasineutrality를 설명할 수 있다. Φ는 Plasma Potential이고 $\Phi = T_e/2$의 관계가 있다.

$$\begin{bmatrix} \nabla^2\Phi \sim \dfrac{\Phi}{L^2} \sim \left|\dfrac{e}{\varepsilon_o}(n_i - n_e)\right| \\ \Phi \sim T_e = \dfrac{e}{\varepsilon_o} n_e \lambda_{De}^2 \end{bmatrix} \rightarrow \tag{1.37}$$

$$\frac{|n_i - n_e|}{n_e} \sim \frac{\lambda_{De}^2}{L^2}$$

방정식 (1-36)와 (1-37)로부터 Langmuir Plasma는 전기적으로 중성에 가깝다라는 결론에 이른다.

$$|n_i - n_e| << n_e$$
$$n_i \cong n_e \tag{1.38}$$

Weakly Ionized Plasma

Weakly Ionized Plasma는 기체가 적게 전리된 Plasma이다. 반도체 Plasma장비 중에서 Plasma Density가 가장 큰 것 중의 하나인 HDP-CVD(High Density Plasma Chemical Vapor Deposition)는 Gate 사이의 전기적 절연층을 만드는 Gap Fill 공정을 담당하는데 작업 압력이 10mTorr 정도이므로 Neutral 밀도는 3.53×10^{14} cm^{-3}, Plasma 밀도는 10^{12} cm^{-3} 정도이다. 전리율이 0.3% 정도이다. Plasma에서는 충돌에 의해 에너지와 운동량이 대부분 전달되기 때문에 충돌이 현상을 지배하는 주요 인자이다. Weakly Ionized Plasma에서는 전리된 기체 보다는 Neutral Gas가 많기 때문에 전자가 전자와 Ion과 같은 하전입자 보다는 Neutral Gas와 더 많이 충돌한다. 수식에서 하전입자 사이의 충돌은 무시된다. 주로 Dry Etcher와 같은 산업용 Plasma 장비에 이용된다. Fully Ionized Plasma는 Weakly Ionized Plasma의 대칭 개념으로 대부분의 Gas가 전리되고 하전입자 사이의 충돌이 주요 현상을 결정한다. Nuclear Fusion, Pinch, 혹성간 여행용 Plasma Thruster 등에 이용된다. 그림 1.6은 Cesium과 Argon의 온도에 따른 전리도를 보여 준다. 연소와 같은 화학 반응을 통하여 발생된 에너지를 외부로 뺏기지 않고 전부 반응 후 생성된 기체 자신의 온도를 높이는데 사용하면 약 2900℃ 내외이다. Jet Engine의 배기 Gas와 같은 예외적인 경우를 제외하면 화학 에너지로 기체를 전면적으로 이온화시킬 수는 없다. 전리율 0.5 근처의 중간 단계의 전리도를 가진 Plasma를 이용하는 경우는 거의 없는 것 같다.

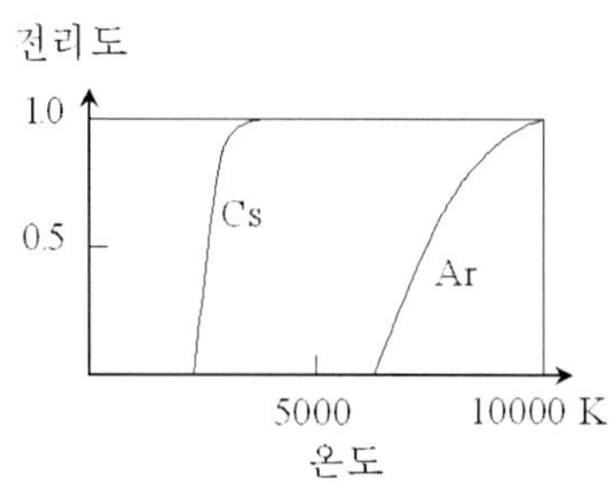

그림 1.6 온도에 따른 Cs과 Ar의 전리도(압력은 75mTorr이다.)

연.습.문.제

1. 다음을 이용하여 Plasma Frequency, Debye Length와 전자의 Mean Free Path를 계산하시오.

   전자 온도= 2eV

   Ion 온도= 727°C

   Plasma 밀도 $n_e = 10^{10} / cm^3$

   Total Electron Scattering Cross Section $= 10^{-16} cm^2$

   자장 $B_0 = 100$ Gauss

   전자 질량 $m = 9.1 \times 10^{-31} kg$

   Ion 질량 $M = 1.67 \times 10^{-27} kg$

   Boltzmann 상수 $k = 1.38 \times 10^{-23} J / K$

   전자 전하 $e = 1.6 \times 10^{-19} C$

   Permittivity $\varepsilon_0 = 8.85 \times 10^{-12} F / m$

   작업 압력= 20 mTorr

제 2 장

기본 방정식

2-1 Maxwell 방정식

전자기장 계산을 위한 방정식

전자장을 해석할 때 많이 사용하는 방정식이 있다. Maxwell에 의해 수정되고 정리된 방정식이다.

$$\nabla \times \vec{E} = -\frac{\partial \vec{B}}{\partial t} \tag{2.1}$$

$$\nabla \times \frac{\vec{B}}{\mu_0} = \varepsilon_0 \frac{\partial \vec{E}}{\partial t} + \vec{J} \tag{2.2}$$

$$\varepsilon_0 \nabla \cdot \vec{E} = \rho \tag{2.3}$$

$$\nabla \cdot \vec{B} = 0 \tag{2.4}$$

$$\text{where } \vec{H} = \vec{B} / \mu \tag{2.5}$$

$$\vec{D} = \varepsilon \vec{E} \tag{2.6}$$

$$\mu_0 = 4\pi \times 10^{-7} \, H/m$$

$$\varepsilon_0 = 8.854 \times 10^{-12} \, F/m$$

μ_0와 ε_0는 진공에서의 Permeability (투자율)와 Permittivity (유전율)이다. 방정식 (2.1)은 Faraday's Law, (2.2)는 Ampere's Law, (2.3)과 (2.4)는 Gauss Law로 불린다. 방정식 (2.2)의 오른편 첫째 항 $\varepsilon \partial \vec{E} / \partial t$는 Maxwell에 의해 Displacement Current라 명명 됐다. 이 항이 Wave가 이동하는 것을 설명할 수 있었기 때문이라고 생각한다. Ampere's Law (2.2)의 오른편 둘째 항의 $\vec{J}$는 Current Density이다. 전류를 전선의 단면적으로 나눈 단위 A/cm^2을 가지고 있다. 전류는 주로 전자가 운반한다. 전자와 Ion이 반씩 전류를 운반하는 특이한 경우도 있기는 있다. Ion을 가속하여 Etching을 하는 Dry Etcher에서 Wafer가 놓여지는 아래 전극에서 전자와 Ion의 Mobility 차이로 인하여 생긴 Negative 부호를 가진 DC Offset 전압에 의해 전자의 Wafer 입사 Flux가 작아지고 Ion의 입사 Flux가 커져서 전자와 Ion이 반씩 전류를 운반한다. 전하량 1.6022×10^{-19} C을 가지고 있는 전자가 전류를 운반할 때 단위 시간당 몇 개의 전자가 움직이는 것을 알면 전류의 양을 알 수 있다. 이를 수식으로 표현하면 방정식 (2.7)과 같다. Charge를 가지고 움직여서 전류에 기여하는 모든 Particle k의 Flux에 전하량을 곱한 것이다.

$$\bar{J} = \Sigma q_k n_k \bar{u}_k \tag{2.7}$$

공간 전하밀도는 단위 부피당 몇 개의 전하가 있는 것을 알면 구할 수 있다. Space Charge를 구성하는 하전입자는 모두 전자일 수는 없다. 하전입자 k의 전하 q_k와 밀도 n_k를 곱하여 더하면 방정식 (2.8)과 같이 Space Charge를 구할 수 있다.

$$\rho = \Sigma q_k n_k \tag{2.8}$$

변수와 지배 방정식의 Self-Consistent Set

방정식 (2.1)~(2.8)에서 우리가 더 알아야 할 정보는 하전입자들의 속도와 밀도이다. 하전입자들의 속도는 운동방정식에 의하여 구할 수 있고 밀도는 연속방정식에 의해 구할 수 있다. 변수와 지배 방정식의 Self-Consistent Set을 이루기 위해서 도입되는 방정식의 하나가 Ohm's Equation이다. 전류 곱하기 저항은 전압, IR=V, 라고 우리가 알고 있는 Ohm의 법칙이라는 것인데, 이것은 전장에 의한 힘과 충돌에 의한 힘이 균형을 이루고 있는 일종의 전자의 운동방정식이다. 여기에서 논한 "변수와 지배 방정식의 Self-Consistent Set"이라는 것은 변수의 개수와 방정식의 개수가 같아서 수학적으로 해를 구할 수 있는 변수와 방정식의 Set이다. 방정식 (2.1) ~ (2.8)에서 Self-Consistent Set을 생각해본다. 속도 3개, 밀도 1개의 변수를 가지고 있는 하전입자 한 종류를 계산에 도입하기 위해서 3개의 운동방정식과 1개의 연속방정식이 필요하다. 에너지를 알고 싶다면 에너지방정식을 도입해야 한다. Particle의 에너지 1개에 대하여 방정식 1개가 필요하다. 방정식 (2.3)은 방정식 (2.2)에 Divergence ($\nabla\cdot$)를 취하고 연속방정식과 Current Density에 대한 방정식 (2.7)에서 구할 수 있다. 방정식 (2.4)는 방정식 (2.1)에 Divergence($\nabla\cdot$)를 취하여 구할 수 있다. 따라서 방정식 (2.3)과 (2.4)는 다른 지배방정식의 특수 형태이기 때문에 Self-Consistent Set을 위한 지배방정식의 개수에서 제외한다. 전류는 방정식 (2.7)에 의해 알 수 있다. 전하밀도는 방정식 (2.8)에 의해 알 수 있다. 자장의 3개의 변수, 전장의 3개의 변수는 방정식 (2.1), (2.2)의 6개의 방정식에서 계산할 수 있다. 방정식 (2.1) ~ (2.8)의 System에서 전류의 운반이 오직 전자에 의해 이루어진다고 가정하여 전자만 Particle로 도입된다고 하면 전자의 운동방정식 3개, 연속방정식 1개가 추가로 필요하다. 전자의 운동방정식이 Ohm의 법칙이라는 형태로 도입되는 경우가 많다.

2-2 Gauss 방정식

Dipole Moment

Bulk Plasma에 있는 Dipole Moment에 의해 Permittivity가 영향을 받는다. Permittivity를 계산하기 전에 Dipole Moment에 의해 유래된 전장을 계산한다. H_2O와 같이 전자장에 반응하는 전리 되지 않은 상태의 Dipole Moment도 존재한다. 그림 2.1은 Dipole이 각도 θ를 가지고 원점 O에서 먼 거리 r에 위치한다. Dipole은 양쪽에 전하 ±Q를 각각 가지고 있다.

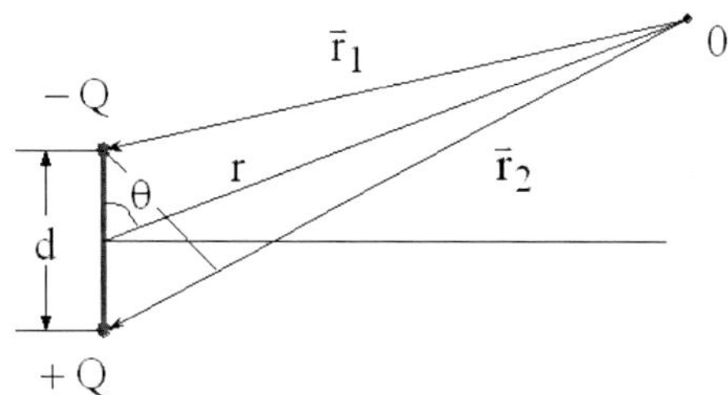

| 그림 2.1 | Dipole Moment에 의한 전장계산을 위한 설명도.

Dipole Moment에 의하여 원점 O의 Potential V는 방정식 (2.9)와 같이 구해진다. Dipole Moment $\vec{P}$는 전하 Q에 전하 사이의 거리 d를 곱하고 방향은 Plus 전하에서 Minus 전하로 향하는 방향이다.

$$\begin{aligned} V &= \frac{Q}{4\pi\varepsilon_0}\left(\frac{1}{r_1}-\frac{1}{r_2}\right) \\ &= \frac{Q}{4\pi\varepsilon_0}\frac{(r_2-r_1)}{r_1r_2} \\ &= \frac{1}{4\pi\varepsilon_0}\frac{Qd\cos\theta}{r^2} \\ &= \frac{1}{4\pi\varepsilon_0}\frac{\vec{P}\cdot\bar{r}}{r^3} \end{aligned} \tag{2.9}$$

입체각

호도법에서 "1 rad(radian)"은 반지름이 1인 부채꼴에서 호의 길이가 1인 각도를 말한다. 원을 바라보는 각도일 경우 반지름이 1이므로 원호의 길이는 2π이고 2π radian이라고 할 수 있다. 2π radian은 360°에 해당한다.

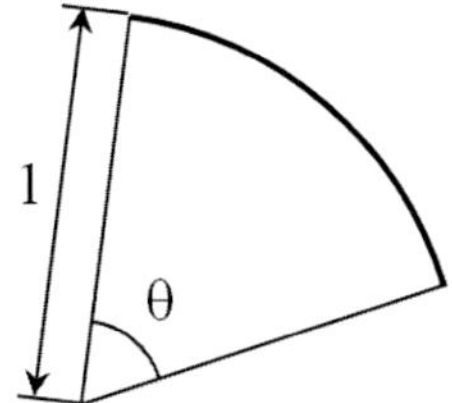

▌그림 2.2▌ 호도법 설명을 위한 각도 θrad, 반지름 1인 부채꼴.

호도법과 비슷하게 입체각(Solid Angle)을 정의한다. 반지름이 1인 축구공에서 표면적이 1인 축구공 표면을 바라보는 각도를 1sr(Steradian)이라 한다. 축구공의 전면적은 4π이고 이때의 각도 Ω는 4π sr이다. 각도 Ω에서 바라보는 면적이 균일하게 r의 거리에 있다면 면적은 $r^2\Omega$이다.

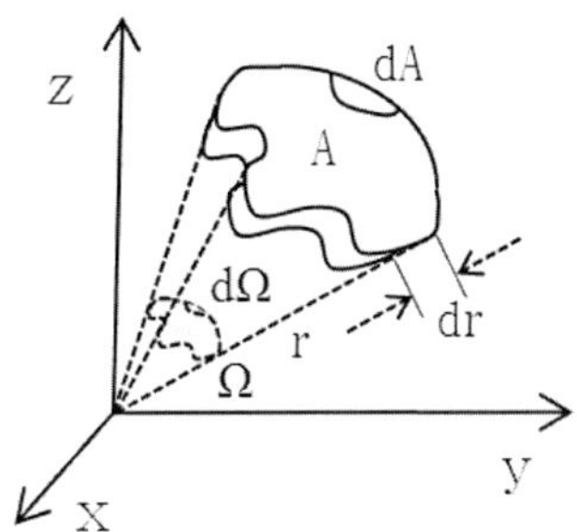

▌그림 2.3▌ 입체각 설명도. Ω는 단위가 sr 인 입체각, A는 Ω가 바라보는 면적으로 $r^2\Omega$이다.

입체각 개념은 부피 적분을 할 때 개념적으로 많이 이용된다. 실제 사용에서는 입체각 Integrator를 극좌표 Integrator로 변환해서 사용하는 것이 일반적이다. 입체각을 이용, 부피 적분하여 구의 부피를 계산할 때 Integrator는 방정식 (2.10)과 같다.

$$\begin{aligned}\text{Volume} &= \int_0^{r_0}\left(\int_0^{4\pi} r^2 d\Omega\right)dr \\ &= \int_0^{r_0}\int_0^{4\pi}(r^2 d\Omega dr) \\ &= \frac{4}{3}\pi r_0^3\end{aligned} \tag{2.10}$$

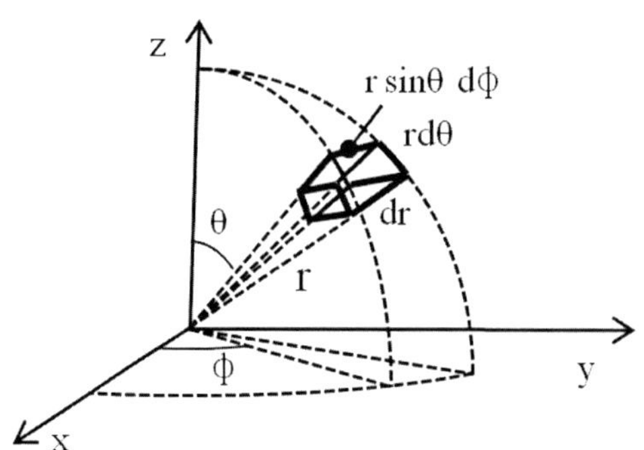

┃그림 2.4┃ 극좌표 설명도. θ는 Zenith Angle이고 Φ는 Azimuthal Angle이다.

극좌표에서 구의 부피를 구하기 위해서 그림 2.4의 dr, $r \cdot \sin\phi d\theta$, $r \cdot d\phi$로 둘러 싸여 있는 Control Volume을 확대하면 된다. 방정식 (2.10)과 (2.11)의 Integrator는 같은 부피 적분 영역이다.

$$\begin{aligned} \text{Volume} &= \int_0^{r_0}\left[\int_0^{\pi}\left(\int_0^{2\pi} r\sin\theta d\phi\right) rd\theta\right]dr \\ &= \int_0^{r_0}\int_0^{\pi}\int_0^{2\pi}(r\sin\theta d\phi rd\theta dr) \\ &= \frac{4}{3}\pi r_0^3 \end{aligned} \tag{2.11}$$

Gauss 방정식 유도

Gauss 방정식은 Coulomb 법칙에서 유도되었다. 그림 2.5와 같이 전하 q_1, q_2를 가지고 $\bar{x}_1$, $\bar{x}_2$에 위치한 2개의 하전입자 사이에 Coulomb Force가 작용한다.

두 개의 하전입자에 작용하는 Coulomb Force와 q_2에서 q_1 전하 때문에 느끼는 전장은 방정식 (2.12), (2.13)과 같다.

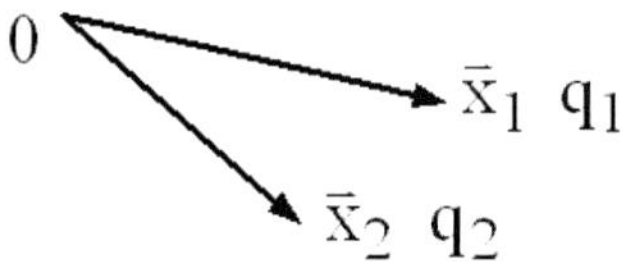

┃그림 2.5┃ 전하 q_1, q_2를 가지고 $\bar{x}_1$, $\bar{x}_2$에 위치한 2개의 하전입자 사이에 작용하는 Coulomb Force를 계산하기 위한 설명도.

$$\vec{F} = \frac{q_1 q_2}{4\pi\varepsilon_0}\frac{(\vec{x}_1 - \vec{x}_2)}{|\vec{x}_1 - \vec{x}_2|^3} \tag{2.12}$$

$$\begin{aligned}\vec{E} &\equiv \vec{F}/q_2 \\ &= \frac{q_1}{4\pi\varepsilon_0}\frac{(\vec{x}_1 - \vec{x}_2)}{|\vec{x}_1 - \vec{x}_2|^3}\end{aligned} \tag{2.13}$$

Electrostatic일 경우 전장은 Potential ϕ를 이용하여 나타낼 수 있다.

$$\begin{aligned}&\nabla \times E = 0 \Rightarrow E \equiv -\nabla\phi \\ &\phi \equiv \frac{1}{4\pi\varepsilon_0}\frac{q}{|\vec{x}_1 - \vec{x}_2|}\end{aligned} \tag{2.14}$$

Dipole Moment와 Coulomb Force로부터 유래한 Potential ϕ는 방정식 (2.15)와 같다.

$$\phi(\vec{x}) = \frac{1}{4\pi\varepsilon_0}\sum\frac{q_k}{|\vec{x} - \vec{x}_k|} + \frac{1}{4\pi\varepsilon_0}\sum\frac{\vec{P}_k \cdot (\vec{x} - \vec{x}_k)}{|\vec{x} - \vec{x}_k|^3} \tag{2.15}$$

방정식 (2.15)는 적분식의 형태로 나타낼 수 있다.

$$\phi(\vec{x}) = \frac{1}{4\pi\varepsilon_0}\int d^3\vec{x}'\left[\frac{\rho(\vec{x}')}{|\vec{x} - \vec{x}'|}\right] + \frac{1}{4\pi\varepsilon_0}\int d^3\vec{x}'\left[\frac{\vec{P}(\vec{x}')\cdot(\vec{x} - \vec{x}')}{|\vec{x} - \vec{x}'|^3}\right] \tag{2.16}$$

방정식 (2.15)와 (2.16)에서 $\vec{x}_k$는 $\vec{x}'$로 대치되고 q_k는 $\rho(\vec{x}')d^3\vec{x}'$로 대치되고 Σ는 $\int$로 대치되었다. $d^3\vec{x}$는 부피적분자를 뜻한다. k는 개개의 Dipole Moment나 전하를 나타내고 $\vec{x}$는 Potential의 크기를 알고자 하는 장소이고 $\vec{x}_k$는 $\vec{x}$에 영향을 미치는 Dipole Moment나 전하가 있는 장소이고 $\vec{x}'$는 $\vec{x}_k$에 있는 Dipole Moment나 전하가 연속적으로 분포되어 있다고 가정하고 그 위치의 Dipole Moment나 전하의 밀도를 나타내는 장소이다. $\vec{x}'$은 적분 후에 없어지기 때문에 Dummy Variable이라 한다. Multi-pole을 다루지 않고 Dipole Moment만 다루는 이유는 Multi-Pole을 이론으로만 접근하는 것이 너무 복잡하고 Multi-Pole은 실험에 기초해서 다루는 것이 현명하다고 판단되기 때문이다. 방정식 (2.16)에서 Bracket [ ] 안의 피적분함수가 적분기호 밖으로 나와 있는데 이 방식 또한 종종 사용된다. 방정식 (2.16)의 우변 2번째 항을 정리한다.

$$\begin{aligned}
&\int d^3x'\left[\frac{\vec{P}(x')\cdot(\bar{x}-\bar{x}')}{|\bar{x}-\bar{x}'|^3}\right] \\
&= \int d^3x'\left[-\vec{P}(x')\cdot\nabla'\left(\frac{1}{|\bar{x}-\bar{x}'|}\right)\right] \\
&= \int d^3x'\left[-\nabla'\cdot\left(\frac{\vec{P}(x')}{|\bar{x}-\bar{x}'|}\right)+\frac{\nabla'\cdot\vec{P}(\bar{x}')}{|\bar{x}-\bar{x}'|}\right] \\
&= -\int d^3x'\nabla'\cdot\left(\frac{\vec{P}(x')}{|\bar{x}-\bar{x}'|}\right)+\int d^3x'\frac{\nabla'\cdot\vec{P}(\bar{x}')}{|\bar{x}-\bar{x}'|} \\
&= -\oiint\frac{\vec{P}(x')\cdot\hat{n}}{|\bar{x}-\bar{x}'|}dA+\int d^3x'\frac{\nabla'\cdot\vec{P}(\bar{x}')}{|\bar{x}-\bar{x}'|} \qquad (2.17) \\
&= \int d^3x'\frac{\nabla'\cdot\vec{P}(\bar{x}')}{|\bar{x}-\bar{x}'|} \qquad (2.18)
\end{aligned}$$

방정식 (2.17)의 첫째 항은 부피적분을 폐면적적분으로 변환한 것이다. 부피가 무한대이므로 $|\bar{x}-\bar{x}'|$가 무한대인 dA의 위치에서 $\vec{P}(\bar{x}')$는 Zero이므로 방정식 (2.17)의 첫째 항은 Zero이다. 방정식 (2.16)은 방정식 (2.18)에 의해 다음과 같이 정리한다.

$$\phi(\bar{x})=\frac{1}{4\pi\varepsilon_0}\int d^3x'\frac{\left[\rho(\bar{x}')+\nabla'\cdot\vec{P}(\bar{x}')\right]}{|\bar{x}-\bar{x}'|} \qquad (2.19)$$

Gauss 방정식을 유도하기 위하여 방정식 (2.19)를 2차 미분한다. ∇는 $\bar{x}$의 Gradient이고 ∇'는 $\bar{x}'$의 Gradient이다.

$$\begin{aligned}
\nabla^2\phi(\bar{x}) &= \frac{1}{4\pi\varepsilon_0}\nabla^2\int\frac{1}{|\bar{x}-\bar{x}'|}\left[\rho(\bar{x}')+\nabla'\cdot P(\bar{x}')\right]d^3x' \\
&= \frac{1}{4\pi\varepsilon_0}\int\left[\rho(\bar{x}')+\nabla'\cdot P(\bar{x}')\right]\nabla^2\frac{1}{|\bar{x}-\bar{x}'|}d^3x'
\end{aligned} \qquad (2.20)$$

Gauss 방정식의 유도를 완결하기 위해 방정식 (2.20)에 있는 2차 미분항을 정리한다. 방정식 (2.20)에 있는 2차 미분항은 방정식 (2.21)과 같이 Spherical Coordinate의 독립변수 r을 이용하여 나타낼 수 있다.

$$\nabla^2\left(\frac{1}{|\bar{x}-\bar{x}'|}\right)\equiv\nabla^2\left(\frac{1}{r}\right) \qquad (2.21)$$

방정식 (2.21)은 Spherical Coordinate에서 r 만의 함수이기 때문에 방정식 (2.22)와 같이 나타낼 수 있다.

$$\nabla^2\left(\frac{1}{r}\right)=\frac{1}{r^2}\frac{\partial}{\partial r}\left[r^2\frac{\partial}{\partial r}\left(\frac{1}{r}\right)\right] \tag{2.22}$$

(i) $r\neq 0$인 경우

방정식 (2.22)는 zero이다.

$$\nabla^2\left(\frac{1}{r}\right)=0 \tag{2.23}$$

(ii) $r=0$인 경우

방정식 (2.24)와 같이 적분을 한 다음 a를 zero로 보낸다. 결론은 방정식 (2.21)이 Dirac Delta Function이라는 것이다.

$$\nabla^2\left(\frac{1}{r}\right)=\lim_{a\to 0}\int\nabla^2\left(\frac{1}{\sqrt{r^2+a^2}}\right)d^3x \tag{2.24}$$

방정식 (2.24)를 $r=a\cdot\tan\theta$로 치환한다. $dr=a\cdot\sec^2\theta d\theta$이다.

$$\begin{aligned}
&\int\nabla^2\left(\frac{1}{r}\right)d^3x\\
&=\lim_{a\to 0}\left[-3a^2\int_0^{4\pi}\int_0^{\infty}\frac{1}{(r^2+a^2)^{5/2}}r^2drd\Omega\right]\\
&=\lim_{a\to 0}\left[-12\pi a^2\int_0^{\infty}\frac{r^2dr}{(r^2+a^2)^{5/2}}\right]\\
&=\lim_{a\to 0}\left[-12\pi\int_0^{\pi/2}\frac{\tan^2\theta\sec^2\theta d\theta}{(\tan^2\theta+1)^{5/2}}\right]\\
&=\lim_{a\to 0}\left[-12\pi\int_0^{\pi/2}\frac{\tan^2\theta d\theta}{\sec^3\theta}\right]\\
&=\lim_{a\to 0}\left[-12\pi\int_0^{\pi/2}\sin^2\theta\cos\theta d\theta\right]
\end{aligned} \tag{2.25}$$

방정식 (2.25)에서 $t=\sin\theta$로 치환한다.

$$\int \nabla^2\left(\frac{1}{r}\right)d^3x = \lim_{a\to 0}\left[-12\pi\int_0^1 t^2 dt\right] \\ = -4\pi \tag{2.26}$$

방정식 (2.23)과 (2.26)에서 방정식 (2.27)의 결론을 얻는다. δ는 Dirac Delta Function이다.

$$\nabla^2 \frac{1}{|\bar{x}-\bar{x}'|} = -4\pi\delta(\bar{x}-\bar{x}') \tag{2.27}$$

방정식 (2.20)과 (2.27)에서 방정식 (2.28)을 얻는다.

$$\begin{aligned} &4\pi\varepsilon_0\nabla^2\phi(\bar{x}) \\ &= \int[\rho(\bar{x}') + \nabla'\cdot P(\bar{x}')]\nabla^2\frac{1}{|\bar{x}-\bar{x}'|}d^3x' \\ &= \int[\rho(\bar{x}') + \nabla'\cdot P(\bar{x}')][-4\pi\delta(\bar{x}-\bar{x}')]d^3x' \\ &= -4\pi[\rho(\bar{x}) + \nabla\cdot P(\bar{x})] \end{aligned} \tag{2.28}$$

Gauss 방정식을 (2.29), (2.30)과 같이 유도하였다.

$$\varepsilon_0\nabla\cdot\vec{E} = \rho + \nabla\cdot\vec{P} \tag{2.29}$$

$$\varepsilon\nabla\cdot\vec{E} = \rho \tag{2.30}$$

방정식 (2.30)에서 Dipole Moment에 의한 전장을 Permittivity에 포함시켰으며 ε은 Plasma의 유전율이다.

2-3 Ampere 방정식

방정식 유도

Biot와 Savart가 정교하고 철저한 실험에 의해 전류가 흐르는 전선에서 $|\bar{x}|$ 거리만큼 위치한 Point P에 전선 $d\bar{L}$과 $\bar{x}$에 수직인 방향으로 자장이 발생한다는 것을 알았다.

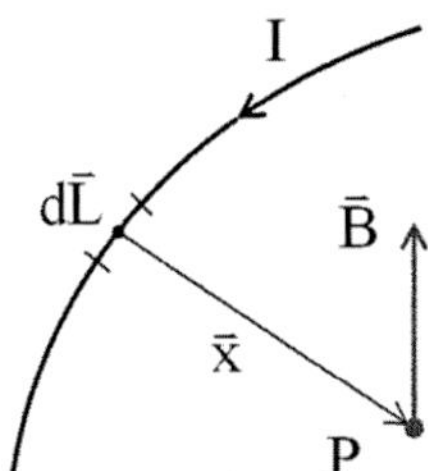

그림 2.6 Ampere 법칙 설명도.
전선에 전류 I가 흐르면 Point P에 전선에 수직인 방향으로 자장이 발생한다.

이를 수식으로 표시하면 방정식 (2.31)과 같다.

$$d\vec{B} = kI\frac{d\bar{L} \times \bar{x}}{|\bar{x}|^3} \tag{2.31}$$

$Id\bar{L} = J(\bar{x}')d^3x'$ 관계를 이용하여 방정식 (2.31)을 정리하면 방정식 (2.32)와 같다.

$$\begin{aligned} \vec{B}(\bar{x}) &= k\int \vec{J}(\bar{x}') \times \frac{(\bar{x}-\bar{x}')}{|\bar{x}-\bar{x}'|^3} d^3x' \\ &= k\nabla \times \int \frac{J(x')}{|\bar{x}-\bar{x}'|} d^3x' \end{aligned} \tag{2.32}$$

방정식 (2.32)의 양변에 Curl을 취하면 방정식 (2.33)을 얻는다.

$$\begin{aligned} \nabla \times \vec{B} &= k\nabla \times \nabla \times \int \frac{J(\bar{x}')}{|\bar{x}-\bar{x}'|} d^3x' \\ &= k\nabla \int J(\bar{x}') \cdot \nabla \frac{1}{|\bar{x}-\bar{x}'|} d^3x' \\ &= k\int J(\bar{x}') \cdot \nabla^2 \frac{1}{|\bar{x}-\bar{x}'|} d^3x' \end{aligned} \tag{2.33}$$

방정식 (2.33)을 유도하기 위해 방정식 (2.4)와 Vector Identity (2.34), (2.35)를 사용하였다.

$$\nabla \times (\nabla \times \vec{B}) = \nabla(\nabla \cdot \vec{B}) - \nabla^2\vec{B} \tag{2.34}$$

$$\nabla \cdot (f\vec{B}) = f\nabla \cdot \vec{B} + \vec{B} \cdot \nabla f \tag{2.35}$$

(2.27)을 이용하고 단위를 조정하여 투자율을 도입하여 방정식 (2.33)을 방정식 (2.36)과 같이 유도한다.

$$\nabla \times \frac{\vec{B}(\vec{x})}{\mu_0} = J(\vec{x}) \tag{2.36}$$

방정식 (2.33)은 우리가 알고 있는 완성된 Ampere 방정식은 아니다.

연속 방정식

Ampere 방정식 완성에 필요한 연속 방정식을 Boltzmann 방정식을 이용하여 유도하기 전에 Control Volume을 이용하여 유도한다. 그림 2.7과 같이 dy와 dx 길이를 가지고 두께가 1인 상상의 2차원 Control Volume을 설정한다. 2차원으로 Control Volume을 설정하는 이유는 3차원에 비해 도표에 나타내기가 쉽고 덜 복잡하기 때문이다. 이 Control Volume에 들어 있는 물질의 질량은 물질이 새롭게 생성되거나 없어지지 않는다면 안으로 흘러 들어가는 물질의 Flux와 흘러 나가는 Flux의 차이 만큼 증가하게 된다.

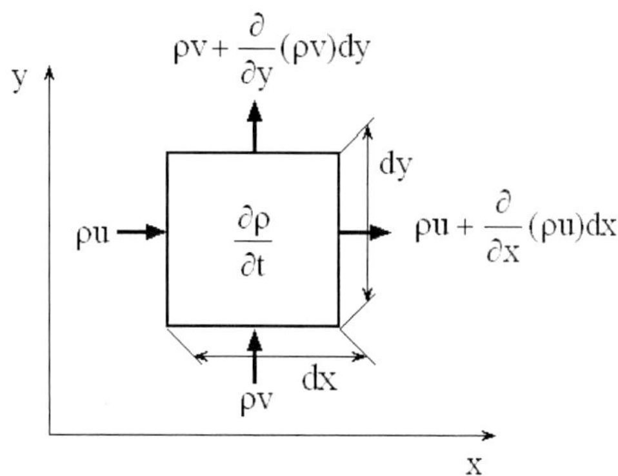

그림 2.7 연속 방정식을 유도하기 위한 Control Volume.

이를 방정식으로 표현하면 방정식 (2.37)과 같다. ρ는 Mass Density이고 u는 x 방향의 속도이고 v는 y 방향의 속도이다. $dxdy \cdot 1$은 Volume이다.

$$\begin{aligned} &\frac{\partial \rho}{\partial t} dxdy \cdot 1 \\ &= \rho u dy \cdot 1 - \left[\rho u + \frac{\partial(\rho u)}{\partial x} dx \right] dy \cdot 1 \\ &\quad + \rho v dx \cdot 1 - \left[\rho v + \frac{\partial(\rho v)}{\partial y} dy \right] dx \cdot 1 \end{aligned} \tag{2.37}$$

z 방향의 성분을 고려하여 3차원으로 이를 다시 정리하면 방정식 (2.38)과 같다.

$$\frac{\partial\rho}{\partial t}+\frac{\partial(\rho u)}{\partial x}+\frac{\partial(\rho v)}{\partial y}+\frac{\partial(\rho w)}{\partial z}=0 \tag{2.38}$$

Vector 형태로 정리하면 방정식 (2.40)과 같다.

$$\frac{\partial\rho}{\partial t}+\nabla\cdot(\rho\bar{v})=0 \tag{2.39}$$

방정식 (2.39)에서 ρ를 Charge Density라 하면 방정식 (2.7)과 방정식 (2.8)을 이용하여 Charge가 보존되는 연속 방정식을 다음과 같이 유도할 수 있다. $\bar{J}$는 Current Density이다.

$$\frac{\partial\rho}{\partial t}+\nabla\cdot\bar{J}=0 \tag{2.40}$$

Displacement Current

방정식 (2.36)에 Divergence를 취한다. Curl의 Divergence는 항상 Zero이다.

$$\nabla\cdot\left(\nabla\times\frac{\bar{B}}{\mu_0}\right)=\nabla\cdot\bar{J}=0 \tag{2.41}$$

방정식 (2.41)은 방정식 (2.40)과 배치된다. 따라서 방정식 (2.36)의 수정이 필요하다. Maxwell은 $\bar{J}$ 대신에 $\bar{J}+\varepsilon_0\partial\bar{E}/\partial t$를 방정식 (2.36)에 도입했다.

$$\nabla\times\frac{\bar{B}}{\mu_0}\equiv\bar{J}+\varepsilon_0\frac{\partial\bar{E}}{\partial t} \tag{2.42}$$

방정식 (2.42)에 Divergence를 취한다.

$$\nabla\cdot\left(\nabla\times\frac{\bar{B}}{\mu_0}\right)\equiv\nabla\cdot\bar{J}+\varepsilon_0\frac{\partial\nabla\cdot\bar{E}}{\partial t}\quad\rightarrow\quad\frac{\partial\rho}{\partial t}+\nabla\cdot\bar{J}=0 \tag{2.43}$$

방정식 (2.40)과 같은 결과를 얻는다. Maxwell이 유도한 Ampere 방정식은 다음과 같다.

$$\nabla\times\frac{\bar{B}}{\mu_0}=\varepsilon_0\frac{\partial\bar{E}}{\partial t}+\bar{J} \tag{2.44}$$

여기서 Maxwell은 $\varepsilon_0 \partial \vec{E} / \partial t$ 를 Displacement Current라 명명했다. 추측으로는 이 항을 도입함으로써 Wave의 이동을 설명할 수 있어서가 아닐까 한다.

2-4 Faraday 방정식

Eulerian Description

날아가는 야구공이 있을 때 야구공의 속도, 가속도는 야구공에서 측정, 혹은 계산한 값이다. 우리가 사용하는 d/dt의 미분자는 관찰자의 시선이 움직이는 야구공을 따라가며 측정, 혹은 계산한 시간에 대한 변화율이다.

시선을 움직이는 야구공에 고정하고 초기의 위치와 속도를 기억하여 지금의 속도를 계산하고 위치를 계산하는 것이 Lagrangian Description이다.

시선을 움직이지 않고 시간과 공간 좌표로 야구공이 나는 것을 관찰, 묘사하는 것이 Eulerian Description이다. 대부분의 경우 Field를 기술하는데 Eulerian Description이 편리하게 사용된다. 하지만 움직이는 야구공을 묘사하는 경우에는 Lagrangian Description이 편리하다.

그림 2.8에서 u, v, w는 좌표 x, y, z 방향의 속도이다. 시간이 t에서 t+dt로 지나가 입자들이 A에서 B로 이동했을 때 임의의 특성 변화를 dH라고 가정한다. Euler Description에 의거 Taylor Series에 의해 dH는 방정식 (2.45)와 같이 나타낼 수 있다.

$$dH = \frac{\partial H}{\partial t}dt + \frac{\partial H}{\partial x}dx + \frac{\partial H}{\partial y}dy + \frac{\partial H}{\partial x}dz \tag{2.45}$$

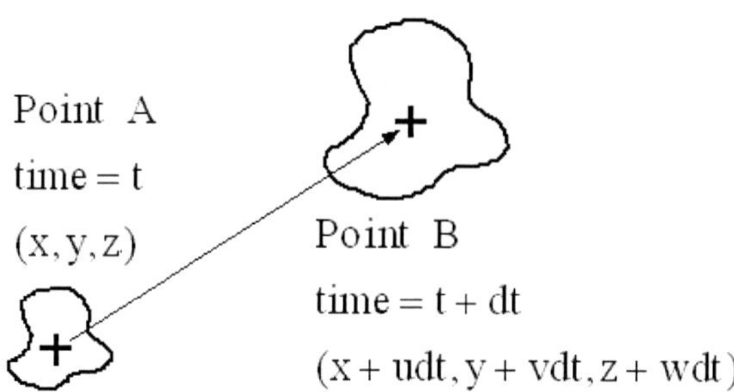

그림 2.8 Eulerian Description에서 Total Derivative d/dt 설명도. 입자들이 A에서 B로 이동.

t의 미분 $\partial/\partial t$ 의 의미는 t 이외의 독립변수는 상수처럼 여기면서 미분하라는 수학적인 도구이며 현재 위치에서의 시간에 대한 변화율이다. 과거에 현재 위치에 있던 것은 그림 2.8에서 B로 갔고 지금 현재 위치에 있는 것은 다른 것이다. d/dt는 흐름을 따라가며 측정한 시간에 대한 변화율이다. dx=udt, dy=vdt, dz=wdt 이므로 방정식 (2.45)는 방정식 (2.46)이 된다.

$$\begin{aligned}\frac{dH}{dt} &= \frac{\partial H}{\partial t} + u\frac{\partial H}{\partial x} + v\frac{\partial H}{\partial y} + w\frac{\partial H}{\partial x} \\ &= \left(\frac{\partial}{\partial t} + u\frac{\partial}{\partial x} + v\frac{\partial}{\partial y} + w\frac{\partial}{\partial x}\right)H\end{aligned} \tag{2.46}$$

$\partial/\partial t = 0$ 인 것을 Steady State라 하고 $\partial/\partial t \neq 0$이면 Transient State라고 한다.

Faraday 방정식 유도

Faraday의 정성 어린 관찰의 결과 초전도 물질로 만든 폐회로를 통과하는 자장의 시간변화율에 비례하여 폐회로에 전류를 만드는 기전력이 커진다는 것이 알려졌다.

단위를 volt로 가지는 ϕ는 기전력이라 하고 F는 그림 2.9의 폐회로를 수직으로 관통하는 자장의 성분에 면적을 곱한 값이라고 하면 방정식 (2.47)을 얻는다. S는 Contour C로 둘러싸인 면적이다.

$$\begin{aligned}&\phi = -k\frac{\partial F}{\partial t} \\ &\quad \text{where } \phi = \oint \vec{E}' \cdot d\vec{l} \\ &\qquad\quad F = \int \vec{B} \cdot \vec{n} dS\end{aligned} \tag{2.47}$$

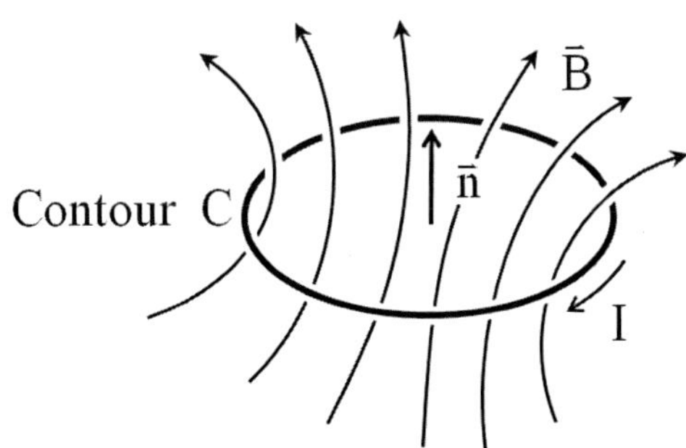

그림 2.9 Faraday 방정식을 유도하기 위한 설명도.

$\bar{E}'$는 실험실에서 실험자가 폐회로에 생긴 전장을 측정한 값이다. 상수 k가 1이 되도록 단위를 조정한다. 폐회로가 움직이지 않으면서 측정한 전장을 $\bar{E}''$라고 하면 움직이지 않는 폐회로에 대한 방정식 (2.47)은 다음과 같이 정리된다.

$$\begin{aligned}\oint \bar{E}'' \cdot dl &= \int_s \nabla \times \bar{E}'' \cdot ndS \\ &= -\frac{\partial}{\partial t}\int_s \bar{B} \cdot \bar{n}dS \\ \nabla \times \bar{E}'' + \frac{\partial \bar{B}}{\partial t} &= 0\end{aligned} \tag{2.48}$$

방정식 (2.48)은 폐회로와 관계없는 일반적인 현상을 묘사하는 방정식이다. 폐회로가 움직이는 경우를 고찰한다. 폐회로가 그림 2.10과 같이 등속도 $\bar{v}$를 가지고 이동하며 폐회로에 생긴 전장 $\bar{E}'$를 측정할 경우를 살핀다.

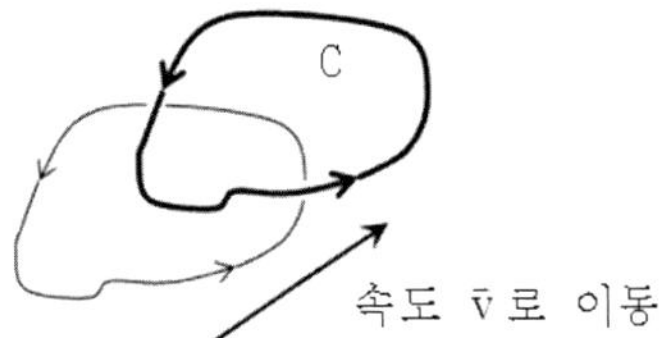

| 그림 2.10 | 폐회로가 속도 v로 이동.

방정식 (2.46)의 d/dt 의미를 새기면서 방정식 (2.47)의 우변을 정리한다.

$$\begin{aligned}&\frac{d}{dt}\int \bar{B} \cdot \bar{n}dS \\ &= \int \frac{d\bar{B}}{dt} \cdot \bar{n}dS \\ &= \int \left(\frac{\partial \bar{B}}{\partial t} + \bar{v} \cdot \nabla \bar{B}\right) \cdot \bar{n}dS \\ &= \int \left(\frac{\partial \bar{B}}{\partial t} + \nabla \times (\bar{B} \times \bar{v}) + \bar{v}(\nabla \cdot \bar{B})\right) \cdot \bar{n}dS \\ &= \int_S \frac{\partial \bar{B}}{\partial t} \cdot \bar{n}dS + \oint_C \nabla \times (\bar{B} \times \bar{v}) \cdot \bar{n}dS \\ &= \int_S \frac{\partial \bar{B}}{\partial t} \cdot \bar{n}ds + \oint_C (\bar{B} \times \bar{v}) \cdot d\bar{l}\end{aligned} \tag{2.49}$$

방정식 (2.49)에 의하여 방정식 (2.47)을 정리하면 다음과 같다.

$$\nabla \times (\bar{E}' - \bar{v} \times \bar{B}) + \frac{\partial \bar{B}}{\partial t} = 0 \tag{2.50}$$

일정하게 상대적으로 움직이는 2개의 좌표계에서 각 관찰자가 관찰하는 물리적 현상은 같아야 한다는 Galilean Invariance에 의해 폐회로에 생긴 전장은 같아야 한다. 방정식 (2.48)와 (2.50)은 같다. $\vec{E}'' = \vec{E}$ 라 하면 방정식 (2.51)을 얻을 수 있다.

$$\vec{E}' = \vec{E} + (\vec{v} \times \vec{B}) \tag{2.51}$$

다음과 같이 Faraday 방정식이 유도되었다.

$$\nabla \times \vec{E} + \frac{\partial \vec{B}}{\partial t} = 0 \tag{2.52}$$

2-5 Boltzmann 방정식

Boltzmann 방정식의 유도

$n(\bar{r},t)$ 를 Particle 밀도라 정의하고 Distribution Function $f(\bar{r},\bar{v},t)$ 를 다음과 같이 정의한다.

- $f(\bar{r},\bar{v},t)$ 는 6차원 d^3r, d^3v 공간에서 시간 t일 때의 Particle의 개수이다.

$$- \iiint f(\bar{r},\bar{v},t)d^3v \equiv n(\bar{r},t) \tag{2.53}$$

방정식 (2.53)의 적분자의 v는 속도 좌표이다. 위의 정의는 특정 장소, 시간에 서로 다른 속도를 가진 Particle이 복수 존재한다는 뜻이다. 또 다른 해석은 특정장소에서 속도 $\bar{v}$ 를 가질 확률은 $f(\bar{r},\bar{v},t)/n(\bar{r},t)$ 이라는 것이다. Boltzmann 방정식은 수학적 엄밀성 보다는 직관에 의존하여 만들어졌다. 현재 쓸모가 많다.

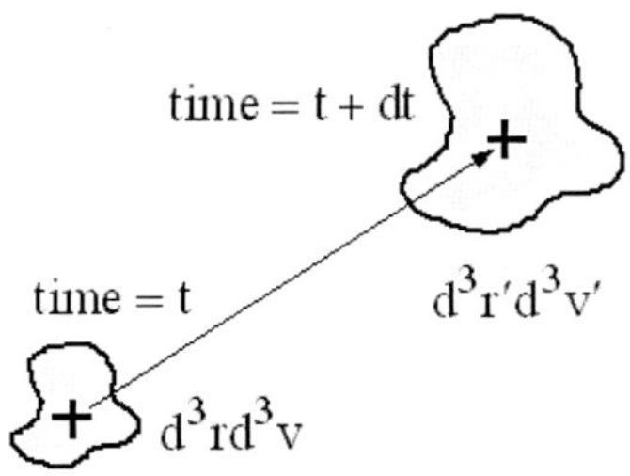

그림 2.11 시간이 t에서 t+dt로 지나가 d^3rd^3v 공간에 있던 Particle이 d^3r' d^3v' 공간으로 이동.

$\vec{F}$ 를 외부에서 작용하는 힘이라고 하고 dt 만큼의 시간이 흘렀다고 하면 그림 2.11의 새로운 좌표는 다음과 같이 나타낼 수 있다.

$$\bar{r}' = \bar{r} + \bar{v}dt \tag{2.54}$$

$$\bar{v}' = \bar{v} + \left(\bar{F} / m\right)dt \tag{2.55}$$

구좌표와 신좌표의 관계식은 방정식 (2.56), (2.57)과 같다.

$$\begin{aligned} d^3r'd^3v' &= \frac{\partial(\bar{r}', \bar{v}')}{\partial(\bar{r}, \bar{v})} d^3rd^3v \\ &= d^3rd^3v \end{aligned} \tag{2.56}$$

여기서 $\partial(\bar{r}', \bar{v}') / \partial(\bar{r}, \bar{v})$ 를 Jacobian이라 부른다. Jacobian의 정의는 다음과 같다.

$$\frac{\partial(\bar{r}', \bar{v}')}{\partial(\bar{r}, \bar{v})} \equiv \begin{vmatrix} \partial\bar{r}' / \partial\bar{r} & \partial\bar{v}' / \partial\bar{r} \\ \partial\bar{r}' / \partial\bar{v} & \partial\bar{v}' / \partial\bar{v} \end{vmatrix}$$

$$= \begin{vmatrix} \partial x' / \partial x & \partial y' / \partial x & \partial z' / \partial x & \cdots\cdots & \partial w' / \partial x \\ \partial x' / \partial y & \partial y' / \partial y & \partial z' / \partial y & \cdots\cdots & \partial w' / \partial y \\ \cdots\cdots\cdots\cdots\cdots\cdots \\ \cdots\cdots\cdots\cdots\cdots\cdots \\ \partial x' / \partial w & \partial y' / \partial w & \partial z' / \partial w & \cdots\cdots & \partial w' / \partial w \end{vmatrix} \tag{2.57}$$

방정식 (2.54)와 (2.55)를 이용하면 방정식 (2.57)의 값은 1이다. 입자가 없어지거나 만들어지지 않았으면 입자는 보존되므로 다음 관계식이 성립한다.

$$f(\bar{r}, \bar{v}, t)d^3rd^3v = f(\bar{r}', \bar{v}', t + \delta t)d^3r'd^3v' \tag{2.58}$$

Taylor Series에 의해 방정식 (2.58)의 우변은 다음과 같이 근사적으로 나타난다. $\bar{K}$ 는 외부에서 주어지는 힘이다.

$$\begin{aligned} f(\bar{r}', \bar{v}', t + \delta t) &= f(\bar{r} + \bar{v}\delta t, \bar{v} + \frac{\bar{K}}{m}\delta t, t + \delta t) \\ &= f(\bar{r}, \bar{v}, t) + \delta t\left(\bar{v} \cdot \nabla_r f + \frac{\bar{K}}{m} \cdot \nabla_v f + \frac{\partial f}{\partial t}\right) \\ &\quad + \text{2nd derivative} \\ &\quad + \cdots\cdot \end{aligned} \tag{2.59}$$

방정식 (2.59)에서 2차 미분항 이하를 무시하고 시간 미분을 취하면 다음과 같이 Collisionless Boltzmann 방정식 혹은 Vlasov 방정식이라 불리는 다음 방정식을 유도할 수 있다.

$$\frac{\partial f}{\partial t} + \bar{v} \cdot \nabla_r f + \frac{\vec{K}}{m} \cdot \nabla_v f = 0 \tag{2.60}$$

Collision Term을 추가하게 되면 방정식 (2.61)이 된다.

$$\frac{\partial f}{\partial t} + \bar{v} \cdot \nabla_r f + \frac{\vec{K}}{m} \cdot \nabla_v f = \left.\frac{\partial f}{\partial t}\right|_c \tag{2.61}$$

$\bar{v}$는 $\bar{r}$과 같은 독립 변수이고 $\vec{K}/m$이 $\bar{v}$의 함수가 아니라고 할 때 방정식 (2.61)은 방정식 (2.62)와 같이 표현할 수 있다.

$$\frac{\partial f}{\partial t} + \nabla_r \cdot (\bar{v} f) + \nabla_v \cdot \left(\frac{\vec{K}}{m} f\right) = \left.\frac{\partial f}{\partial t}\right|_c \tag{2.62}$$

방정식 (2.61)의 Collision Term이 담당하는 영역은 질량, 운동량, 에너지와 같은 역학양이 보존이 되지 않는 경우이다. 다른 종류의 입자와의 충돌로 인하여 운동량과 에너지가 변동이 있거나, 입자의 생성, 소멸에 관한 것이다. 방정식 (2.61) Collision Term의 보다 더 정확한 유도는 부록을 참조하기 바란다.

Macroscopic Variables

입자에 가해지는 외력이 없이 탄성 충돌에 의해 입자들이 평형 상태에 있을 때 특정 지점의 Distribution Function $f(\bar{v})$는 T를 입자의 volt 단위의 온도라 할 때 방정식 (2.63)과 같은 Maxwell Distribution Function이 된다.

$$f(\bar{v}) = n_0 \left(\frac{m}{2\pi kT}\right)^{3/2} e^{\frac{-m}{2eT}\left(v_x^2 + v_y^2 + v_z^2\right)} \tag{2.63}$$

온도, 속도 등의 우리와 친숙한 물성 값들을 Distribution Function $f(\bar{v})$를 이용하여 구한다. 방정식 (2.53)의 정의에 의하여 입자 밀도 [#/cm^3]를 구할 수 있다.

$$n(\bar{r}, t) = \iiint f(\bar{r}, \bar{v}, t) d^3 v \tag{2.64}$$

평균 속도를 구한다. 다음과 같이 속도의 절대 값을 정의하면 그 절대 값은 v_x, v_y, v_z 공간의 Spherical Coordinate에서 Radial 방향의 속도 v_r과 같다.

$$\begin{aligned} v &\equiv \sqrt{v_x^2 + v_y^2 + v_z^2} \\ &= v_r \end{aligned} \tag{2.65}$$

평균 Speed는 다음과 같이 구한다.

$$\begin{aligned} \bar{v} &= \int v_r \frac{dn}{n_0} \\ &= \iiint v_r \frac{f(\bar{v}) d^3 v}{n_0} \\ &= \iiint v_r \left(\frac{m}{2\pi e T}\right)^{3/2} e^{\frac{-m}{2eT}\left(v_x^2 + v_y^2 + v_z^2\right)} d^3 v \\ &= \int_0^\infty v_r \left(\frac{m}{2\pi e T}\right)^{3/2} e^{\frac{-m}{2eT} v_r^2} 4\pi v_r^2 dv_r \\ &= 4\pi \left(\frac{m}{2\pi e T}\right)^{3/2} \int_0^\infty e^{\frac{-m}{2eT} v_r^2} v_r^3 dv_r \end{aligned} \tag{2.66}$$

d^3v 적분자는 Spherical Coordinate에서 $4\pi v_r^2 dv_r$ 적분자와 같다. dn은 v_x, v_y, v_z 공간의 Infinitesimal 입자밀도 값을 의미한다. 방정식 (2.66)에서 다음과 같이 치환한다.

$$t = \frac{m}{2eT} v_r^2 \tag{2.67}$$

$$dt = \frac{m}{eT} v_r dv_r \tag{2.68}$$

방정식 (2.67)과 (2.68)을 이용하여 방정식 (2.66)을 정리한다.

$$\begin{aligned} \bar{v} &= 4\pi \left(\frac{m}{2\pi e T}\right)^{3/2} \int_0^\infty e^{t} \left(\frac{2eT}{m} t\right)\left(\frac{eT}{m} dt\right) \\ &= \sqrt{\frac{8eT}{\pi m}} \int_0^\infty e^{-t} t\,dt \\ &= \sqrt{\frac{8eT}{\pi m}} \left\{ \left[-e^{-t} t \right]_0^\infty + \int_0^\infty e^{-t} dt \right\} \\ &= \sqrt{\frac{8eT}{\pi m}} \end{aligned} \tag{2.69}$$

온도 T volt인 Plasma의 평균 Thermal Speed는 방정식 (2.69)와 같다. 비슷한 방법으로 평균 운동에너지는 다음과 같이 구할 수 있다. k는 Boltzmann 상수이다.

$$
\begin{aligned}
\frac{1}{2}m\overline{v^2} &= \frac{1}{n_0}\int_0^\infty \frac{1}{2}m\bar{v}^2 f(\bar{v})d^3v \\
&= \frac{1}{n_0}\int_0^\infty \frac{1}{2}mv_r^2 f(v_r)4\pi v_r^2 dv_r \\
&= \frac{3}{2}eT \qquad (2.70)
\end{aligned}
$$

방정식 (1.18) Collision frequency ν=kn은 입자가 단일 속도를 가지지 않았을 경우 방정식 (2.71)과 같이 다시 정의된다. 여기서 k는 Rate Constant, σ는 Cross Section이다.

$$
\begin{aligned}
nk &\equiv \sigma vn \\
&= \iiint_V \sigma v f d^3v \qquad (2.71)
\end{aligned}
$$

일반적으로 Cross Section은 그림 2.12(a)의 형태를 가진다. 방정식 (2.71)을 거치면 우리 직관에 어울리는 그림 2.12(b) 형태의 Rate Constant를 가진다.

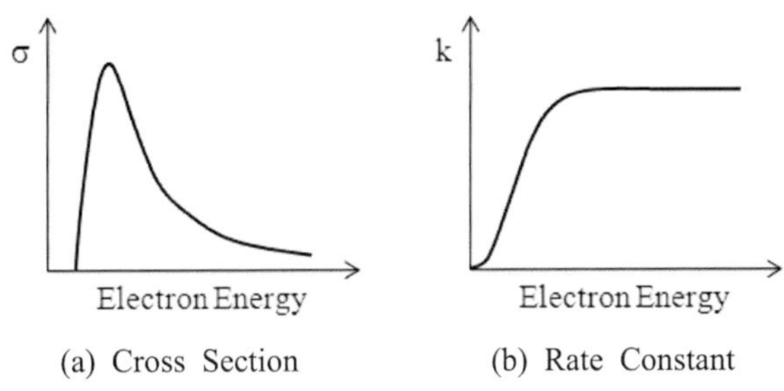

그림 2.12 Cross Section과 Rate Constant.

Energy Distribution Function

우리가 속도공간 계산에서 흔히 보는 것이 Isotropic한 다음의 예이다. v는 Spherical Coordinate에서 Radial Velocity이다.

$$
\begin{aligned}
f(\bar{v})d^3v &= f(v)4\pi v^2 dv \\
\text{where } v &= |\bar{v}| \qquad (2.72)
\end{aligned}
$$

다음과 같이 Energy Distribution Function g를 정의하였다.

$$4\pi g(W)dW \equiv f(v)4\pi v^2 dv \qquad (2.73)$$
$$\text{where } W = mv^2/2$$

$$g(W) = \frac{1}{m} vf(v) \qquad (2.74)$$

전자의 경우는 EEDF(Electron Energy Distribution Function), Ion의 경우는 IEDF(Ion Energy Distribution Function)이라 하여 많이 사용하는 용어이다.

많이 사용하는 적분식

다음은 많이 사용하는 적분식을 참고로 명기한다.

$$\left[\int_{-\infty}^{\infty} e^{-t^2} dt\right]^2 = \int_{-\infty}^{\infty} e^{-x^2} dx \int_{-\infty}^{\infty} e^{-y^2} dy$$
$$= \int_{-\infty}^{\infty}\int_{-\infty}^{\infty} e^{-(x^2+y^2)} dxdy$$

xy 무한 평면을 다음과 같이 Cylindrical 좌표에서 나타낼 수 있다.

$$\int_{-\infty}^{\infty}\int_{-\infty}^{\infty} dxdy = \int_0^{2\pi}\int_0^{\infty} rd\theta dr$$

구하려는 답은 방정식 (2.75)와 같다.

$$\left[\int_{-\infty}^{\infty} e^{-t^2} dt\right]^2 = \int_0^{2\pi}\int_0^{\infty} e^{-r^2} rd\theta dr = \pi$$
$$\therefore \int_{-\infty}^{\infty} e^{-t^2} dt = \sqrt{\pi} \qquad (2.75)$$

다음은 많이 사용하는 또 다른 적분식이다.

$$\left[\int_0^{\infty} t^2 e^{-t^2} dt\right]^2 = \int_0^{\infty} x^2 e^{-x^2} dx \int_0^{\infty} y^2 e^{-y^2} dy$$
$$= \int_0^{\infty} x^2 y^2 e^{-(x^2+y^2)} dx$$
$$= \int_0^{\infty}\int_0^{\pi/2} r^4 \cos^2\theta \sin^2\theta e^{-r^2} rd\theta dr \qquad (2.76)$$
$$= \frac{\pi}{16}$$
$$\therefore \int_0^{\infty} t^2 e^{-t^2} dt = \frac{\sqrt{\pi}}{4}$$

2-6 유체방정식

유체방정식 유도

유체방정식은 많은 입자들의 물성을 통계적으로 처리하여 평균한 다음 연속체 개념으로 질량, 운동량, 에너지가 관련된 현상을 묘사하는 방정식이다. 그림 2.7의 Control Volume을 이용해서 연속방정식 (2.40)을 유도하였다. 운동방정식이나 에너지 방정식을 Control Volume을 이용해서 유도할 수도 있다. Boltzmann 방정식 (2.61), (2.62)도 Control Volume을 이용해서 유도할 수도 있다. Boltzmann 방정식 (2.62)를 이용해서 연속 방정식을 유도할 수 있다. 또한 Boltzmann 방정식을 이용하여 유체방정식을 유도하는 것은 부록을 참조하기 바란다. 힘이 속도의 함수가 아닌 경우 Collisionless Boltzmann 방정식 (2.60)을 이용하여 연속방정식을 유도하는 방법은 다음과 같다. d^3v 적분 영역은 모든 속도의 공간이다. 외력 $\vec{K}$는 $\vec{v}$와 관계 없다.

$$\begin{aligned}
&\iiint\left[\frac{\partial f}{\partial t}+\vec{v}\cdot\nabla_r f+\frac{\vec{K}}{m}\cdot\nabla_v f=0\right]d^3v \\
&\iiint\frac{\partial f}{\partial t}d^3v+\iiint(\vec{v}\cdot\nabla_r f)d^3v=-\iiint\left(\frac{\vec{K}}{m}\cdot\nabla_v f\right)d^3v \\
&\frac{\partial}{\partial t}\iiint fd^3v+\iiint\nabla_r\cdot(\vec{v}f)d^3v=-\iiint\nabla_v\cdot\left(\frac{\vec{K}}{m}f\right)d^3v \\
&\frac{\partial}{\partial t}\iiint fd^3v+\nabla_r\cdot\iiint(\vec{v}f)d^3v=-\oiint_A\vec{n}\cdot\left(\frac{\vec{K}}{m}f\right)dA \\
&\frac{\partial n}{\partial t}+\nabla_r\cdot(n\vec{v})=0
\end{aligned} \tag{2.77}$$

$\vec{K}$는 입자에 가해지는 외력이다. 연속방정식 (2.77)을 유도할 때 방정식 (2.78)을 이용한다. A를 d^3v를 둘러싼 폐면적이라 하고 $\vec{n}$은 길이 1이고 A 표면에서 수직인 무차원 Vector라고 할 때 부피적분을 면적분으로 바꾸는 Gauss Law에 의해 다음과 같이 변화시킬 수 있다.

$$\iiint\nabla_v\cdot(\dot{\vec{v}}f)d^3v=\oiint_A\vec{n}\cdot(\dot{\vec{v}}f)dA \tag{2.78}$$

d^3v 공간에서 v가 ∞인 곳에서는 f가 zero이므로 폐면적 A가 존재하는 곳에서는 f가 zero이다. 따라서 방정식 (2.78)은 zero이다. 부록에서 Boltzmann 방정식으로부터 유도된 유체방정식은 다음과 같다. 방정식 (2.79)~(2.81)에서 m은 질량, p는 압력, ν는 Collision Frequency, q는 전하량이다.

연속방정식 :

$$\frac{\partial n}{\partial t} + \nabla \cdot (n\vec{v}) = \nu_{iz} n_e \tag{2.79}$$

운동방정식 :

$$mn\frac{d\vec{v}}{dt} = mn\left[\frac{\partial \vec{v}}{\partial t} + \vec{v} \cdot \nabla \vec{v}\right] = qn(\vec{E} + \vec{v} \times \vec{B}) - \nabla p - mn\nu\vec{v} \tag{2.80}$$

운동방정식 (2.80)에서 $mnd\vec{v}/dt$ 는 관성항이고 $\vec{v} \cdot \nabla \vec{v}$ 는 Convection Term이라 불리는 항이고 $qn\vec{E}$ 는 전장에 반응하는 전하에 가해지는 Coulomb Force이고 $qn\vec{v} \times \vec{B} = \vec{J} \times \vec{B}$ 는 Fleming의 왼손법칙에서 유래한다. ∇p는 압력항, $mn\nu\vec{v}$ 는 다른 입자와의 충돌을 반영한다.

에너지방정식 :

$$\begin{aligned}
&n\frac{d\varepsilon}{dt} = -\sum_{i,j} P_{ij} D_{ij} - \nabla \vec{q} + \vec{J} \cdot \vec{E} \\
&\text{where } \varepsilon = \frac{1}{2}\left\langle mv^2 \right\rangle \\
&\quad P_{ij}\text{: Stress Tensor} \\
&\quad D_{ij} = \frac{\partial v_i}{\partial x_j} + \frac{\partial v_j}{\partial x_i}\text{: Deformation Tensor} \\
&\quad \vec{q} \equiv \frac{mv^2}{2}\vec{v}\text{: Heat Flux}
\end{aligned} \tag{2.81}$$

다음과 같이 에너지방정식은 다양한 형태로 변형되어 사용된다.

$$\begin{aligned}
&\frac{d}{dt}\left(\frac{1}{2}\rho u^2 + \frac{\rho RT}{\gamma - 1}\right) + \frac{\partial}{\partial x_\beta}\left[\pi_{\alpha\beta} u_\alpha + q_\beta\right] = \vec{J} \cdot \vec{E} \\
&\text{where } \vec{J} \cdot \vec{E}\text{: Ohmic heating} \\
&\quad \pi_{\alpha\beta}\text{: Stress Tensor} \\
&\quad T\text{: Temperature in K}
\end{aligned} \tag{2.82}$$

Plasma에서 사용해야 되는 방정식에 상태방정식이 있다. 상태방정식 또한 자주 사용되며 중요한 방정식이다.

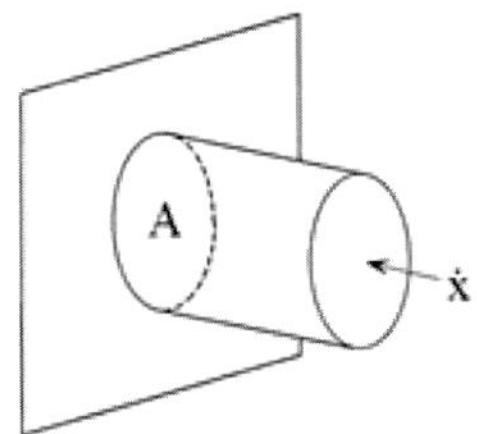

▎그림 2.14▎ 벽으로 입자들이 진입하고 있다.

$$\begin{aligned}
&\text{1차원 Maxwell 분포: } n \equiv \int_0^\infty g_1(\dot{x})d\dot{x} \\
&\text{Moemntum Loss to Wall: } 2m\dot{x} \\
&\text{Density: } dn \equiv g_1(\dot{x})d\dot{x} \\
&\text{Flux to Wall: } g_1(\dot{x})\dot{x}d\dot{x} \\
&\text{Moemntum Change Rate: } 2mg_1(\dot{x})\dot{x}^2 d\dot{x} \\
&\text{Force: } 2mg_1(\dot{x})\dot{x}^2 d\dot{x}A \\
&\text{Pressure} = \text{Force} / A \\
&\qquad = \int_0^\infty 2mg_1(\dot{x})\dot{x}^2 d\dot{x} \\
&\qquad = nm\overline{\dot{x}^2}
\end{aligned} \tag{2.83}$$

속도가 Isotropic하다고 하면 x, y, z 방향의 속도는 같다. 상태방정식은 (2.84)와 같다.

$$\begin{aligned}
p &= \frac{nm}{3}\overline{v_r^2} \\
&\qquad \text{where } \dot{x}^2 \equiv v_r^2 / 3. \\
&= \frac{1}{3} n3kT \\
&= nkT \qquad (T \text{ in } K) \\
&= enT \qquad (T \text{ in volt}) \\
&\qquad \text{where } k = 1.3807 \times 10^{-23} J / K \\
&\qquad\qquad : \text{Boltzmann Constant}
\end{aligned} \tag{2.84}$$

운동방정식에서 유도되는 물성치

많은 물성치가 전하의 운동방정식으로부터 유도되고 정의된다. 우리가 일반적으로 알고 있는 물성치들이 운동방정식과 어떻게 관련이 있는지 살펴본다. 전기전도도 σ는 전자기력과 타입자들과의 충돌이 균형인 상태에 있을 때 정의된다. 이를 운동방정식에서 표현하면 다음과 같다.

$$\cancel{mn\frac{d\vec{v}}{dt}} = qn\left(\vec{E} + \vec{v} \times \vec{B}\right) - \cancel{\nabla p} - mn\nu\vec{v}$$

$$0 = qn\left(\vec{E} + \vec{v} \times \vec{B}\right) - mn\nu\vec{v}$$

$$\vec{J} = \sigma\left(\vec{E} + \vec{v} \times \vec{B}\right) \tag{2.85}$$

$$\text{where } \sigma \equiv ne^2 / m\nu\text{: Conductivity} \tag{2.86}$$

방정식 (2.85)에서 자장이 없을 때 $\vec{J} = \sigma\vec{E}$ 가 되고 이것은 우리가 Ohm의 법칙으로 알고 있는 IR=V의 다른 형태이다. 전자가 전류를 운반하는 대부분의 경우 Ohm의 법칙이란 전자의 운동방정식의 또 하나의 형태이다. IR=V 또한 전자의 운동을 지배하는 방정식이다.

Mobility는 전장과 타입자들과의 충돌이 힘의 균형인 상태에 있을 때 정의된다.

$$\cancel{mn\frac{d\vec{v}}{dt}} = qn\left(\vec{E} + \cancel{\vec{v} \times \vec{B}}\right) - \cancel{\nabla p} - mn\nu\vec{v}$$

$$0 = qn\vec{E} - mn\nu\vec{v}$$

$$\vec{v} = \mu\vec{E} \tag{2.87}$$

$$\text{whgere } \mu \equiv q / m\nu\text{: Mobility}$$

Diffusivity는 등온이고 압력과 타입자들과의 충돌이 균형인 상태에 있을 때 정의된다.

$$\cancel{mn\frac{d\vec{v}}{dt}} = qn\left(\cancel{\vec{E}} + \cancel{\vec{v} \times \vec{B}}\right) - \nabla p - mn\nu\vec{v}$$

$$0 = -\nabla p - mn\nu\vec{v}$$

$$0 = -eT\nabla n - mn\nu\vec{v}$$

$$\vec{v} = -D\frac{\nabla n}{n} \tag{2.88}$$

$$\text{where } D \equiv eT / m\nu$$

$$\text{: Diffusivity}$$

방정식 (2.87)과 (2.88)로부터 Einstein Relation이라 부르는 관계식이 성립한다.

$$\mu = D / T \tag{2.89}$$

Ion Flux Γ_i (=$n_i v_i$)와 Electron Flux Γ_e (=$n_e v_e$)는 같아야 Plasma 내부의 전하의 평형 상태를 이룰 수 있다(n_i=n_e). Steady State에서 Flux가 같지 않다면 Plasma 내부에 전장이 생겨 결국은 Flux를 같게 한다. 이를 Ambipolar Diffusion이라 하고 Ambipolar Diffusivity가 방정식 (2.90)과 같이 정의된다.

$$
\begin{aligned}
&\vec{\Gamma} = \pm\mu n\vec{E} - D\nabla n \\
&\vec{\Gamma} = \mu_i n\vec{E} - D_i\nabla n = -\mu_e n\vec{E} - D_e\nabla n \\
&\vec{E} = \frac{D_i - D_e}{\mu_i + \mu_e}\frac{\nabla n}{n} \\
&\vec{\Gamma} = -\frac{\mu_e D_i + \mu_i D_e}{\mu_i + \mu_e}\nabla n \equiv -D_a\nabla n \\
&\quad \text{where } D_a\text{: Ambipolar Diffusivity}
\end{aligned}
\tag{2.90}
$$

전자의 Mobility가 Ion의 Mobility 보다 많이 크기 때문에 Einstein Relation (2.89)을 이용하고 T_e=T_i 일 경우에 다음 방정식과 같이 근사적으로 표현할 수 있다.

$$
\begin{aligned}
D_a &\equiv \frac{\mu_e D_i + \mu_i D_e}{\mu_i + \mu_e} \\
&\approx 2D_i
\end{aligned}
\tag{2.91}
$$

방정식 (2.91)은 Diffusion 관점에서 Ion이 전자를 끌고 다닌다는 것을 보여 준다.

Boltzmann's Relation

압력과 전장의 하전입자에 대한 힘이 균형을 이룰 때 하전입자의 분포를 Boltzmann's Relation이라고 한다. 전자의 경우 분포가 방정식 (2.92)와 같이 Exponential Function의 형태가 된다.

$$
\not{m}n\frac{d\not{\vec{v}}}{dt} = qn\left(\vec{E} + \not{\vec{v}}\times\not{\vec{B}}\right) - \nabla p - \not{m}n\nu\not{\vec{v}}
$$

$$
\begin{aligned}
&en_eE + \nabla p_e = 0 \\
&-en_e\nabla\Phi + eT_e\nabla n_e = 0 \\
&\nabla\left(\Phi + T_e\ln(n_e)\right) = 0 \\
&\Phi + T_e\ln(n_e) = cst \\
&n_e(r) = n_o e^{\Phi/T_e}
\end{aligned}
\tag{2.92}
$$

Ion의 경우는 방정식 (2.93)과 같다.

$$
n_i(r) = n_o e^{-\Phi/T_i} \tag{2.93}
$$

Gyro Motion

단일 하전입자가 자장의 영향을 받으면서 운동한다고 가정한다. 운동방정식에서 관성항과 자장항만 남는다.

$$mn\frac{d\bar{v}}{dt} = qn(\bar{E} + \bar{v} \times \bar{B}) - \nabla p - mn\nu\bar{v}$$

$$mn\frac{d\bar{v}}{dt} = qn\bar{v} \times \bar{B} \tag{2.94}$$

$d\bar{r}/dt = \bar{v}$ 이고 $\bar{B} = \hat{z}B_o$ & $\bar{E} = 0$ 라고 가정하여 방정식 (2.95)를 유도한다.

$$\begin{pmatrix} m\frac{dv_x}{dt} = qv_yB_o \\ m\frac{dv_y}{dt} = -qv_xB_o \\ m\frac{dv_z}{dt} = 0 \end{pmatrix} \rightarrow \frac{d^2v_x}{dt^2} = -\omega_c^2 v_x \tag{2.95}$$

$$\text{where } \omega_c = \frac{qB_0}{m}\text{: Gyro Frequency} \tag{2.96}$$

방정식 (2.95)의 해는 다음과 같다.

$$\begin{pmatrix} x = r_c\sin(\omega_c t + \phi_o) + (x_o - r_c\sin\phi_o) \\ y = r_c\cos(\omega_c t + \phi_o) + (y_o - r_c\cos\phi_o) \\ z = z_o + v_o t \end{pmatrix} \tag{2.97}$$

$$\text{where } r_c = \frac{v_{\perp 0}}{\omega_c}\text{: Gyro Radius} \tag{2.98}$$

여기서 $v_{\perp 0}$는 자장에 수직인 방향의 속도이고 ϕ_0는 위상이다. 자장 하의 전하의 운동 특성을 파악하기 위해 다음과 같이 방정식 (2.97)의 상수를 조절한다.

$$\begin{pmatrix} x = r_c\sin(\omega_c t + \pi/4) \\ y = r_c\cos(\omega_c t + \pi/4) \end{pmatrix} \tag{2.99}$$

시간 0, $(\pi/2/\omega_c)$, (π/ω_c), $(3\pi/2/\omega_c)$ 에 대한 (x,y) 위치는 Positive Ion의 경우 그림 2.15와 같이 시계방향으로 회전한다.

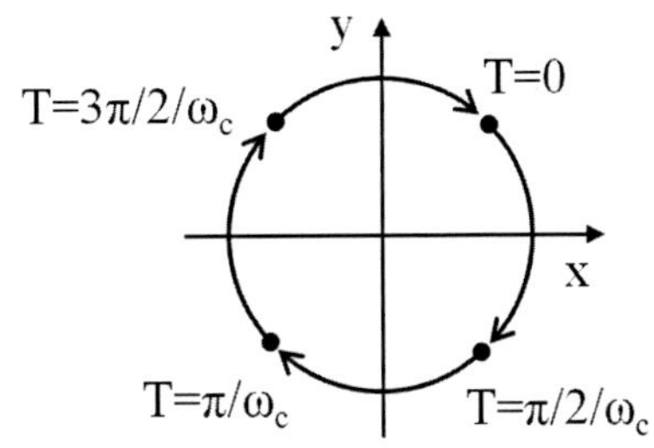

| 그림 2.15 | Gyro Motion 설명도. Positive Ion이 시계 방향으로 회전한다. 전자는 반시계 방향이다. 자장은 z 방향이다.

Lenz의 법칙에 따라 전하가 움직이면서 생긴 전류는 주어진 자장 B_0를 상쇄하려는 방향을 가진다. Plasma를 "Diamagnetic"이라고 부르는 이유이다. 전자의 경우는 주어진 자장 B_0를 상쇄하기 위하여 Positive Ion과 반대 방향으로 회전한다. 반도체 공정용 Rf Capacitive Discharge Plasma는 대체로 자장이 작아서 회전운동은 주로 전자만 한다.

하전입자에 자장이 가해지면 하전입자는 자력선을 중심으로 회전한다. 해석하기가 복잡하므로 자장이 있을 경우 운동방정식의 해를 원운동을 만드는 해와 원운동의 중심점의 속도를 나타내는 해로 나눈다.

Magnetic Moment에 의한 Permeability 변화

하전입자가 자장에 놓여져 있을 때 자력선을 중심으로 원운동을 한다. 이때 Magnetic Moment μ_{mag}를 하전입자가 움직이면서 만드는 전류와 원운동 내부의 면적을 곱한 것으로 정의한다.

$$\mu_{mag} \equiv \text{Current} \times \text{Area} \tag{2.100}$$

$$= q\frac{\omega_c}{2\pi}\cdot \pi r_c^2$$

$$= \frac{1}{2} q v_\perp r_c \tag{2.101}$$

$$= \frac{m v_\perp^2}{2} / B \tag{2.102}$$

방정식 (2.101)을 Vector로 표현하면 다음과 같다.

$$\vec{\mu}_{mag} \equiv \frac{1}{2} q \vec{v}_\perp \times \vec{r}_c \tag{2.103}$$

특이한 점은 Magnetic Moment μ_{mag}가 시간변화에 의존하지 않는다는 것이다. 방정식 (2.104)의 유도는 Appendix D를 참조바란다.

$$\frac{d\mu_{mag}}{dt} = 0 \tag{2.104}$$

Magnetic Moment μ_{mag}를 이용한 Plasma 장치로는 핵융합용 Mirror가 있다.

Magnetic Moment에 의해 Ampere 방정식이 변형되는 것을 알아본다. 그림 2.16과 같이 자력선을 중심으로 전자가 주어진 자장을 감쇠하려는 방향으로 돌고 있다.

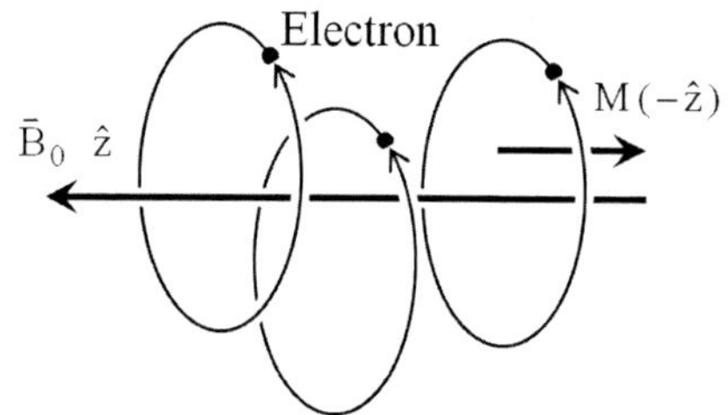

| 그림 2.16 | 자력선을 중심으로 전자가 주어진 자장을 감쇠하려는 방향으로 돌고 있다.

방정식 (2.100)을 이용하면 움직이는 하전입자에 의해 만들어지는 전류는 다음과 같다.

$$\Sigma\ i = \Sigma \frac{\mu_{mag}}{\pi r_c^2} \tag{2.105}$$

유도된 전류에 의해 주어진 자장을 감쇠시키는 유도자장을 M이라 하고 그림 2.17의 적분경로를 이용하면 방정식 (2.106)과 같이 M을 유도할 수 있다. 그림 2.16에서 측면의 조건 $\bar{M} \cdot d\bar{L} = 0$는 $\bar{M}$과 $d\bar{L}$이 수직이기 때문이고 바깥의 조건은 적분경로를 멀리 잡기 때문이다.

$$\begin{aligned}
&\iint \left(\nabla \times \frac{\bar{M}}{\mu_0} = \bar{J} \right) dA \\
&\iint \nabla \times \frac{\bar{M}}{\mu_0} dA = \Sigma\ i \\
&\oint \frac{\bar{M}}{\mu_0} \cdot d\bar{L} = \Sigma i \\
&\frac{M}{\mu_0} L = \frac{1}{\pi r_c^2} \Sigma \mu_{mag}
\end{aligned} \tag{2.106}$$

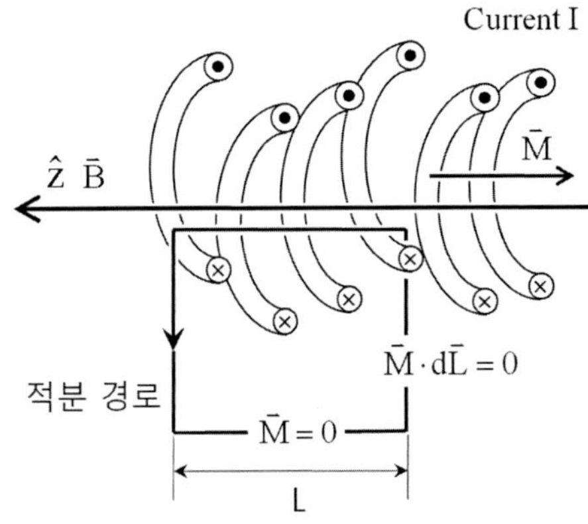

| 그림 2.17 | 그림 2.15의 단면도. 적분경로 밖의 M은 Zero라고 가정.

그림 2.18에서 Center of gyration이 Gyro Radius 안에 있어야 전자가 자력선을 안고서 회전 운동을 하기 때문에 $\pi r_c^2 L$ 의 부피에 들어있는 전자의 Center of gyration 이 N개라 하면 전자 밀도 n_e는 방정식 (2.107)과 같고 유도된 자장 M은 방정식 (2.108)과 같이 나타낼 수 있다.

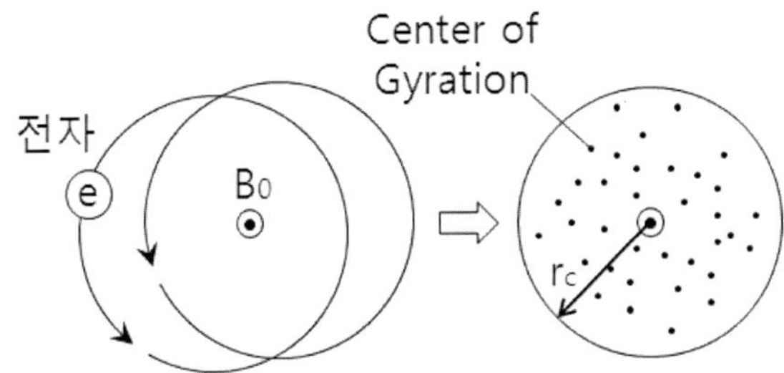

| 그림 2.18 | Gyro Radius 안에 있는 회전중심 분포.
왼편의 전자들의 회전중심을 오른편에 표시.

$$\frac{N}{\pi r_c^2 L} = n_e \tag{2.107}$$

$$M = \frac{N}{V}\Sigma \mu_{mag} = n_e \mu_0 \Sigma \mu_{mag} \tag{2.108}$$

방정식 (2.109)와 같이 Permeability에 포함하여 Magnetic Moment에 의한 효과를 나타낸다.

$$M = \frac{N}{V}\Sigma\mu_{mag} = n_e\mu_0\Sigma\mu_{mag}$$

$$\nabla\times\left(\frac{B}{\mu_o}-\frac{M}{\mu_o}\right) = \varepsilon_0\frac{\partial E}{\partial t}+J \tag{2.109}$$

$$\nabla\times\left(\frac{B}{\mu}\right) == \varepsilon_0\frac{\partial E}{\partial t}+J$$

연.습.문.제

1. 방정식 (2.62)에서 $\vec{K}/m$이 $\vec{v}$의 함수일 경우에도 방정식 (2.61)에서 방정식 (2.62)와 같이 표현할 수 있는 경우를 논하라.

$$\frac{\partial f}{\partial t}+\vec{v}\cdot\nabla_r f+\frac{\vec{K}}{m}\cdot\nabla_v f = \left.\frac{\partial f}{\partial t}\right|_c \tag{2.61}$$

$$\frac{\partial f}{\partial t}+\nabla_r\cdot(\vec{v}f)+\nabla_v\cdot\left(\frac{\vec{K}}{m}f\right) = \left.\frac{\partial f}{\partial t}\right|_c \tag{2.62}$$

2. 방정식 (2.91)를 유도하시오.

$$\begin{aligned} D_a &\equiv \frac{\mu_e D_i+\mu_i D_e}{\mu_i+\mu_e} \\ &\approx 2D_i \end{aligned} \tag{2.91}$$

제 3 장

입자 운동

3-1 입자 이동 현상

E×B Drift

전장과 자장이 존재하는 경우의 입자의 운동을 살핀다. 자장과 전장이 운동을 지배하는 운동방정식은 다음과 같다.

$$m\frac{d\bar{v}}{dt} = q\left[\bar{E}(\bar{r},t) + \bar{v} \times \bar{B}(\bar{r},t)\right] \tag{3.1}$$

그림 3.1과 같이 Uniform하고 Steady한 전장과 자장이 있다. 전장은 Parallel 성분과 Perpendicular 성분으로 나눈다.

$$\bar{B} \equiv \hat{z}B_o \tag{3.2}$$

$$\bar{E} \equiv \bar{E}_{\perp 0} + \bar{E}_{zo} \tag{3.3}$$

$$\bar{v}(t) \equiv \bar{v}_z(t) + \bar{v}_\perp(t) \tag{3.4}$$

방정식 (3.2)~(3.4)를 (3.1)에 대입한다.

$$m\frac{dv_z}{dt} = qE_{z0} \tag{3.5}$$

$$m\frac{d\bar{v}_\perp}{dt} = q(\bar{E}_{\perp 0} + \bar{v}_\perp \times \bar{B}_0) \tag{3.6}$$

$\bar{v}_\perp$를 회전운동 속도 $\bar{v}_c$와 나머지 속도 $\bar{v}_E$로 분해한다.

$$\bar{v}_\perp \equiv \bar{v}_E + \bar{v}_c \tag{3.7}$$

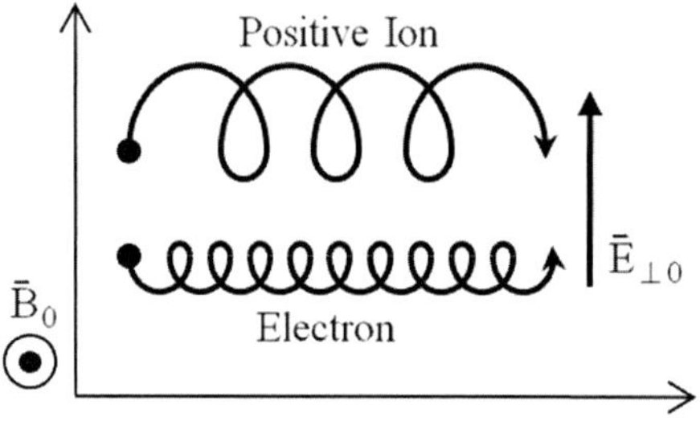

그림 3.1 Ion과 전자의 E Cross B Drift.
전하에 관계없이 xy 평면에서 2차원적으로 오른쪽으로 이동하고 있다.

$\bar{v}_c$는 자장이 있을 경우의 Gyro Motion에 따른 속도이다. 방정식 (3.7)을 (3.6)에 대입한다.

$$m\frac{d}{dt}(\bar{v}_E + \bar{v}_c) = q\left(\bar{E}_{\perp o} + \bar{v}_E \times \bar{B}_o + \bar{v}_c \times \bar{B}_o\right) \tag{3.8}$$

방정식 (2.94)에서 다음 관계식을 유추한다.

$$m\frac{d\bar{v}_c}{dt} = q\left(\bar{v}_c \times \bar{B}_o\right) \tag{3.9}$$

나머지 항들은 방정식 (3.10)과 같다.

$$m\frac{d\bar{v}_E}{dt} = q\left(\bar{E}_{\perp o} + \bar{v}_E \times \bar{B}_o\right) \tag{3.10}$$

방정식 (3.10)의 우변을 Zero라고 가정한다.

$$\begin{aligned} &\bar{E}_{\perp o} + \bar{v}_E \times \bar{B}_o \equiv 0 \\ &\bar{v}_E = \frac{\bar{E} \times \bar{B}}{B_o^2} \end{aligned} \tag{3.11}$$

$\bar{v}_E$는 Constant한 전장과 자장이 주어진 조건에서 Constant하다. 방정식 (3.11)은 방정식 (3.10)을 만족시키고 $\bar{v}_E$를 $\bar{E} \times \bar{B}$ Drift Velocity라고 한다. $\bar{v}_E$는 Gyro Motion의 중심점의 전장과 자장에 의한 이동 속도라고 할 수 있다. 자장과 전장에 수직인 방향으로 회전중심이 이동한다. $\bar{v}_E$는 Magnetron Sputter의 Magnetron을 설계할 때 많이 사용된다.

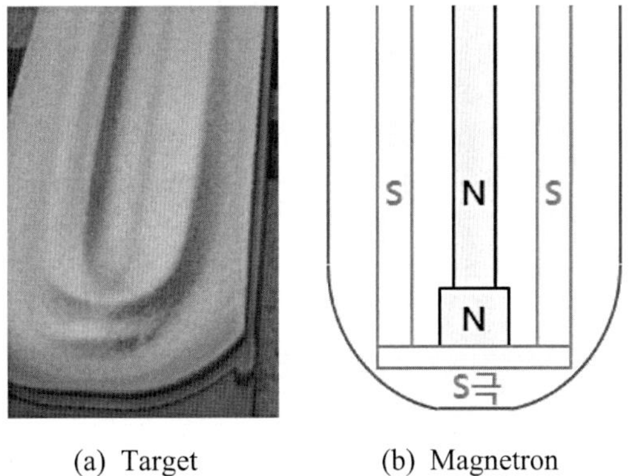

(a) Target (b) Magnetron

| 그림 3.2 | Sputter의 Target과 Magnetron. Target 배면에 Magnetron이 설치된다.

방정식 (3.1)에 $\cdot \bar{v}$ 를 취한다.

$$\left(m\frac{d\bar{v}}{dt} = q\left[\bar{E}(\bar{r},t) + \bar{v}\times\bar{B}(\bar{r},t)\right]\right)\cdot\bar{v}$$

$$\begin{aligned} \frac{d}{dt}\left(\frac{1}{2}mv^2\right) &= q\bar{v}\cdot\bar{E} \\ &= -q\bar{v}\cdot\nabla\Phi \\ &= -q\frac{d\Phi}{dt} \\ \therefore\ \frac{1}{2}mv^2 + q\Phi &= \text{constant} \\ \text{where }\ \bar{E} &= -\nabla\Phi \end{aligned} \tag{3.12}$$

방정식 (3.12)는 자장에 의한 하전입자의 회전운동은 에너지의 소모와 생성에 관련이 없다는 것을 보여 준다.

$q\bar{E}_\perp$ 를 일반적인 힘을 의미하는 $\bar{F}_\perp$ 로 대체하여 방정식 (3.6)을 일반화 시킨다.

$$\begin{aligned} m\frac{d\bar{v}_\perp}{dt} &= \bar{F}_\perp + q\bar{v}_\perp\times\hat{z}B_o \\ \text{where}\quad \bar{v}_F &= \frac{\left(\bar{F}_\perp/q\right)\times\bar{B}}{B_o^2} \end{aligned} \tag{3.13}$$

$\bar{F} = m\bar{g}$ 의 중력에 의한 힘이라면 중력 Drift는 다음과 같다.

$$\bar{v}_F = \frac{m}{qB_o^2}\bar{g}\times\bar{B}$$

∇B Drift

공간적으로 불균일한 자장 하에서의 입자의 이동을 살핀다. <>는 하전입자가 자장 주위를 회전할 때 하전입자의 궤적을 따라 회전 주기 $T=2\pi/\omega_c$에 대한 평균을 나타낸다. H를 임의의 변수라고 하고 < >의 정의를 방정식 (3.14)에 나타냈다.

$$\begin{aligned} \langle H\rangle &\equiv \frac{1}{2\pi}\int_0^{2\pi} H d\theta \\ &\equiv \frac{1}{T}\int_0^{T} H dt \end{aligned} \tag{3.14}$$

입자 위치 $\bar{r}$ 을 회전중심 위치 $\bar{r}_g$ 와 Gyro Radius $\bar{r}_c$ 로, 입자 속도 $\bar{v}$ 를 회전중심의 이동속도 $\bar{v}_g$ 와 Gyro Velocity $\bar{v}_c$ 로 분해한다.

$$\bar{r} \equiv \bar{r}_g + \bar{r}_c \tag{3.15}$$

$$\bar{v} \equiv \bar{v}_g + \bar{v}_c \tag{3.16}$$

자장의 불균일 정도가 심하지 않은 경우를 살핀다. 그림 3.3에서 보는 바와 같이 회전중심에서 자장이 $\bar{B}_0$ 라 하고 다음의 가정을 한다.

(1) $\bar{B}(r) = \bar{B}_0 + (\bar{r} \cdot \nabla)\bar{B}\big|_0 + \cdots$

$$\left|\frac{(\bar{r}_c \cdot \nabla)B\big|_0}{B_0}\right| << 1$$

(2) $\bar{E} \equiv 0$

(3) $B_z >> B_r,\ B_\theta$

(4) $v_{//} \equiv 0$

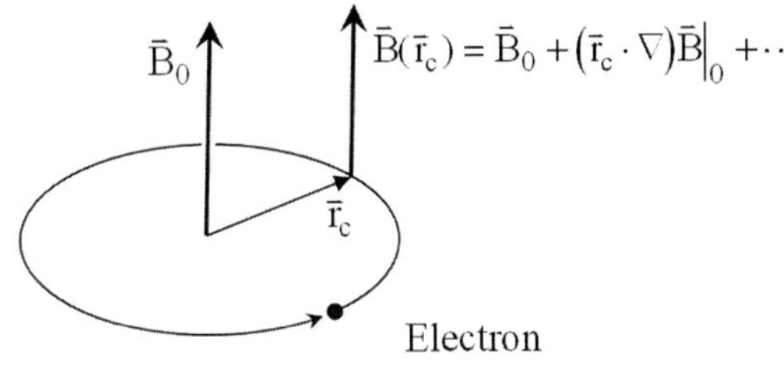

| 그림 3.3 | 자장의 분포도.

운동방정식에 가정 (1) ~ (4)를 적용한다.

$$\begin{aligned} \frac{d\bar{v}}{dt} &= \frac{q}{m}\left[\bar{v} \times \bar{B}\right] \\ &\approx \frac{q}{m}\left[\bar{v} \times \bar{B}_o + \bar{v} \times (\bar{r}_c \cdot \nabla_0)\bar{B}\right] \\ \left\langle \frac{d\bar{v}}{dt} \right\rangle &\equiv \frac{q}{m}\left\langle \bar{v} \times \bar{B}_o + \frac{1}{m}\bar{F} \right\rangle \\ \bar{F} &= q\left\langle \bar{v}_o \times (\bar{r}_c \cdot \nabla_0)\bar{B} \right\rangle \end{aligned} \tag{3.17}$$

$\bar{B} = (B_r, B_\theta, B_z)$ 에서 $\bar{B}_\theta$ 는 $\bar{v}_0$ 에 평행하기 때문에 $\bar{B}_\theta$ 는 방정식 (3.17)의 힘을 계산할 때 기여하지 못한다.

$$\vec{F}_{//} = q\left\langle \vec{v} \times \vec{r}_c \frac{\partial_o \vec{B}_r}{\partial r} \right\rangle \tag{3.18}$$

$$\vec{F}_{\perp} = q\left\langle \vec{v} \times \vec{r}_c \frac{\partial_o \vec{B}_z}{\partial r} \right\rangle \tag{3.19}$$

$F_{//}$를 정리한다.

$$\begin{aligned} \vec{F}_{//} &= q\vec{v} \times \vec{r}_c \left\langle \frac{\partial_o \vec{B}_r}{\partial r} \right\rangle \\ &= 2\mu_{mag} \left\langle \frac{\partial_o B_r}{\partial r} \right\rangle \hat{z} \end{aligned} \tag{3.20}$$

방정식 (3.20)에서 z의 성분으로 표시하기 위해 Cylindrical Coordinate에서 Gauss 방정식을 이용한다.

$$\nabla \cdot B = \frac{1}{r}\frac{\partial(rB_r)}{\partial r} + \frac{1}{r}\frac{\partial B_\theta}{\partial \theta} + \frac{\partial B_z}{\partial z} = 0 \tag{3.21}$$

$B_r(r=0)=0$ 이다. 따라서 L'Hopital 정리에 의해 다음 방정식이 성립한다.

$$\lim_{r \to 0} \frac{B_r}{r} = \frac{\partial B_r}{\partial r} \tag{3.22}$$

방정식 (3.21)의 θ 미분항의 회전 주기에 대한 평균은 다음과 같다.

$$\begin{aligned} \left\langle \frac{1}{r}\frac{\partial_o B_\theta}{\partial \theta} \right\rangle &= \int_0^{2\pi} \frac{d\theta}{2\pi} \frac{1}{r} \frac{\partial B_\theta}{\partial \theta} \\ &= \frac{1}{2\pi r} \oint dB_\theta \\ &= 0 \end{aligned} \tag{3.23}$$

방정식 (3.22)와 (3.23)을 방정식 (3.21)에 대입하고 회전 주기에 대한 평균을 한다.

$$\begin{aligned} \left\langle \frac{\partial_o B_r}{\partial r} + \frac{B_r}{r} \right\rangle &= 2\left\langle \frac{\partial_o B_r}{\partial r} \right\rangle \\ &= -\frac{\partial_o B_z}{\partial z} \end{aligned} \tag{3.24}$$

방정식 (3.20)을 z의 성분으로 표시할 수 있다.

$$\vec{F}_{//} = -\mu_{mag} \frac{\partial B_z}{\partial z} \hat{z} \tag{3.25}$$

$$= -\frac{\mu_{mag}}{B} [\vec{B} \cdot \nabla \vec{B}]_{//} \tag{3.26}$$

$F_{\perp}$를 정리한다. 방정식 (3.27)를 이용하여 방정식 (3.19)를 정리한다.

$$\vec{v}_o \times \hat{z} = -\hat{r} v_o \frac{q}{|q|} \tag{3.27}$$

여기서 $\hat{r}$, $\hat{z}$는 단위 Vector이다.

$$F_{\perp} = -|q| v_o r_c \frac{\partial_o B_z}{\partial r} \tag{3.28}$$

방정식 (3.28)의 회전중심에 대한 평균을 구한다.

회전중심에 대한 평균을 구하기 위해 그림 3.4의 좌표와 다음 관계식을 이용한다.

$$\begin{aligned} \frac{\partial}{\partial r} &= \frac{\partial x}{\partial r}\frac{\partial}{\partial x} + \frac{\partial y}{\partial r}\frac{\partial}{\partial y} \\ &= \cos\theta \frac{\partial}{\partial x} + \sin\theta \frac{\partial}{\partial y} \end{aligned} \tag{3.29}$$

방정식 (3.29)를 이용하여 $F_{\perp}$를 구한다.

$$\begin{aligned} \left\langle r_c \frac{\partial B_z}{\partial r} \right\rangle &= \int_0^{2\pi} \frac{d\theta}{2\pi} r_c \left(\frac{\partial B_z}{\partial r} \right) \\ &= \frac{1}{2\pi} \int_0^{2\pi} d\theta \left[\left(r_c \cos\phi \right)\hat{x} + r_c \left(\sin\phi \right)\hat{y} \right] \left(\cos\phi \frac{\partial B_z}{\partial x} + \sin\phi \frac{\partial B_z}{\partial y} \right) \\ &= \frac{r_c}{2} \left(\hat{x} \frac{\partial B_z}{\partial x} + \hat{y} \frac{\partial B_z}{\partial y} \right) \end{aligned} \tag{3.30}$$

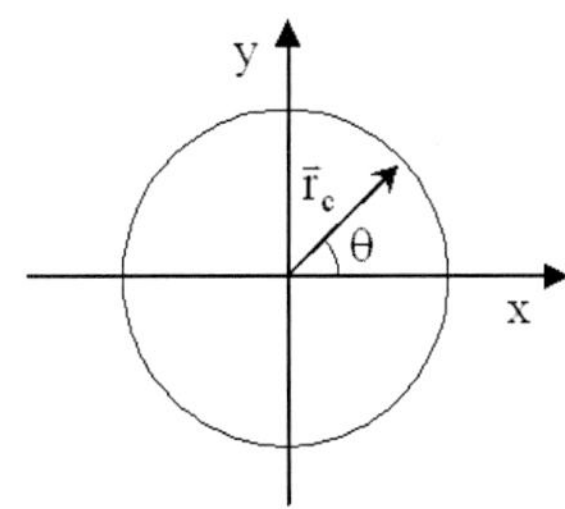

▎그림 3.4▎ 회전중심에 대한 평균을 구하기 위한 좌표계.

방정식 (3.30)을 (3.28)에 대입한다. 그림 3.3에서 보는 바와 같이 자장 B는 z 방향의 성분 밖에는 없다.

$$\begin{aligned} F_{\perp} &= -\frac{qv}{2} r_c \nabla_{\perp} B_z \\ &= -\mu_{mag} \nabla_{\perp} B \\ &= -\frac{\mu_{mag}}{2B} \nabla_{\perp} B^2 \end{aligned} \tag{3.31}$$

$F_{//}$를 정리하기 위해 다음의 Vector 항등식을 이용한다.

$$(\nabla \times B) \times B \equiv (B \cdot \nabla) B - \nabla B^2 / 2 \tag{3.32}$$

방정식 (3.32)의 Parallel 성분을 취한다.

$$\begin{aligned} 0 &= (B \cdot \nabla) B - \nabla B^2 / 2 \\ (B \cdot \nabla) B\big|_{//} &= \nabla B^2 / 2\big|_{//} \end{aligned} \tag{3.33}$$

방정식 (3.26)을 다음과 같이 나타낸다.

$$\begin{aligned} F_{//} &= -\frac{\mu}{B} \left[(B \cdot \nabla) B \right]_{//} \\ &= -\frac{\mu}{B} \left[\nabla \frac{B^2}{2} \right]_{//} \\ &= -\frac{\mu}{B} \nabla_{//} \frac{B^2}{2} \end{aligned} \tag{3.34}$$

방정식 (3.31)과 (3.34)로부터 불균일 자장에서 입자가 느끼는 힘을 나타낸다.

$$\begin{aligned} \vec{F} &= -\frac{\mu_{mag}}{B} \nabla_{//} \frac{B^2}{2} - \frac{\mu_{mag}}{B} \nabla_{\perp} \frac{B^2}{2} \\ &= -\mu_{mag} \nabla B \end{aligned} \tag{3.35}$$

힘의 방향은 전하의 부호와 관계없다. 회전중심의 운동방정식을 다음과 같이 나타낸다.

$$m \frac{d\vec{v}_g}{dt} = \vec{F}_{ext} + q\vec{v}_g \times \vec{B}_o + \mu_{mag} \nabla B \tag{3.36}$$

z 방향의 Variation만 있다고 가정할 때 다음과 같이 Magnetic Moment μ_{mag}가 보존된다는 것을 알 수 있다.

$$\begin{pmatrix} W_{\perp}(z) + W_z(z) = constant \\ F_z = -\mu_{mag} \frac{\partial B_Z}{\partial z} = -\frac{W_{\perp}}{B_z} \frac{\partial B_Z}{\partial z} \end{pmatrix} \rightarrow$$

$$\begin{pmatrix} dW_z = F_z dz = -\frac{W_{\perp}}{B_z} dB_z \\ dW_z = -dW_{\perp} \end{pmatrix} \rightarrow \tag{3.37}$$

$$\frac{dW_{\perp}}{W_{\perp}} = \frac{dB_Z}{Bz}$$

$$\frac{W_{\perp}}{B_z} = \mu_{mag} = constant$$

Curvature Drift

자력선이 굽어있고 하전입자가 자장의 방향을 따라 운동하는 입자의 운동량이 있을 때 원심력에 의해 하전입자에 힘이 가해진다.

자력선이 그림 3.5와 같이 반경 R을 가지고 굽었다고 가정할 때 방정식 (3.38)의 관계식을 가진다.

$$\frac{dz}{R} = -\frac{dB_x}{B_z}$$

$$\frac{1}{R} = -\frac{1}{B_x} \frac{\partial B_x}{\partial z} \tag{3.38}$$

방정식 (3.38)을 이용한 Curvature Drift 속도는 방정식 (3.39)와 같다.

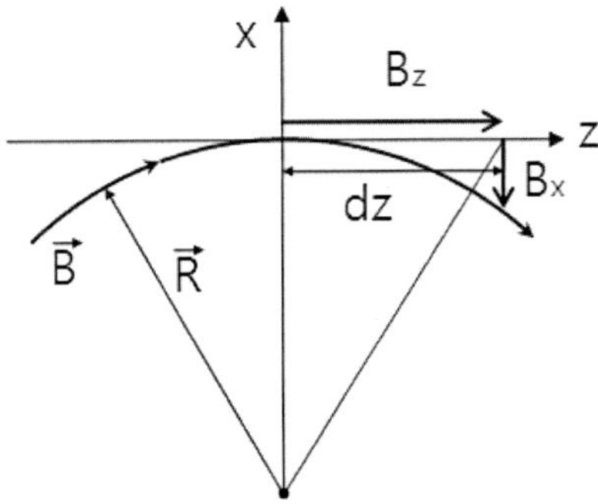

그림 3.5 Curvature Drift 설명도. 자력선이 반경 R을 가지고 굽어있다.

$$
\begin{aligned}
F_R &= \frac{mv_z^2}{R}\hat{x} \\
&= -\frac{2W_z}{B_z}\frac{\partial B_x}{\partial z}\hat{x}
\end{aligned}
$$

$$
\begin{aligned}
\vec{v}_R &= \frac{(\vec{F}_R/q)\times\vec{B}}{B_0^2} \\
&= \frac{2W_z}{qB_z^2}\frac{\partial B_x}{\partial z}\hat{y}
\end{aligned} \tag{3.39}
$$

Gradient Drift

그림 3.6과 같이 자장이 분포되어 있는 경우의 Drift를 살핀다.

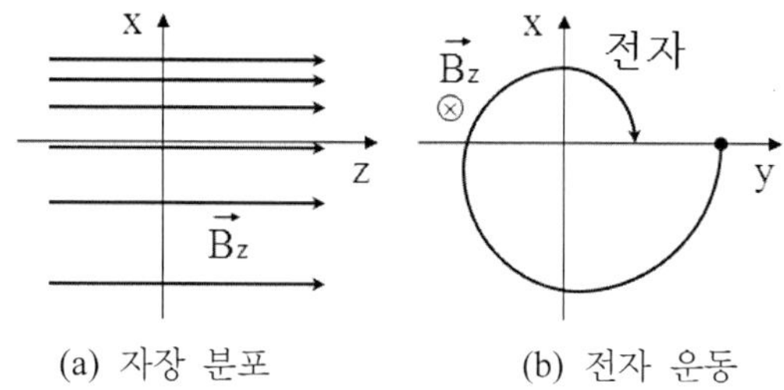

그림 3.6 Gradient Drift 설명도

하전입자에 가해지는 힘은 방정식 (3.35)과 $\nabla B = \hat{x}\partial B_z/\partial x$에 의해 다음과 같다.

$$
\begin{aligned}
\vec{F}_\perp &= -\mu_{mag}\nabla_\perp B_z \\
&= -\frac{W_\perp}{B_z}\nabla_\perp B
\end{aligned} \tag{3.40}
$$

자력선이 직선일 경우의 Drift 속도는 다음과 같다.

$$
\begin{aligned}
\vec{v}_{\vec{F}} &= \frac{\left(\vec{F}_\perp/q\right)\times\vec{B}}{B^2} \\
&= \left(-\frac{W_\perp}{qB_z}\nabla_\perp B\right)\times\frac{\vec{B}_z}{B_z} \\
\vec{v}_{\nabla B} &= -\frac{W_\perp}{qB_z}\nabla_\perp B\times\hat{z}
\end{aligned} \tag{3.41}
$$

자력선이 반경 R을 가지고 있는 경우의 Drift를 살핀다. 전장이 없고 전류가 없는 경우의 Ampere 방정식은 다음과 같이 된다.

$$\nabla \times B = 0$$
$$\frac{\partial B_x}{\partial z} = \frac{\partial B_z}{\partial x} \tag{3.42}$$

방정식 (3.39)의 $\vec{F}_R$은 다음과 같이 정리할 수 있다.

$$\begin{aligned} F_R &= -\frac{2W_z}{B_z}\frac{\partial B_x}{\partial z} \\ &= -\frac{2W_z}{B_z}\frac{\partial B_z}{\partial x} \end{aligned} \tag{3.43}$$

F_R도 자장에 수직인 힘이다. 방정식 (3.40)과 (3.43)을 다음과 같이 Single Gradient로 기술하기도 한다.

$$\begin{aligned} F_\perp &= \left(F_{\nabla B} + F_R\right) \\ &= -\left(W_\perp + 2W_z\right)\frac{1}{B_z}\frac{\partial B_z}{\partial x} \end{aligned} \tag{3.44}$$

Polarization Drift

Steady하고 Uniform한 자장이 있고 자장에 수직이고 시간의 함수인 전장이 있는 경우를 살핀다. 이 경우 자장과 전장과 E×B Drift 속도, 가속도는 다음과 같다.

$$\begin{aligned} \vec{B} &\equiv B_o\hat{z} \\ \vec{E} &\equiv E(t)\hat{x} \\ \vec{v}_E(t) &= -\frac{E(t)}{B_o}\hat{y} \\ \frac{\partial \vec{v}_E}{\partial t} &= -\frac{1}{B_0}\frac{\partial E(t)}{\partial t}\hat{y} \end{aligned} \tag{3.45}$$

하전입자에 가해지는 힘과 Drift 속도는 다음과 같다.

$$\vec{F}_p = -\vec{F} = \frac{1}{B_o}\frac{\partial E(t)}{\partial t}\hat{y} \tag{3.46}$$

$$\vec{v}_F = \frac{\left(\vec{F}_\perp / q\right) \times \vec{B}}{B^2}$$

$$\vec{v}_p = \frac{m}{qB_o^2}\frac{\partial E(t)}{\partial t}\hat{x} \tag{3.47}$$

방정식 (3.47)에서 전하 q의 부호에 따라 가는 방향이 다르기 때문에 Polarization Drift 속도라고 부른다. 전자와 Ion의 이동 방향이 다르다. 방정식 (3.46)에서 "−" 부호를 붙인 이유는 Field가 아닌 입자기준에서 관찰하는 것이기 때문이다.

$n_i = n_e = n_o$ 이라 가정하고 Polarization Drift에 의해 Dielectric Constant가 받는 영향을 살핀다. Polarization Drift에 의한 전류는 다음과 같다.

$$\begin{pmatrix} J_e = -en_e u_e = \dfrac{m}{B_o^2} n_o \dfrac{\partial E}{\partial t} \\ J_i = qn_i u_i = \dfrac{M}{B_o^2} n_o \dfrac{\partial E}{\partial t} \end{pmatrix} \rightarrow$$

$$J_p = J_i + J_e$$

$$= \frac{(M+m)}{B_o^2} n_o \frac{\partial E_p}{\partial t} \tag{3.48}$$

$$\approx \frac{M}{B_o^2} n_o \frac{\partial E}{\partial t} \tag{3.49}$$

Total Current는 다음과 같다. $\varepsilon_\perp$은 자장과 수직인 방향의 Dielectric Constant이다.

$$J_T = \varepsilon_o \frac{\partial E_x}{\partial t} + J_p$$

$$\approx \varepsilon_o \left(1 + \frac{Mn_o}{B_o^2}\right) \frac{\partial E}{\partial t}$$

$$\varepsilon_\perp \equiv \varepsilon_o \left(1 + \frac{Mn_o}{B_o^2}\right) \tag{3.50}$$

$$= \varepsilon_o \left(1 + \frac{\omega_{pi}^2}{\omega_{ci}^2}\right) \tag{3.51}$$

3-2 Collisions

에너지 전달

충돌에 의해 에너지가 전달되는 것을 살핀다. 충돌 후 Target의 진행 방향에 일치하도록 좌표를 설정한다. 이유는 방정식 1개와 변수 1개를 줄이기 위해서이다. 방정식과 그림 3.7에서 Apostrophe '은 충돌 후를 의미하고 ΔU는 충돌 후에 Target

이 얻는 Internal 에너지를 의미한다. Internal 에너지는 Ionization, Excitation 등으로 소모되는 에너지를 의미한다. 첨자 1은 Projectile, 2는 Target을 의미한다. 방정식 (3.52)은 충돌 전후의 운동량 보존을 기술하고 있고 방정식 (3.53)은 에너지 보존을 기술한다.

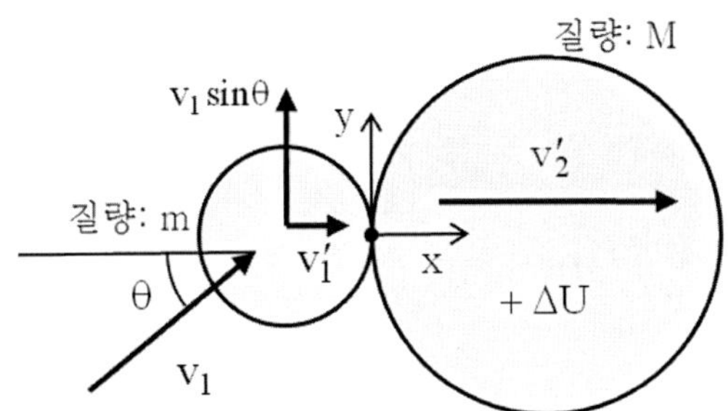

| 그림 3.7 | Projectile이 정지한 Target에 충돌. 충돌 후 Target의 진행 방향에 일치하도록 좌표를 설정. Apostrophe '은 충돌 후를 의미한다. ΔU는 충돌 후에 Target에 흡수된 Internal 에너지를 의미한다.

$$mv_1 \cos\theta = mv_1' + Mv_2' \tag{3.52}$$

$$\frac{1}{2}mv_1^2 = \frac{1}{2}m(v_1'^2 + v_1^2 \sin^2\theta) + \frac{1}{2}Mv_2'^2 + \Delta U \tag{3.53}$$

방정식 (3.52), (3.53)에서 ΔU, v_1', v_2'가 변수이다. v_1는 주어진 값이다. v_1'를 제거한다.

$$2Mv_2' v_1 \cos\theta = \frac{M}{m}(m+M)v_2'^2 + 2\Delta U \tag{3.54}$$

전자가 중성입자에게 Internal 에너지를 얼마나 전달할 수 있는가를 살핀다. Target이 중성입자라 하고 Internal 에너지가 충돌 후 최대가 되는 조건은 $d(\Delta U)/dv_2' = 0$에서 유도된다.

$$\frac{d(\Delta U)}{dv_2'} = 0$$
$$\rightarrow v_1 \cos\theta = \frac{m+M}{m} v_2' \tag{3.55}$$

방정식 (3.54)와 (3.55)를 이용하여 Projectile의 에너지 중에서 Internal 에너지로 전달되는 비율을 다음과 같이 구한다.

$$\frac{\Delta U}{mv_1^2/2} = \frac{M}{m+M}\cos^2\theta \tag{3.56}$$

Projectile이 전자이고 정면 충돌이라면 Scattering Angle가 작아지고 방정식 (3.56)의 값은 1에 근접한다. 이것은 전자의 에너지 모두를 Ionization, Excitation에 사용하게 할 수도 있다는 것을 의미한다. 방정식 (3.56)을 입사각도 θ에 대하여 평균한다.

$$\begin{aligned} &\frac{1}{\pi}\int_0^\pi \cos^2\theta d\theta = \frac{1}{\pi}\int_0^\pi \frac{1+\cos(2\theta)}{2}d\theta = \frac{1}{2} \\ &\left\langle \frac{\Delta U}{mv_1^2/2} \right\rangle_\theta = \frac{M}{2(m+M)} \end{aligned} \tag{3.57}$$

입사각도 θ에 대하여 평균에서도 전자의 운동에너지 50%를 Ion이나 Neutral에 내부에너지로 전달할 수 있다는 것을 보여준다. 전자가 충돌 후 중성입자를 Ionization, Excitation 시키는데 다른 무거운 입자들 보다 효율적이다.

탄성 충돌에 의해 Projectile에서 Target로 전달되는 운동에너지를 구한다. 방정식 (3.53)에서 내부에너지 ΔU는 Zero이다. Projectile의 충돌 전 에너지와 Target의 충돌 후 에너지 비율은 다음과 같다.

$$\frac{\frac{1}{2}Mv_t'^2}{\frac{1}{2}mv_i^2} = \frac{4mM}{(m+M)^2}\cos^2\theta \tag{3.58}$$

방정식 (3.58)을 입사각도 θ에 대하여 평균한다.

$$\left\langle \frac{Mv_2'^2/2}{mv_1^2/2} \right\rangle_\theta = \frac{2mM}{(m+M)^2} \tag{3.59}$$

전자와 Ion, Neutral과의 충돌일 경우 2m/M의 작은 값으로 에너지 교환이 작다는 것을 의미한다. 동일 질량의 입자가 충돌할 때는 방정식 (3.59)의 우변이 1/2로 에너지 교환이 활발하다. 이것이 Plasma는 전자 온도와 Ion 온도가 다른 이유이다.

Differential Scattering Cross Section : I

"Differential Scattering Cross Section" I 를 정의한다.

I의 정의는 다음과 같다. σ는 Cross Section이다.

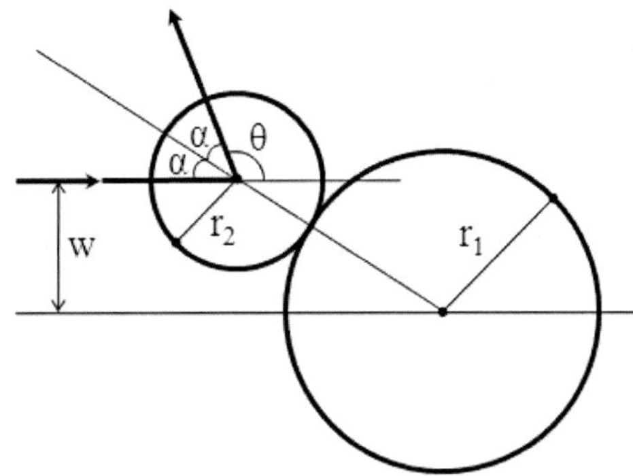

| 그림 3.8 | "Differential Scattering Cross Section" I를 정의하기 위한 설명도. 강체가 b의 거리를 가지고 충돌한다.

$$\begin{aligned}\int \Gamma d\sigma &= \int_0^{r_1+r_2} \Gamma 2\pi b db \\ &\equiv -\int_0^{4\pi} \Gamma I(v,\theta) d\Omega \\ &= -\int_0^{\pi} \Gamma I 2\pi \sin\theta d\theta\end{aligned} \tag{3.60}$$

방정식 (3.60)에서 정의된 I는 입체각당 산란되는 면적의 단위를 가진다. 방정식 (3.60)에서 다음의 관계식이 성립한다. θ는 그림 3.8의 충돌 후 산란각이다.

$$I = \frac{b}{\sin\theta}\frac{db}{d\theta} \tag{3.61}$$

예제로 강체일 경우의 Total Cross Section σ, Differential Scattering Cross Section I를 계산한다.

$$\begin{aligned}bdb &= \left((r_1+r_2)\sin\alpha\right)\left((r_1+r_2)\cos\alpha d\chi\right) \\ &= \frac{1}{2}(r_1+r_2)^2 \sin 2\alpha d\alpha \\ &= -\frac{1}{4}(r_1+r_2)^2 \sin\theta d\theta \leftarrow \alpha = \frac{\pi-\theta}{2} \\ \frac{db}{d\theta} &= -\frac{1}{4b}(r_1+r_2)^2 \sin\theta\end{aligned} \tag{3.62}$$

방정식 (3.61)에 방정식 (3.62)를 대입한다.

$$I = \frac{1}{4}(r_1+r_2)^2 \tag{3.63}$$

방정식 (3.60)에 의해 Total Cross Section을 계산한다.

$$\sigma = \pi(r_1 + r_2)^2 \tag{3.64}$$

질량중심 좌표(Center-of-Mass Coordinate : CM)

CM(Center-of-Mass Coordinate) 좌표는 충돌 후 2개의 입자를 규정하기 위해 정의 되는 변수를 줄이기 위해 질량 중심점을 기준으로 충돌 후에 규정되는 변수를 상대적으로 정의하는 좌표이다. 그림 3.9에서 질량 m의 Projectile이 질량 M의 Target에 b의 거리를 두고 접근하고 있다. Target의 속도는 Zero이다. Projectile과 Target의 거리 r을 질량의 역의 비율로 나눈 곳이 질량 중심이다.

$$\begin{aligned}
&(r_m + r_M \equiv r, \quad r_m m \equiv r_M M) \rightarrow \\
&r_m = \frac{M}{m+M} r \\
&r_M = \frac{m}{m+M} r \\
&m r_m \equiv M r_M = \frac{mM}{m+M} r \equiv M_r r
\end{aligned} \tag{3.64}$$

Target의 속도를 Zero라 하고 질량 m의 Projectile이 Target에 전체 질량의 속도를 구한다.

$$\begin{aligned}
&(m+M)V_{CM} \equiv m v_1 \\
&V_{CM} = \frac{m v_1}{m+M}
\end{aligned} \tag{3.65}$$

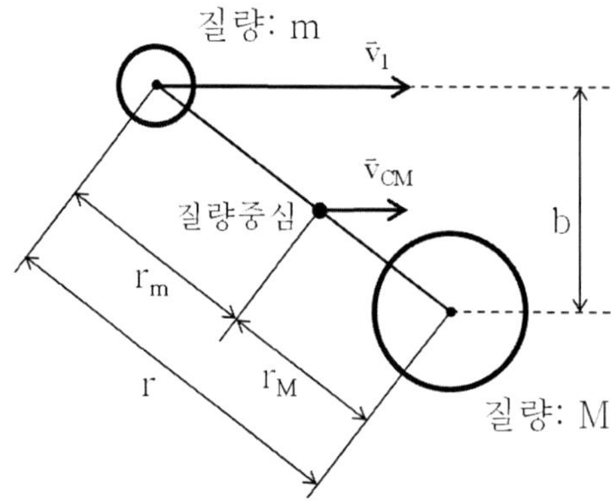

그림 3.9 CM 좌표를 설명하기 위한 개략도.

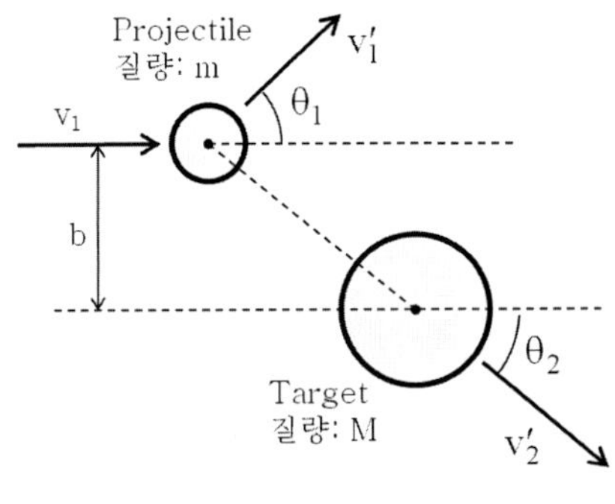

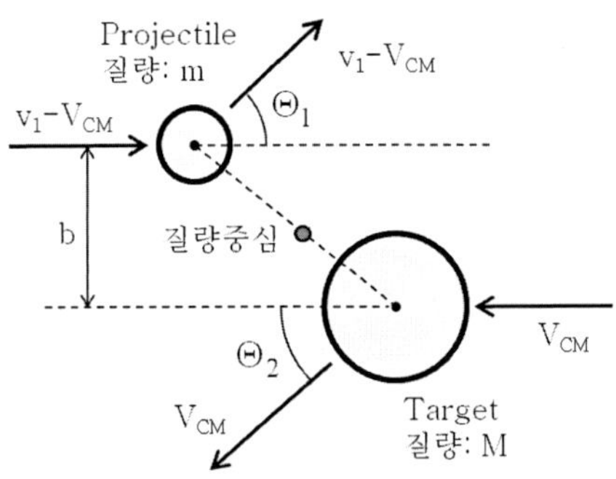

(a) 일반 좌표계

(b) 질량 중심을 원점으로 하고 원점에서 상대적 속도를 Zero로 한 CM 좌표계.

┃그림 3.10┃ x 방향으로 크기 V_{CM}의 속도를 가지고 움직이는 System의 탄성 충돌 전후의 Particle의 움직임.

그림 3.10과 같이 x 방향으로 크기 V_{CM}의 속도를 가지고 움직이는 System에서 질량이 중심을 원점으로 하고 속도를 Zero라고 할 경우의 탄성 충돌을 살핀다.

CM 좌표에서 Projectile의 운동량은 $m(v_1 - V_{CM})$ 이다. 방정식 (3.65)을 이용하면 다음의 결론을 얻는다.

$$m(v_1 - V_{CM}) \equiv MV_{CM} \tag{3.66}$$

Projectile의 운동량과 Target의 운동량이 CM 좌표에서는 방향이 반대이고 크기가 같다. Projectile과 Target의 구별이 CM 좌표에서는 무의미하다. 탄성 충돌 후의 각 Particle의 x, y 방향의 운동량은 다음과 같다.

$$v_1' \sin\Theta_1 = v_2' \sin\Theta_2 \tag{3.67}$$

$$v_1' \cos\Theta_1 = v_2' \cos\Theta_2 \tag{3.68}$$

방정식 (3.67)과 (3.68)에서 $v_1' = v_2'$ 과 $\Theta_1 = \Theta_2 = \Theta$ 의 결론을 얻는다. Projectile의 운동량과 Target의 운동량이 CM 좌표에서는 충돌 후에도 방향이 반대이고 크기가 같다. 등속도로 움직이는 System의 내부에서도 탄성 충돌 전후의 운동에너지는 보존되어야 한다. 따라서 다음의 결론을 얻는다.

$$v_1 - V_{CM} = v_1' \tag{3.69}$$

$$V_{CM} = v_2' \tag{3.70}$$

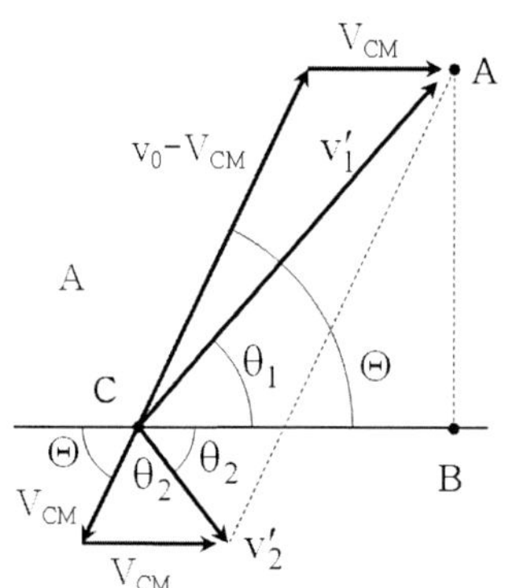

그림 3.11 일반 좌표계와 CM 좌표계의 속도 관계도.

그림 3.11에서 일반 좌표계와 CM 좌표계의 관계식을 얻는다.

$$\theta_2 = (\pi - \Theta)/2 \tag{3.71}$$

$$\tan\theta_1 = \frac{AB}{BC}$$

$$= \frac{(v_1 - V_{CM})\sin\Theta}{V_{CM} + (v_1 - V_{CM})\cos\Theta} \tag{3.72}$$

$$= \frac{\sin\Theta}{m/M + \cos\Theta} \tag{3.73}$$

가장 많이 발생하는 Collision인 전자와 Neutral과의 충돌과 같이 m<<M일 경우 방정식 (3.73)에서 $\theta_1 = \Theta$ 의 결론을 얻는다.

CM 좌표에서 에너지 전달을 구한다. 그림 3.10(a)에서 탄성 충돌 전후의 운동량 보존과 에너지 보존으로부터 충돌에 의한 에너지 전달 비율을 계산한다.

$$mv_1 = mv_1'\cos\theta_1 + Mv_2'\cos\theta_2 \tag{3.74}$$

$$0 = mv_1'\sin\theta_1 - Mv_2'\sin\theta_2 \tag{3.75}$$

$$\frac{1}{2}mv_1^2 = \frac{1}{2}mv_1'^2 + \frac{1}{2}Mv_2'^2 \tag{3.76}$$

방정식 (3.74), (3.75), (3.76)에서 v_1', θ_1를 제거한다.

$$\frac{1}{2}Mv_2'^2 = \frac{1}{2}mv_1^2\left[\frac{2mM}{(m+M)^2}\cos^2\theta_2\right]$$
$$\equiv \frac{1}{2}mv_1^2\varsigma_L \tag{3.77}$$

방정식 (3.77)은 Projectile의 운동량이 Target에 ς_L의 비율만큼 전해졌다는 것을 의미한다. θ_2는 방정식 (3.71)에 의하여 Θ로 치환할 수 있다.

$$\begin{aligned} \varsigma_L &= \frac{2mM}{(m+M)^2}\cos^2\theta_2 \\ &= \frac{2mM}{(m+M)^2}(1-\cos\Theta) \end{aligned} \tag{3.78}$$

ς_L을 Θ에 대하여 평균을 구한다.

$$\begin{aligned} \langle\varsigma_L\rangle_\Theta &= \frac{\int \varsigma_L I d\Omega}{\int I d\Omega} \\ &= \frac{2mM}{(m+M)^2}\frac{\int(1-\cos\Theta)I2\pi\sin\Theta d\Theta}{\int I2\pi\sin\Theta d\Theta} \\ &\equiv \frac{2mM}{(m+M)^2}\frac{\sigma_m}{\sigma_{sc}} \end{aligned} \tag{3.79}$$

방정식 (3.79)의 σ_{sc}, σ_m은 다음과 같다.

$$\sigma_{sc} \equiv 2\pi\int_0^\pi I\sin\theta d\theta \tag{3.80}$$

: Total Scattering Cross Section

$$\sigma_m \equiv 2\pi\int_0^\pi (1-\cos\theta)I\sin\theta d\theta \tag{3.81}$$

: Momentum Transfer Cross Section

전자와 Ion의 강체 충돌의 경우 I는 Constant이므로 방정식 (3.82)과 같이 유도할 수 있다. ς_L은 극히 작다.

$$\langle\varsigma_L\rangle_\Theta = \frac{2m}{M} \sim 10^{-4} \tag{3.82}$$

전자와 전자, Ion과 Ion과 같이 Projectile과 Target이 같은 질량을 가진 탄성 충돌의 경우 매우 강한 에너지 교환이 일어난다.

$$\langle\varsigma_L\rangle_\Theta = \frac{1}{2} \tag{3.83}$$

방정식 (3.82), (3.83)로부터 전자와 전자, Ion과 Ion 사이의 에너지 교환이 활발하고 전자와 Ion과는 에너지 교환이 매우 작아 두 입자 사이의 온도 차이를 그대로 유지할 수 있다. Plasma 내에서 전자 온도와 Ion 온도는 일반적으로 다르다.

Coulomb Logarithm

Coulomb Logarithm은 가까운 거리에서 적은 하전입자 충돌에 의한 영향보다 먼 거리에서의 많은 하전입자의 충돌에 의한 영향이 크다는 것을 보여 주는 Parameter이다. 이러한 결론에 의해 근접 거리에서 작용하는 양자 효과를 배제할 수 있어 이론적 연구가 덜 복잡해진다. 우선 먼 거리의 하전입자에 의한 영향을 구한다. 그림 3.12는 CM 좌표에서 충돌을 보여준다. 전자와 Ion의 충돌이라면 m/M<<1인 질량 차이로 인하여 방정식 (3.73)에서 충돌 후 각도 Θ는 전자의 충돌 후 실제 각도 θ_1와 거의 같고 V_{CM}은 거의 Zero이고 Projectile의 운동량은 CM 좌표에서도 거의 mv_1이다.

하전입자 사이의 작용하는 Coulomb Force는 다음과 같다.

$$\vec{F} = \frac{\hat{e}_r}{4\pi\varepsilon_0}\frac{q_1 q_2}{r^2} \tag{3.84}$$

$$\text{where } r = \sqrt{b^2 + (v_1 - V_{CM})^2 t^2} \tag{3.85}$$

수직 방향의 운동량은 다음과 같다.

$$\Delta P_\perp = \int_{-\infty}^{\infty} \frac{b}{r}|F|dt \tag{3.86}$$

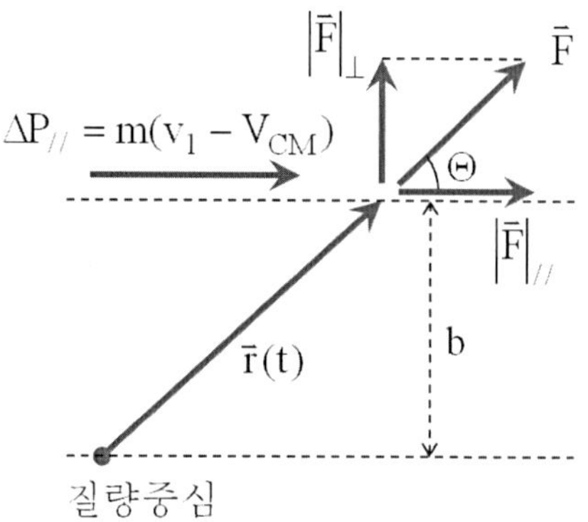

그림 3.12 CM 좌표에서 질량 m을 가진 Projectile이 먼 거리에서 $(v_1\text{-}V_{CM})$의 속도로 접근하고 있다.

$\Delta P_\perp$를 구하기 위해 미분자 dt를 dr로 변환한다. 방정식 (3.85)에서 t를 r의 함수로 만든다.

$$t = \frac{1}{(v_1 - V_{CM})}\sqrt{r^2 - b^2}$$
$$dt = \frac{1}{(v_1 - V_{CM})}\frac{rdr}{\sqrt{r^2 - b^2}} \tag{3.87}$$

방정식 (3.87)을 (3.86)에 대입한다.

$$\begin{aligned}\Delta P_\perp &= 2\int_b^\infty \frac{b}{r}\left(\frac{q_1 q_2}{4\pi\varepsilon_0}\frac{1}{r^2}\right)\left(\frac{1}{(v_1 - V_{CM})}\frac{rdr}{\sqrt{r^2 - b^2}}\right)\\ &= \frac{2b}{(v_1 - V_{CM})}\frac{q_1 q_2}{4\pi\varepsilon_0}\int_b^\infty \frac{1}{r^2}\frac{dr}{\sqrt{r^2 - b^2}}\end{aligned} \tag{3.88}$$

방정식 (3.88)에서 $r = b \cdot \sec\theta$ 로 변수를 치환한다.

$$dr = bd\theta\frac{\tan\theta}{\cos\theta} \tag{3.89}$$

방정식 (3.89)를 이용하면 방정식 (3.88)의 적분항을 계산할 수 있다.

$$\begin{aligned}\int_b^\infty \frac{1}{r^2}\frac{dr}{\sqrt{r^2 - b^2}} &= \int_0^{\pi/2}\frac{\cos^2\theta}{b^2}\frac{1}{b\tan\theta}bd\theta\frac{\tan\theta}{\cos\theta}\\ &= \int_0^{\pi/2}\frac{1}{b^2}\cos\theta d\theta\\ &= \frac{1}{b^2}\end{aligned} \tag{3.90}$$

수직방향의 운동량은 다음과 같다.

$$\Delta P_\perp = \frac{2}{(v_1 - V_{CM})}\frac{q_1 q_2}{4\pi\varepsilon_0}\frac{1}{b} \tag{3.91}$$

Differential scattering cross section I를 구하기 위해 Θ를 구한다.

$$\begin{aligned}
&\tan\Theta \approx \Theta \\
&= \frac{\Delta P_{\perp}}{P_{//}} \\
&= \frac{2}{m(v_1 - V_{CM})^2}\frac{q_1 q_2}{4\pi\varepsilon_0}\frac{1}{b} \\
&= \frac{C}{W_R b} \qquad (3.92)
\end{aligned}$$

$$\text{where } C = \frac{q_1 q_2}{4\pi\varepsilon_0}$$

$$W_R = \frac{1}{2}m(v_1 - V_{CM})^2$$

방정식 (3.92)에서 다음식이 유도된다.

$$\frac{db}{d\Theta} = -\frac{C}{W_R \Theta^2} \qquad (3.93)$$

전자와 Ion의 충돌이라면 m/M<<1인 질량 차이로 인하여 방정식 (3.73)에서 Θ는 전자의 충돌 후 실제 각도 θ_1와 거의 같고 V_{CM}은 거의 Zero이기 때문에 방정식 (3.61)에서 다음과 같이 Differential scattering cross section I를 구할 수 있다. I는 속도의 −4승에 비례하는 것을 알 수 있다.

$$\begin{aligned}
I &= \frac{b}{\sin\theta_1}\left|\frac{db}{d\theta_1}\right| \\
&= \frac{b}{\sin\Theta}\left|\frac{db}{d\Theta}\right| \\
&= \left(\frac{C}{W_R}\right)^2 \frac{1}{\Theta^3} \qquad (3.94) \\
&\sim v_0^{-4}
\end{aligned}$$

Coulomb 에너지와 운동에너지가 같은 거리를 b_0라고 정한다. b_0의 의미는 전자가 원자에 흡수되지 않고 가장 가까이 갈 수 있는 거리이다.

$$\begin{aligned}
&\frac{1}{2}M_R v_0^2 = \frac{qe}{4\pi\varepsilon_0}\frac{1}{b_0} \\
&b_0 = \frac{qe}{2\pi\varepsilon_0 M_R v_0^2} \qquad (3.95)
\end{aligned}$$

방정식 (3.95)를 이용하여 방정식 (3.94)를 간단히 나타낼 수 있다.

$$I = \left(\frac{b_0}{\Theta^2}\right)^2 \tag{3.96}$$

전자가 정지해 있는 Ion에 다가가는 가까운 거리의 1개의 전자에 의한 영향을 구한다. 그림 3.13에서 보는 CM 좌표에서 운동에너지와 각운동량 보존에 관한 방정식은 다음과 같다. U는 Potential 에너지이다.

$$\frac{1}{2}M_R\left(v_r^2 + v_\theta^2\right) + U(\bar{r}) = \frac{1}{2}M_R v_0^2 \rightarrow$$

$$\frac{1}{2}M_R\left(\dot{r}^2 + r^2\dot{\theta}^2\right) + U(\bar{r}) = \frac{1}{2}M_R v_0^2 \tag{3.97}$$

$$-M_R r^2\dot{\theta} = M_R b v_0 \tag{3.98}$$

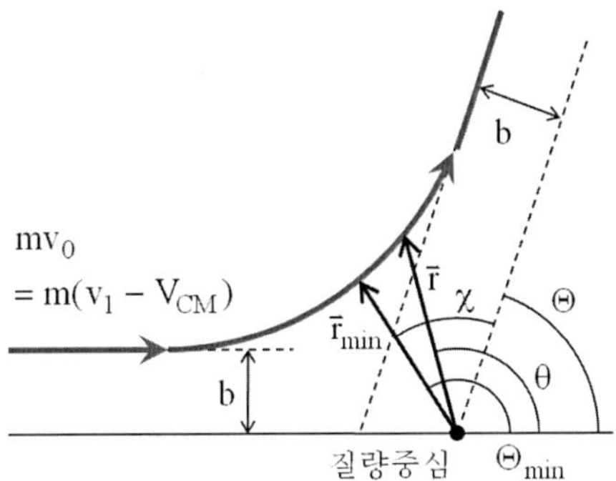

그림 3.13 CM 좌표에서 질량 m을 가진 Projectile이 가까운 거리에서 (v_1-V_{CM})의 속도로 접근하고 있다.

방정식 (3.97)과 (3.98)에서 $\dot{\theta}$를 제거한다.

$$\frac{1}{2}M_R\dot{r}^2 = \frac{1}{2}M_R v_0^2 - \left[U(\bar{r}) + \frac{M_R b^2 v_0^2}{2r^2}\right] \tag{3.99}$$

방정식 (3.98)과 (3.99)를 이용하여 dr과 dθ의 관계식을 구한다.

$$\frac{dr}{d\theta} = \frac{\dot{r}}{\dot{\theta}}$$

$$= \frac{\pm\sqrt{v_0^2 - \frac{2}{M_R}\left[U(r) + \frac{M_R b^2 v_0^2}{2r^2}\right]}}{bv_0 / r^2} \tag{3.100}$$

충돌 후 반사 각 Θ는 다음과 같이 나타낸다.

$$\chi = (\pi - \Theta)/2 = \int_{\Theta}^{\Theta_{min}} d\theta = \int_{r_{min}}^{\infty} \frac{\left(bv_0 / r^2\right)dr}{\sqrt{v_0^2 - \frac{2}{M_R}\left[U(r) + \frac{M_R b^2 v_0^2}{2r^2}\right]}} \tag{3.101}$$

방정식 (3.101)에서 $\rho \equiv b/r$을 이용하여 변수 r을 변수 ρ로 대치한다. 적분의 상한과 하한을 정하기 위해 r_{min}과 ρ_{Max}를 정한다.

$$\frac{dr}{d\theta} = 0 \ \rightarrow \ r = r_{min} \ \rightarrow \quad \frac{1}{2}M_R v_0^2 = \left[U(r_{min}) + \frac{M_R b^2 v_0^2}{2r_{min}^2}\right] \tag{3.102}$$

전하를 −e를 가지고 있는 전자와 q를 가지고 있는 Ion의 경우 Potential 에너지는 다음과 같다.

$$U(r) = -qe / 4\pi\varepsilon r \tag{3.103}$$

방정식 (3.102)에서 ρ_{Max}를 정하고 방정식 (3.103)을 (3.101)에 대입하면 Θ와 b의 관계를 구할 수 있다.

$$\Theta = 2\int_0^{\rho_{max}} \frac{d\rho}{\sqrt{1 - \frac{2qe}{4\pi\varepsilon_0 M_R v_0^2 b}\rho - \rho^2}} + \pi \tag{3.104}$$

$$= -2\cos^{-1}\left\{\frac{\frac{qe}{4\pi\varepsilon_0 M_R v_0^2 b}}{\sqrt{1 + \left(\frac{qe}{4\pi\varepsilon_0 M_R v_0^2 b}\right)^2}}\right\} + \pi \tag{3.105}$$

$$\cos\left(\frac{\Theta}{2} - \frac{\pi}{2}\right) = \frac{\frac{qe}{4\pi\varepsilon M_R v_0^2 b}}{\sqrt{1 + \left(\frac{qe}{4\pi\varepsilon M_R v_0^2 b}\right)^2}} + \pi = \sin\frac{\Theta}{2} \tag{3.106}$$

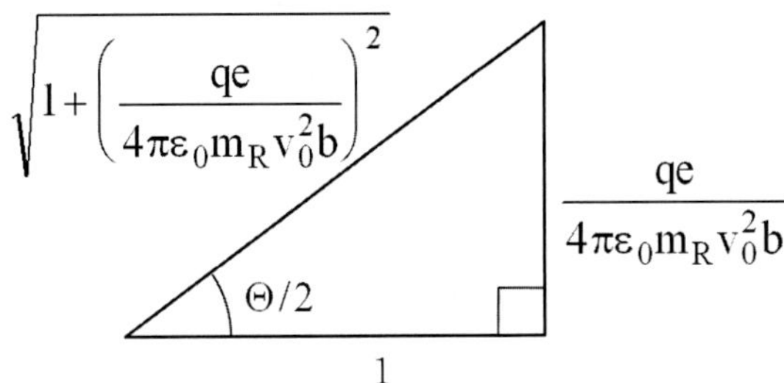

▌그림 3.14▐ tan(Θ/2)를 구하기 위한 설명도.

그림 3.14를 이용하여 tanΘ를 구한다.

$$\tan\frac{\Theta}{2} = \frac{qe}{4\pi\varepsilon_0 M_R v_0^2 b} \tag{3.107}$$

$$b = \frac{qe}{4\pi\varepsilon_0 M_R v_0^2 \tan(\Theta/2)} \tag{3.108}$$

전자가 정지해 있는 Ion에 다가가는 가까운 거리의 1개의 전자에 의한 영향을 평가하기 위한 Differential Cross Section을 다음과 같이 구한다.

$$\begin{aligned} I(\Theta) &= \frac{b}{\sin\Theta}\left|\frac{db}{d\Theta}\right| \\ &= \frac{q^2 e^2}{(8\pi\varepsilon_0)^2 M_R^2 v_0^4 \sin^4(\Theta/2)} \end{aligned} \tag{3.109}$$

방정식 (3.95)를 (3.109)에 대입한다.

$$I = \left[\frac{b_0}{4\sin^2(\Theta/2)}\right]^2 \tag{3.110}$$

1개의 전자에 의한 충돌 후 반사각이 90°가 넘는 Single Large-Angle Collision Cross Section은 다음과 같다.

$$\begin{aligned} \sigma_{90}(\mathrm{sgl}) &= \int_{\pi/2}^{\pi} I 2\pi \sin\Theta d\Theta \\ &= \int_{\pi/2}^{\pi} \left[\frac{b_o}{4\sin^2(\Theta/2)}\right]^2 2\pi\sin\Theta d\Theta \\ &= \frac{1}{4}\pi b_o^2 \end{aligned} \tag{3.111}$$

먼 거리의 다수의 전자에 의한 Collision Cross Section을 구한다. 1개의 전자에 의한 b와 Θ의 관계를 방정식 (3.93)에서 구한다.

$$b = \frac{C}{W_R \Theta} = \frac{qe}{4\pi\varepsilon_o}\frac{1}{W_R \Theta} = \frac{b_0}{\Theta}$$

$$\Theta = \frac{b_0}{b} \tag{3.112}$$

Θ^2의 Ensemble Average를 구한다. Debye Length 밖에서는 전자가 그 안에 전하가 존재한다는 것을 모른다고 가정하여 $b_{Max} = \lambda_{De}$로 하였다. Ensemble Average는 횟수에 대한 평균이다. 방정식 (3.113)의 아래 첨자 1은 1개란 뜻이다. $\ln\Lambda$를 Coulomb Logarithm이라 정의한다.

$$\left\langle \Theta^2 \right\rangle_1 = \frac{1}{\pi b_{Max}^2}\int_{b_{min}}^{b_{Max}} 2\pi b db\left(\frac{b_0}{b}\right)^2$$

$$\text{where } b_{min} = b_0$$

$$b_{Max} = \lambda_{De}$$

$$= \frac{2\pi b_o^2}{\pi b_{max}^2}\ln\Lambda \tag{3.113}$$

$$\text{where } \Lambda = \lambda_{De} / b_o \tag{3.114}$$

$$>> 1$$

밀도 n_g인 Ion에 1초당 부딪히는 충돌 개수는 다음과 같다. t는 시간이다.

$$n_g \pi b_{Max}^2 v_0 t \tag{3.115}$$

충돌로 누적된 각도는 다음과 같다.

$$\left\langle \Theta^2 \right\rangle(t) = \left\langle \Theta^2 \right\rangle_1 n_g \pi b_{Max}^2 v_0 t \tag{3.116}$$

누적된 각도가 90°가 되는 Collision Frequency를 ν_{90} 라고 하면 다음과 같이 ν_{90}를 나타낼 수 있다.

$$\nu_{90} = n_g v_0 \sigma_{90} = n_g v_0 \frac{8}{\pi} b_o^2 \ln\Lambda$$

$$\sigma_{90} = \frac{8}{\pi} b_0^2 \ln\Lambda \tag{3.117}$$

다수 전자의 먼 거리 충돌과 가까운 거리의 전자 1개와의 충돌을 비교한다.

$$\frac{\sigma_{90}}{\sigma_{90}(sgl)} = \frac{32}{\pi^2} \ln\Lambda \gg 1 \tag{3.118}$$

방정식 (3.117)에 의하여 다수의 먼 거리에 있는 전자와의 충돌이 가까운 거리의 1개의 전자와의 충돌보다 영향이 크다는 것을 알 수 있다.

Induced Dipole에 의한 Scattering

q_0의 전하를 가지고 있는 핵 주위의 전자운 (Electron Cloud)에 q의 전하를 가지고 있는 전하가 접근하고 있다.

그림 3.15에서 핵은 제자리에 있고 전자운이 이동한 결과로 유도된 전장은 Gauss 법칙에 의해 다음과 같다.

$$4\pi\varepsilon_o d^2 E_{ind} = q_0 d^3 / a^3 \tag{3.119}$$

외부전하 q에 의한 전장은 다음과 같다.

$$E_{appl} = q / (4\pi\varepsilon_o r^2) \tag{3.120}$$

방정식 (3.119)와 (3.120)의 전장은 같다. Dipole $P_d \equiv q_0 d$로 정의한다. Induced Dipole에 의한 힘과 Potential 에너지 U를 구한다. $\hat{r}$은 Unit Vector이다.

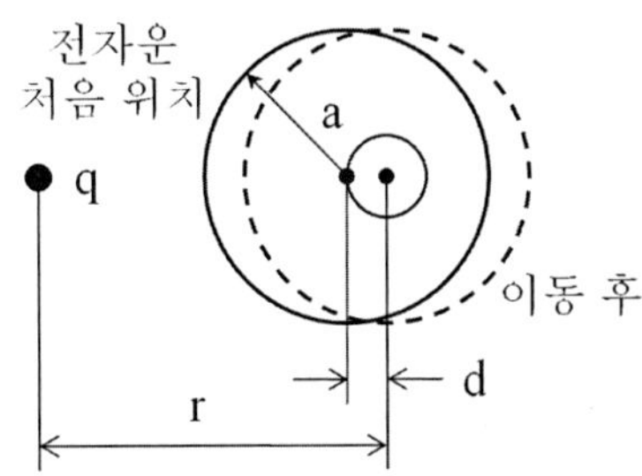

그림 3.15 외부의 전하 q 때문에 원자의 전자운이 d 만큼 이동해서 전자운의 중심에서 전자운의 전체 전하 q_0가 느끼는 힘

$$\frac{q_0 d}{4\pi\varepsilon_0 a^3} = \frac{q}{4\pi\varepsilon_0 r^2}$$

$$P_d \equiv q_0 d = qa^3 / r^2$$

$$\bar{F} = \frac{P_d q}{4\pi\varepsilon_0 r^3}\bar{r}$$

$$= \frac{q^2 a^3}{4\pi\varepsilon_0 r^5}\bar{r}$$

$$= \frac{q^2 a^3}{4\pi\varepsilon_0 r^{n+1}}\hat{r} \qquad (3.121)$$

where $n = 4$

$$U = \frac{q^2 a^3}{8\pi\varepsilon_0 r^n} \qquad (3.122)$$

$$\equiv \frac{C}{r^n} \qquad (3.123)$$

방정식 (3.84)에서 힘을 방정식 (3.121)로 대치하여 계산하면 다음과 같이 Induced Dipole 충돌에 의한 I를 구할 수 있다.

$$I(v_0, \Theta) = \frac{1}{n}\left(\frac{C}{W_R}\right)^{2/n} \Theta^{-2-2/n} \qquad (3.124)$$

where $W_R = \frac{1}{2} M_R v_0^2$

$n = 4$

방정식 (3.123)을 I와 σ의 관계 정의를 이용하여 n에 따른 Cross Section은 표 3.1에 정리한다. H_2, He Plasma에서 전자의 속도에 따른 전자의 Cross Section을 살핀다. 작은 에너지에서는 강체 충돌, 큰 에너지에서는 Induced Dipole에 의한 충돌이 Dominant 한 것을 표 3.1과 그림 3.16에서 보여 준다.

| 표 3.1 | Cross Section

충돌체 종류	U	σ
하전입자	$1/r$	$1/v_0^4$
Permanent dipole	$1/r^2$	$1/v_0^2$
Induced dipole	$1/r^4$	$1/v_0$
Hard sphere	$1/r^\infty$	Constant

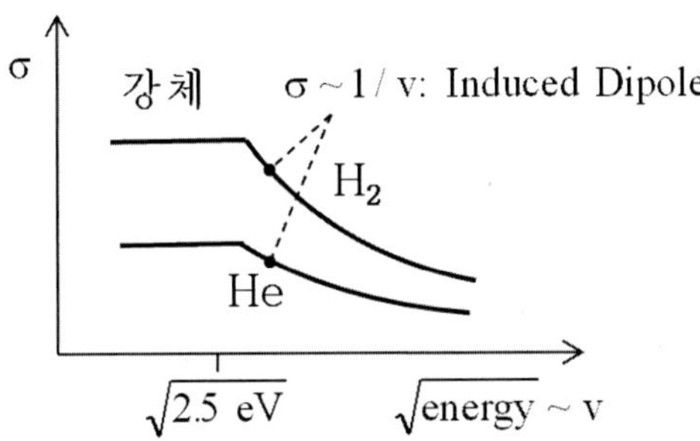

그림 3.16 H_2, He Plasma에서 전자의 Cross Section.

Langevin Cross Section

전자가 Neutral에 가까이 접근하면 Induced Dipole에 의해 인력이 작용하여 전자가 원자에 포획된다. 포획의 기준이 되는 Langevin Cross Section을 구한다. 그림 3.17의 b_L은 Langevin Cross Section의 반지름이다. U를 Induced Dipole에 의한 Potential 에너지라 하면 에너지 보존과 각운동량 보존 방정식은 다음과 같다. q는 Projectile의 전하이다.

$$\frac{1}{2}mv_0^2 = \frac{1}{2}m\left(\dot{r}^2 + r^2\dot{\phi}^2\right) + U(r) \tag{3.125}$$

$$\text{where } U(r) = -\frac{q^2 a^3}{8\pi\varepsilon_0 r^4}$$

$$mv_0 b = mr^2\dot{\phi} \; ; \tag{3.126}$$

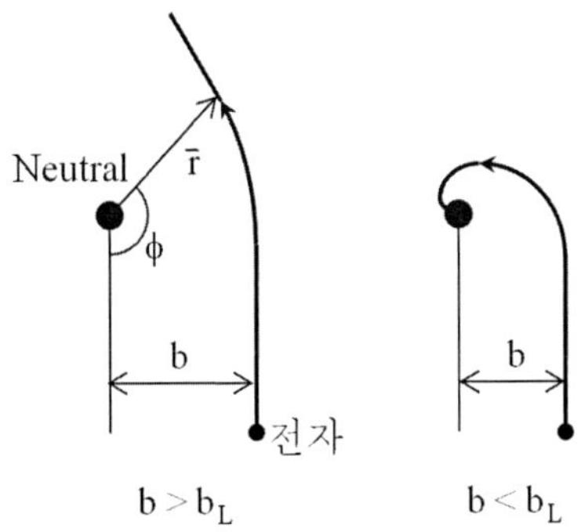

그림 3.17 Langevin Cross Section을 구하기 위한 설명도. b_L은 Langevin Cross Section의 반지름이다.

$\dot{r}=0$ 일 때 r은 r_{min} 이다. 방정식 (3.125), (3.126)에서 $\dot{\phi}$를 제거한다.

$$\left(v_o^2\right)r_{min}^4-\left(v_o^2b^2\right)r_{min}^2+\left(\frac{a^3q^2}{4\pi\varepsilon_o m}\right)=0 \tag{3.127}$$

방정식 (3.127)은 판별식이 Zero보다 작으면 $r=r_{min}$ ($\dot{r}=0$)이 존재하지 않고 원자에 전자가 포획 된다. 판별식이 Zero가 되는 b가 Langevin Cross Section의 반지름 b_L이 된다.

$$\left(v_0^2b_L^2\right)^2-4v_0^2\left(\frac{a^3q^2}{4\pi\varepsilon_0 m}\right)=0 \tag{3.128}$$

따라서 Langevin Cross Section은 다음과 같다.

$$\sigma_L\equiv\pi b_L^2\equiv\sqrt{\frac{\pi a^3q^2}{\varepsilon_0 m}}\frac{1}{v_0} \tag{3.129}$$

Electron Ionization Cross Section

Projectile 전자가 원자에 구속되어 있는 전자에 충돌하여 Ionization 되는 경우의 Cross Section을 구한다. 첫 단계로 방정식 (3.95)와 Large-Angle Scattering의 방정식 (3.110)에서 Differential Cross Section I를 구한다. 그림 3.10과 $\Theta_1=\Theta_2=\Theta$이라는 결론과 다음의 방정식을 상기한다.

$$\tan\theta_1=\frac{\sin\Theta}{m/M+\cos\Theta} \tag{3.73}$$

$$\varsigma_L=\frac{2mM}{(m+M)^2}(1-\cos\Theta) \tag{3.78}$$

$$b_0=\frac{qe}{2\pi\varepsilon_0 M_R v_0^2} \tag{3.95}$$

$$I=\left[\frac{b_0}{4\sin^2(\Theta/2)}\right]^2 \tag{3.110}$$

방정식 (3.73)에서 θ_1과 Θ의 관계식을 구한다. 전자와 전자의 충돌이기 때문에 질량과 전하가 같다. m을 전자의 질량이라 하고 θ_1과 Θ의 관계식을 구한다.

$$\tan\theta_1 = \frac{\sin\Theta}{m/m+\cos\Theta}$$
$$= \frac{2\sin(\Theta/2)\cos(\Theta/2)}{1+2\cos^2(\Theta/2)-1}$$
$$= \tan\frac{\Theta}{2}$$
$$\theta_1 = \frac{\Theta}{2} \tag{3.130}$$

방정식 (3.95)와 (3.110)에서 dI와 $d\theta_1$과의 관계식을 구한다. θ_1은 작기 때문에 $\sin\theta_1 \approx \theta_1$ 이다.

$$dI = I2\pi\sin\theta_1 d\theta_1$$
$$= 2\pi\left(\frac{e^2}{4\pi\varepsilon_o}\right)^2 \frac{1}{W_R^2}\frac{d\theta_1}{\theta_1^3}$$
$$= 8\pi\left(\frac{e^2}{4\pi\varepsilon_o}\right)^2 \frac{1}{W_R^2}\frac{d\Theta}{\Theta^3} \tag{3.131}$$

전자의 에너지가 Target에 전달되는 비율은 방정식 (3.78)에서 구할 수 있다.

$$\varsigma_L = \frac{2mm}{(m+m)^2}(1-\cos\Theta)$$
$$= \frac{1}{2}[1-(1-2\sin(\Theta/2)^2)]$$
$$\approx \frac{\Theta^2}{4} \tag{3.132}$$

Target에 전달되는 에너지는 다음과 같다.

$$W_L = \varsigma_L(\Theta)W_R$$
$$= \frac{\Theta^2}{4}W_R \tag{3.133}$$
$$dW_L = \Theta d\Theta W_R / 2$$

방정식 (3.131)과 (3.133)에서 dI와 dW_L의 관계식을 구한 후 Ionization Cross Section을 구한다. $W_R > U_{iz}$ 이어야 이온화 된다.

$$\sigma_{iz} = \int dI$$

$$= \int_{U_{iz}}^{W_R} \pi \left(\frac{e^2}{4\pi\varepsilon_o} \right)^2 \frac{1}{W_R} \frac{dW_L}{W_L^2}$$

$$= \pi \left(\frac{e^2}{4\pi\varepsilon_o} \right)^2 \frac{1}{W_R} \left(\frac{1}{U_{iz}} - \frac{1}{W_R} \right) \qquad (3.134)$$

Thompson Cross Section이라 부른다.

Excitation Cross Section은 방정식 (3.134)의 적분에서 상한과 하한을 해당하는 에너지로 변경하면 된다.

$$\sigma_{ex} = \int_{Wn}^{Wn+1} \pi \left(\frac{e^2}{4\pi\varepsilon_o} \right)^2 \frac{1}{W_R} \frac{dW_L}{W_L^2} \qquad (3.135)$$

연.습.문.제

1. 방정식 (3.13)을 유도하시오.

$$m \frac{d\bar{v}_\perp}{dt} = \bar{F}_\perp + q\bar{v}_\perp \times \hat{z}B_o$$

$$\text{where} \qquad \bar{v}_F = \frac{\left(\bar{F}_\perp / q \right) \times \bar{B}}{B_o^2} \qquad (3.13)$$

2. Argon의 Ionization Threshold 에너지가 15.8eV이고 전자 에너지가 4eV일 경우의 Ionization Cross Section을 구하라.

제 4 장

Sheath와 Capacitive Discharge

4-1 DC Sheath

Wall과 Bulk Plasma 사이의 경계층을 Sheath라고 한다. 이곳에서는 전자가 Positive Ion보다 적고 Potential이 Negative이고 Plasma 밀도가 작다. 경계층이라는 면에서 유체역학의 Boundary Layer와 유사한 면이 있으나 Bulk Plasma의 Positive Ion이 Bohm Velocity 혹은 Sonic Speed라고 하는 속도보다 큰 속도를 가진 것만이 통과할 수 있다는 조건이 있는 특이한 경계층이다.

Bohm Velocity

전자가 Ion보다 가볍고 온도가 크기 때문에 속도가 커서 Bulk Plasma로부터 많이 탈출해서 Bulk Plasma의 Potential은 약간 Positive이고 Wall에 쌓인 전하는 Negative이다. Wall의 Negative 전하 때문에 Wall Potential은 Negative이고 이것에 의하여 Wall로 가는 전자의 Flux는 작아지고 Ion의 Flux는 커진다. 결과로 Ion과 전자의 Flux가 균형을 이룬다. 그림 4.1은 전자 밀도, Ion 밀도, Potential을 보여준다.

v_i를 Ion의 속도라고 하고 v_s를 Sheath-Bulk Plasma 경계의 Ion의 속도라고 하고 e의 전하를 가지면 Sheath 안에서 Ion의 연속방정식과 에너지 보존 방정식은 다음과 같다.

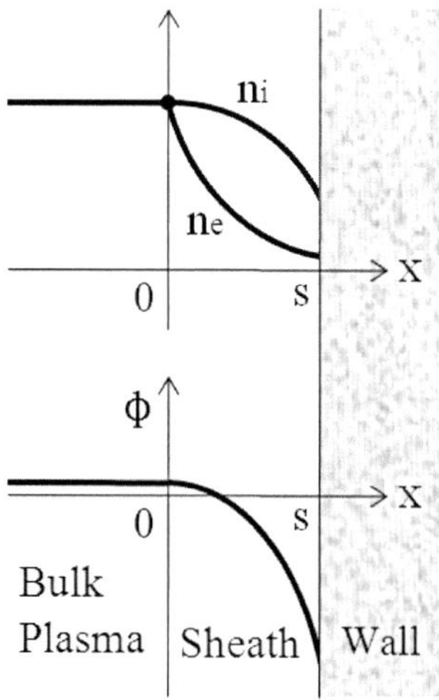

그림 4.1 Sheath 안의 Plasma 밀도와 Potential. Wall의 위치는 x=s이고 Sheath는 x=0에서 x=s까지이다. n_s는 Sheath-Bulk Plasma 경계의 Plasma 밀도이다. ϕ는 Potential이다.

$$n_i(x)v_i(x) = n_s v_s \tag{4.1}$$

$$\frac{1}{2}Mv_i^2(x) + e\phi(x) = \frac{1}{2}Mv_s^2 \tag{4.2}$$

방정식 (4.1)과 (4.2)에서 v_i를 제거한다.

$$n_i = n_{is}\left(1 - \frac{2e\phi}{Mv_s^2}\right)^{-1/2} \tag{4.3}$$

Sheath 안에서 Gauss 방정식은 다음과 같다.

$$\frac{d^2\phi}{dx^2} = \frac{e}{\varepsilon_o}\left(n_e - n_i\right) \tag{4.4}$$

방정식 (4.4)에서 방정식 (2.92)의 Boltzmann Relation을 이용하여 n_e를 제거하고 방정식 (4.3)을 이용하여 n_i를 제거한다. T_e의 단위는 volt이다.

$$\frac{d^2\phi}{dx^2} = \frac{en_s}{\varepsilon_o}\left[\exp\left(\frac{\phi}{T_e}\right) - \left(1 - \frac{\phi}{\varepsilon_s}\right)^{-1/2}\right] \tag{4.5}$$

$$\text{where } \varepsilon_s = \frac{1}{2}Mv_s^2 / e$$

$$n_e = n_s e^{\phi/T_e}$$

방정식 (4.5)에서 ϕ를 구한다.

$$\int\frac{d\phi}{dx}\frac{d}{dx}\left(\frac{d\phi}{dx}\right)dx = \frac{en_s}{\varepsilon_o}\int\frac{d\phi}{dx}\left[e^{\phi/T_e} - \left(1 - \frac{\phi}{\varepsilon_s}\right)^{-1/2}\right]dx$$

$$\int\left(\frac{d\phi}{dx}\right)d\left(\frac{d\phi}{dx}\right) = \frac{en_s}{\varepsilon_o}\int\left[e^{\phi/T} - \left(1 - \frac{\phi}{\varepsilon_s}\right)^{-1/2}\right]d\phi$$

$$\frac{1}{2}\left(\frac{d\phi}{dx}\right)^2 = \frac{en_s}{\varepsilon_o}\left[T_e e^{\frac{\phi}{T_e}} - T_e + 2\varepsilon_s\sqrt{1 - \frac{\phi}{\varepsilon_s}} - 2\varepsilon_s\right] \tag{4.6}$$

$$\text{where } \phi \equiv \frac{d\phi}{dx} \equiv 0 \text{ at } x = 0$$

방정식 (4.6)이 해를 가지려면 우변은 항상 Zero보다 커야 한다. Taylor Series를 이용하여 Exponential 함수와 Root 함수의 근사식을 구한다.

$$\exp\left(\frac{\phi}{T_e}\right) \approx 1 + \frac{\phi}{T_e} + \frac{1}{2}\left(\frac{\phi}{T_e}\right)^2 \tag{4.7}$$

$$\sqrt{1 - \frac{\phi}{\varepsilon_s}} \approx 1 - \frac{1}{2}\frac{\phi}{\varepsilon_s} - \frac{1}{8}\left(\frac{\phi}{\varepsilon_s}\right) \tag{4.8}$$

방정식 (4.7)과 (4.8)을 (4.6)에 대입한다.

$$\begin{aligned} \frac{1}{2}\left(\frac{d\phi}{dx}\right)^2 &\approx \frac{en_s}{\varepsilon_o}\left[T_e + \phi + \frac{1}{2}\frac{\phi^2}{T_e} - T_e + 2\varepsilon_s - \phi - \frac{1}{4}\frac{\phi^2}{\varepsilon_s} - 2\varepsilon_s\right] \\ &= \frac{en_s}{\varepsilon_o}\left[\frac{1}{2}\frac{\phi^2}{T_e} - \frac{1}{4}\frac{\phi^2}{\varepsilon_s}\right] \end{aligned} \tag{4.9}$$

방정식 (4.9)의 우변은 Zero보다 커야 한다.

$$\frac{1}{2}\frac{\phi^2}{T_e} - \frac{1}{4}\frac{\phi^2}{\varepsilon_s} \geq 0$$

$$\varepsilon_s \geq \frac{T_e}{2}$$

$$\frac{1}{e}\frac{Mv_s^2}{2} \geq \frac{T_e}{2}$$

$$v_s^2 \geq \frac{eT_e}{M} \equiv v_B^2 \tag{4.10}$$

$$v_s \geq v_B \tag{4.11}$$

방정식 (4.10)의 v_B를 Bohm Velocity라고 한다. 방정식 (4.11)에 의해 Positive Ion이 Sheath를 건너기 위해서는 Bohm Velocity보다 큰 속도를 가져야 한다.

Presheath

Sheath-Bulk Plasma 경계에서 Positive Ion이 v_B 의 속도를 가지기 위해서는 전장이 필요하고 이러한 전장이 형성된 영역을 Presheath라 한다. Presheath에서 생기는 Voltage Drop이 Positive Ion을 가속하여 v_B의 속도를 만든다는 전제 하에 Plasma Potential ϕ_p 는 다음과 같이 구한다.

$$\begin{aligned} \frac{1}{2}Mv_B^2 &= e\phi_p \\ \phi_p &= T_e / 2 \end{aligned} \tag{4.12}$$

n_0를 Bulk Plasma의 Plasma 밀도라고 할 때 Boltzmann Relation에 의해 Sheath-Bulk Plasma 경계의 Plasma 밀도 n_s는 Boltzmann Relation에 의해 다음과 같다.

$$n_s = n_0 e^{-\phi_P/T_e} \tag{4.13}$$

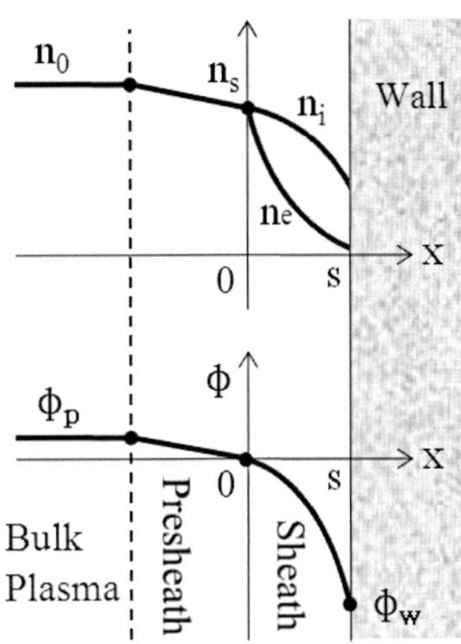

| 그림 4.2 | Presheath를 고려한 Plasma 밀도 및 Potential의 분포.

그림 4.2는 Presheath를 고려한 Plasma 밀도 및 Potential의 분포를 나타낸다. 그림 4.2에 표시된 Wall Potential ϕ_W를 Wall에서 Ion과 전자의 Flux가 같다는 사실하에 구한다. 전자 밀도는 Boltzmann Relation을 따른다고 가정한다.

$$\Gamma_i = n_s u_B \tag{4.14}$$

$$\Gamma_e = n_s e^{\phi_w/T_e} \cdot \frac{\overline{v}_e}{4} \tag{4.15}$$

$$\text{where } \overline{v}_e = \sqrt{8eT_e/\pi m}$$

$$\Gamma_i = \Gamma_e$$

$$n_s\sqrt{\frac{eT_e}{M}} = \frac{1}{4} n_s \sqrt{\frac{8eT_e}{\pi m}} e^{\phi_w/T_e} \tag{4.16}$$

$$\phi_w = -T_e \ln\sqrt{\frac{M}{2\pi m}}$$

Argon의 경우는 $\phi_w = -4.7T_e$ 이 된다. 여기에다 Plasma Potential에 의해 생긴 에너지를 합치면 Argon Positive Ion은 $5.2\,T_e$ 의 에너지를 가지고 Wall에 충돌한다.

Matrix Sheath

Matrix Sheath는 여러 Sheath Model 중의 하나이다. Bulk Plasma는 전도체라 가정하여 외부에서 주어진 Voltage Drop V_0가 일종의 Capacitor인 Sheath에 걸려 있고 Sheath에서 Ion Density는 Bulk Plasma와 같고 전자밀도는 Zero라고 가정한다.

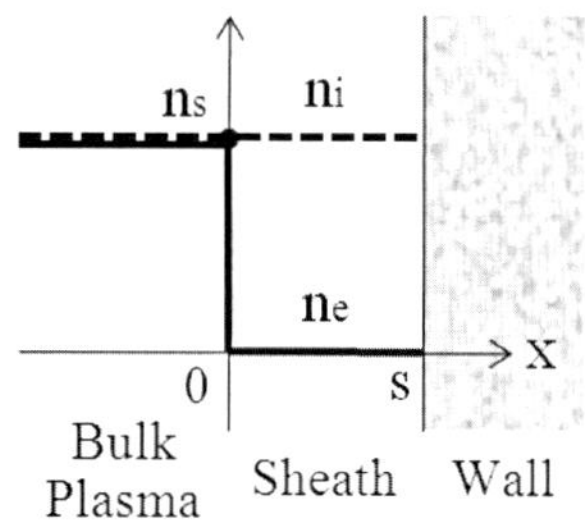

그림 4.3 Matrix Sheath. Sheath에서 Ion Density는 Bulk Plasma와 같고 전자밀도는 Zero라고 가정한다.

Gauss 방정식에서 Sheath Thickness s를 구한다. Bulk Plasma-Sheath 경계에서 전자 밀도와 Ion 밀도는 같고 전장과 Potential은 Zero라고 가정한다.

$$\frac{dE}{dx} = \frac{en_s}{\varepsilon_o}$$

$$E = \frac{en_s}{\varepsilon_o} x$$

$$\phi = -\frac{en_s}{\varepsilon_o}\frac{x^2}{2} \tag{4.17}$$

x=s일 때 Potential은 ϕ_W이고 값은 $-V_0$ 이다. Sheath Thickness s는 다음과 같다.

$$s = \sqrt{\frac{2\varepsilon_o V_o}{en_e}} = \lambda_{De}\sqrt{\frac{2V_o}{T_e}} \tag{4.18}$$

Sheath Thickness s는 Debye Length λ_{De}의 수배이다.

Child Sheath

Child Sheath는 Sheath 내에서 전자밀도가 Matrix Sheath와 같이 Zero라고 가정한다. Ion 밀도는 연속방정식에 의하여 구한다.

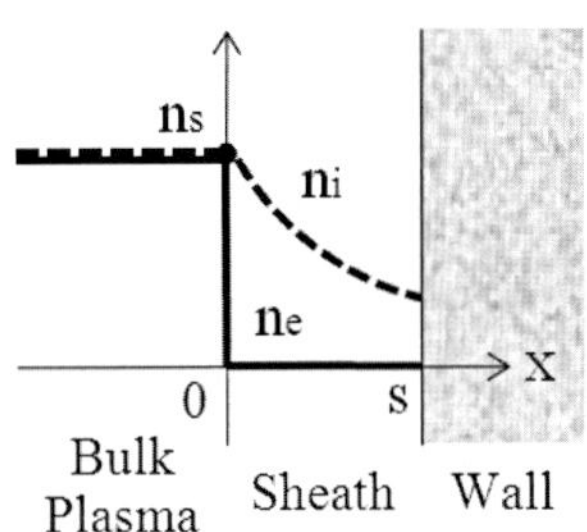

| 그림 4.4 | Child Sheath. Sheath 내에서 전자밀도가 Matrix Sheath와 같이 Zero라고 가정한다. Ion 밀도는 연속방정식에 의하여 구한다.

Sheath 내에서 Collision은 없다고 가정한다. Plasma Potential이 Wall Potential보다 절대값이 크게 작다고 가정한다. Bohm Velocity u_B는 작고, Wall에 도달한 Ion의 속도 v_i는 상대적으로 크다. Ion의 에너지 방정식은 다음과 같다.

$$\begin{aligned}\frac{1}{2}Mv_i^2(x) &= \frac{1}{2}Mv_B^2 - e\phi(x) \\ &\approx -e\phi(x)\end{aligned} \qquad (4.19)$$

Ion의 연속방정식에 의해 Sheath 내의 Ion 밀도와 속도를 구한다. J_0는 Ion Current이다.

$$n_i(x)v_i(x) = n_{is}v_s = J_0 \qquad (4.20)$$

방정식 (4.19), (4.20)에서 v_s를 제거하여 Ion 밀도를 구한다.

$$n_i = \frac{J_0}{e}\left(-\frac{2e\phi}{M}\right)^{-1/2} \qquad (4.21)$$

방정식 (4.21)을 이용하여 Gauss 방정식으로부터 Potential ϕ분포를 구한다.

$$\frac{d^2\phi}{dx^2} = -\frac{en_i}{\varepsilon_0} = \frac{J_0}{\varepsilon_0}\left(-\frac{2e\phi}{M}\right)^{-1/2}$$

$$\frac{d\phi}{dx}\frac{d^2\phi}{dx^2} = \frac{d\phi}{dx}\left[\frac{J_0}{\varepsilon_0}\left(-\frac{2e\phi}{M}\right)^{-1/2}\right]$$

$$\frac{1}{2}\left(\frac{d\phi}{dx}\right)^2 = \left[-\frac{J_0}{\varepsilon_0}\left(-\frac{2e}{M}\right)^{-1/2}\right]\left[-2(-\phi)^{1/2}\right]$$

$$= 2\frac{J_0}{\varepsilon_0}\left(-\frac{2e}{M}\right)^{-1/2}(-\phi)^{1/2}$$

$$(-\phi)^{1/4}d(-\phi) = 2\left(\frac{J_0}{\varepsilon_0}\right)^{1/2}\left(\frac{2e}{M}\right)^{-1/4}dx$$

$$\frac{4}{3}(-\phi)^{3/4} = 2\left(\frac{J_0}{\varepsilon_0}\right)^{1/2}\left(\frac{2e}{M}\right)^{-1/4}x + C$$

Bulk Plasma-Sheath 경계에서 Potential은 Zero이다. 적분상수 C는 Zero이다.

$$(-\phi)^{3/4} = \frac{3}{2}\left(\frac{J_0}{\varepsilon_0}\right)^{1/2}\left(\frac{2e}{M}\right)^{-1/4}x \tag{4.22}$$

Wall Potential ϕ_W는 V_0이므로 Child Law라고 하는 Ion Current J_0와 Wall Potential V_0의 관계식을 방정식 (4.22)와 Ion Current J_0는 Constant하다는 가정하에 다음과 같이 구한다. 전자온도가 Wall Potential보다 많이 작은 경우에 유효하다.

$$J_0 = \frac{4}{9}\varepsilon_0\left(\frac{2e}{M}\right)^{-1/2}\frac{V_0^{3/2}}{s^2} \tag{4.23}$$

Child Sheath의 Sheath Thickness s는 다음과 같다.

$$s = \frac{\sqrt{2}}{3}\lambda_{De}\left(\frac{2V_o}{T_e}\right)^{3/4} \tag{4.24}$$

s는 Debye Length λ_{De} 의 100배 정도이다. 방정식 (4.23)을 (4.22)에 대입하면 Potential 분포를 다음과 같이 나타낼 수 있다.

$$\phi = -V_0\left(\frac{x}{s}\right)^{4/3} \tag{4.25}$$

E=-dϕ/dx와 1차원 Gauss 방정식을 이용하면 Ion 밀도 분포를 다음과 같이 나타낼 수 있다.

$$n_i = \frac{4}{9}\frac{V_0}{s}\left(\frac{x}{s}\right)^{-2/3} \tag{4.26}$$

Child Law의 문제는 x=0인 Bulk Plasma-Sheath 경계에서 방정식 (4.26)에서 보는 바와 같이 n_i가 Singularity를 가진다는 것이다. 이는 방정식 (4.19)에서 Sheath로 들어가는 Bohm 속도를 가진 Ion의 운동에너지가 무시되어 유래한 것이다. 에너지 방정식에서 Ion의 운동에너지를 무시하지 않으면 어렵지 않게 Singularity 없는 관계식을 다음과 같이 유도할 수 있다.

$$n_s = n(x=0) = \frac{\varepsilon_o}{e}\frac{\alpha^2}{4}\left(\frac{\varepsilon_s}{e}\right)^{-1/2} \tag{4.27}$$

Collisional Sheath일 경우, Mean Free Path λ_i가 Sheath s 보다 작은 경우 에너지 방정식 대신 $v_i=\mu_i E$ 형태의 운동방정식이 사용된다. Current Density와 Wall Voltage 관계식은 다음과 같다.

$$J_o = \left(\frac{2}{3}\right)\left(\frac{5}{3}\right)^{3/2}\varepsilon_o\left(\frac{2e\lambda_i}{\pi M}\right)^{1/2}\frac{V_o^{3/2}}{s^{5/2}} \tag{4.28}$$

Negative Ion이 존재할 경우에는 Negative Ion이 Sheath 탈출 속도를 줄여 주고 T_e가 작아지며 Sheath Thickness를 크게 해 준다.

4-2 Capacitive Discharge

방전 구조

전극 사이에 DC 전압을 걸면 Cathode에 가해지는 Negative Potential이 Sheath의 Wall Potential과 비슷한 역할을 하여 Sheath와 흡사한 구조가 Cathode에 생긴다. 전자가 Ion보다 적게 존재하고 2차 전자가 가속되는 Cathode Dark Space, 가속된 전자가 에너지를 전달하여 Ionization이 활발한 Negative Glow가 존재한다. Cathode Dark Space를 Cathode Fall이라고도 하고 현장의 엔지니어들은 Cathode Dark Space를 Sheath라고도 부른다. 방전이 유지되기 위하여 Cathode Dark Space와 Negative Glow는 반드시 존재하여야 한다.

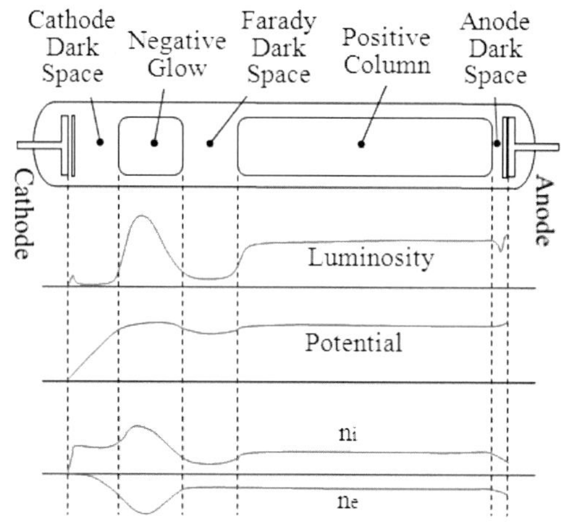

| 그림 4.5 | DC 방전의 구조.

Negative Glow Region의 하전입자들에 의하여 전장이 약화되어 어둡고 Positive Ion이 Cathode로 이동한 Faraday Dark Space와 작은 전장에 의한 낮은 Power 공급과 발광 효율이 좋은 Positive Column이 있다. 전자의 온도가 클 때 Anode에 Anode Fall이 생기기도 한다. Anode 근처의 Potential Drop보다 Plasma Potential이 더 크기 때문이다. Cathode와 Anode를 접근시키면 Cathode Dark Space와 Negative Glow의 길이는 변함이 없고 Positive Column이 줄어든다. 더 접근시키면 Positive Column이 없어지고 Faraday Dark Space가 줄어든다. 더 접근시키면 방전이 꺼진다. 방전이 가능한 전극간 거리의 최소의 경우는 엔지니어들의 Sheath 두 배 길이다. Paschen's Law에 맞게 Sheath가 자동 조절된다. 최소 방전 전압은 방전 구조 중에 방전을 최소 유지할 수 있는 Sheath와 Negative Glow만을 만든다. 그 이상의 전압을 가했을 경우에는 Paschen's Law에 의한 최소 방전 전압은 Sheath에 걸리고 나머지 전압은 Positive Column에 걸린다.

Rf 방전에서 전극 사이의 시간에 따른 Potential 분포는 그림 4.5에서 보는 바와 같이 DC 방전 Potential 분포의 조합과 같다. ω는 Driving Frequency이다.

Rf 방전에서는 Collision Frequency 대신에 방정식 (4.29)에서 정의된 Effective Collision Frequency ω_{eff}가 방전 구조에 결정적인 역할을 한다. 반도체 식각 공정에서는 전극간 Gap은 2~4cm 정도로 유지하고 Sheath를 Driving Frequency와 압력을 이용하여 보통 1cm 정도 유지한다.

$$\omega_{eff}^2 \equiv \sqrt{(2\pi\nu)^2 + \omega^2} \tag{4.29}$$

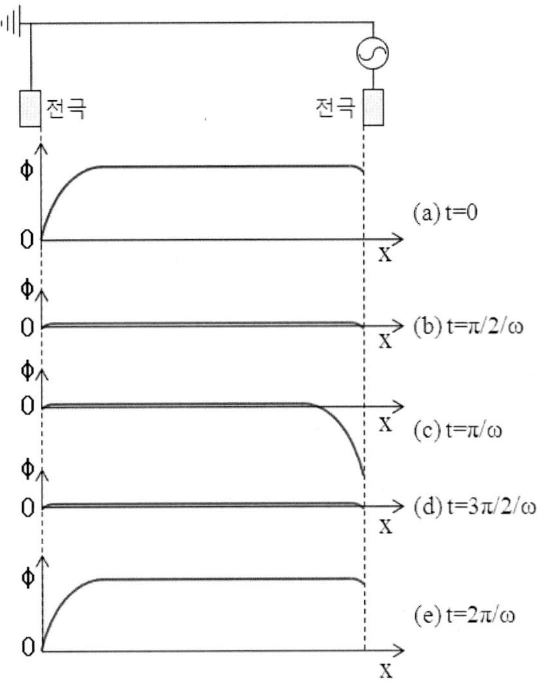

그림 4.6 Rf 방전의 Potential 분포.

Paschen's Law

DC 방전에서 압력과 방전 개시전압의 관계를 구한다. 그림 4.7과 같이 전극 사이에 V_f가 인가되었다.

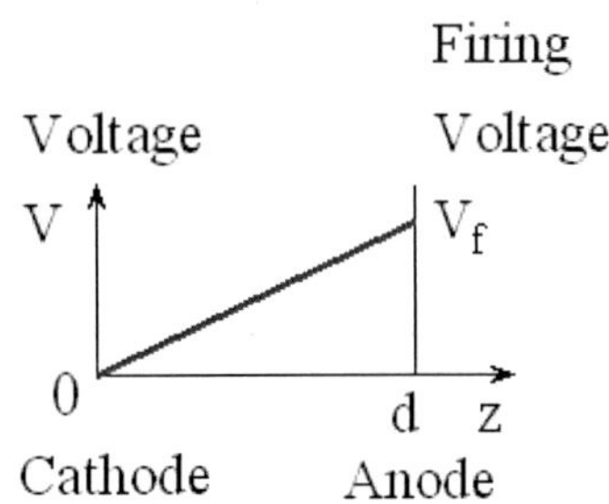

그림 4.7 DC 방전 Firing Voltage를 계산하기 위한 그림.

전자가 Cathode를 출발하여 Anode로 가면서 Flux 증가분은 다음과 같다.

$$\begin{aligned}\frac{d\Gamma_e}{dz} &= \nu_{iz}n_e \\ &= \frac{u}{\lambda_{iz}}n_e \\ &= \alpha\Gamma_e \end{aligned} \tag{4.30}$$

where $\alpha = 1/\lambda_{iz}(z)$

λ_{iz} = ionization mean free path

방정식 (4.30)의 해를 구한다.

$$\begin{aligned} d\Gamma_e &= \alpha(z)\Gamma_e dz \\ \Gamma_e(z) &= \Gamma_e(0)\exp\left[\int_0^d \alpha(z')dz'\right] \end{aligned} \tag{4.31}$$

Ionization이 생기면 Ion과 전자과 같이 생기기 때문에 방전공간에서 생긴 Ion과 전자의 Flux 변화량은 같다.

$$\begin{aligned} \Gamma_i(0) - \Gamma_i(d) &= \Gamma_e(d) - \Gamma_e(0) \\ &= \Gamma_e(0)\left\{\exp\left[\int_0^d \alpha(z')dz'\right] - 1\right\} \end{aligned} \tag{4.32}$$

2차 전자 방출이 포함된 Ion과 전자의 전극에서의 Flux는 다음과 같다.

$$\Gamma_i(d) = 0 \tag{4.33}$$

$$\Gamma_e(0) = \gamma_{se}\Gamma_i(o) \tag{4.34}$$

where γ_{se}: 2nd electron emission coefficient

방정식 (4.33)과 (4.34)를 이용하여 방정식 (4.32)를 정리한다.

$$\exp\left[\int_0^d \alpha(z')dz'\right] = 1 + 1/\gamma_{se} \tag{4.35}$$

그림 4.7과 같이 전장이 Constant하고 운동방정식에서 전장의 힘과 Collision이 균형을 이룬다고 하면 전자 에너지가 전구간에 걸쳐 Constant하기 때문에 z에 대하여는 Constant하다고 할 수 있다.

$$\alpha d = \ln(1 + 1/\gamma_{se}) \tag{4.36}$$

방정식 (1.18)에 의하면 Ionization Collision Frequency $\nu_{iz} = n_g\sigma v$ 이다. α는 n_g에 비례한다고 가정한다. Ionization Coefficient는 온도에 대하여 오직 $\exp(E_{iz}/T_e)$의

인자를 가진다고 가정한다. 실제 상황에서는 다른 함수의 온도인자를 가질 수 있다. 도입될 임의의 상수 A, B로 보정한다. 전자 에너지가 전구간에 걸쳐 Constant 하다는 가정과 함께 다음과 같이 나타낸다. A, B는 Gas에 따라 다른 상수이다.

$$\begin{aligned} \alpha &\sim n_g \exp\left(-\frac{E_{iz}}{T_e}\right) \\ &= n_g \exp\left(-\frac{E_{iz}}{E\lambda_e}\right) \\ &= Ap \cdot \exp\left(\frac{Bp}{V_f / d}\right) \end{aligned} \tag{4.37}$$

where $T_e = E\lambda_e$
$E = V / d$: Electric Field
λ_e = Electron mfp $\sim 1/p$
p: Pressure
E_{iz}: Ionization Energy

방정식 (4.37)을 (4.36)에 대입한다.

$$V_f = \frac{Bpd}{\ln(Apd) - \ln[\ln(1 + 1/\gamma_{se})]} \tag{4.38}$$

방정식 (4.38)을 Paschen Curve이라고 부르며 전극으로 없어지는 하전입자를 전자의 충돌로 인한 Ionization에 의해 보충하는 최소한의 전압 V_f를 유도하였으며 전장의 세기가 Plasma가 없는 상태인 전 구간에서 Constant하다고 하였으므로 Firing Voltage로 유효하다. 표 4.1은 Gas에 따른 A, B의 수치이다. 그림 4.8은 pd 값에 따른 각종 기체의 Firing Voltage이다.

| 표 4.1 | Gas에 따른 A, B의 수치

Gas	A	B	Range of E/p (V/cm-Torr)
Air	14.6	365	150-600
Ar	13.6	235	100-600
CO_2	20.0	466	500-1000
H_2	5.0	130	150-400
H_2O	12.9	289	150-1000
He	2.8	34	20-150

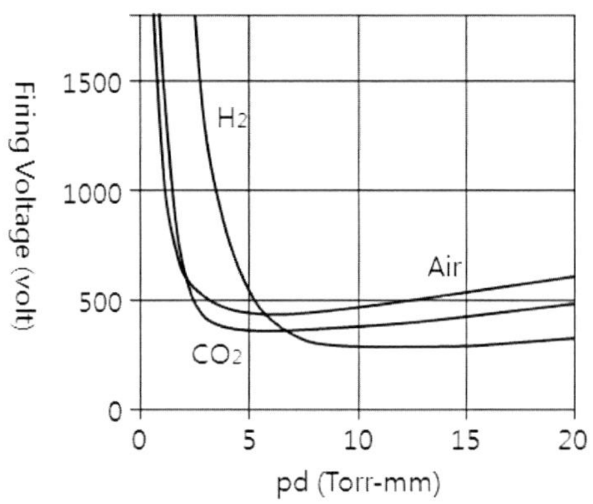

┃그림 4.8┃ pd 값에 따른 기체의 Firing Voltage.

Homogeneous Model의 Rf 방전 Impedance

그림 4.9와 같이 전극 사이의 Ion 밀도는 전구간 Constant이고 Bulk Plasma에서는 전자 밀도가 Ion 밀도와 같다. Sheath에서는 전자 밀도가 Zero라고 가정한다. Homogeneous Model이라고 지칭한 이유는 Sheath에서 전자와 Ion의 밀도가 Constant하기 때문이다. Rf 방전은 전기회로의 관점에서 Capacitor의 역할을 하는 Sheath와 전도체인 Bulk Plasma로 구성 되어 있다. 그림 4.9는 Bulk Plasma와 Sheath의 Impedance 유도를 위한 개략적인 그림이다.

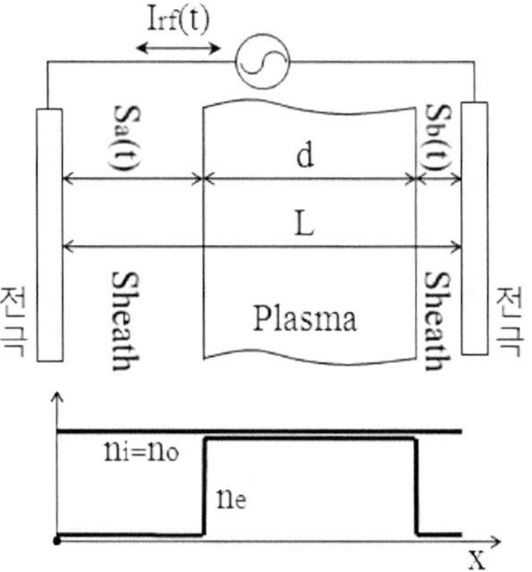

┃그림 4.9┃ Sheath와 Bulk Plasma의 Impedance를 구하기 위한 1차원 Homogeneous Model. Sheath에는 전자가 없다. Positive Ion은 전구간 Constant이다.

Bulk Plasma의 Impedance

Bulk Plasma의 Impedance를 구한다. 전자의 운동 방정식과 Ampere 방정식으로부터 유전상수 ε_p를 정의한다. 1차원 변수 속도 v, 전장 E, 자장 H는 time에 관해 exp(iωt)에 비례한다고 가정한다.

$$m\frac{dv}{dt} = -eE - \nu_m v$$

$$\begin{cases} i\omega\tilde{v}e^{i\omega t} = -\dfrac{e\tilde{E}e^{i\omega t}}{m} - \nu_m\tilde{v}e^{i\omega t} \\ \tilde{v} = -\dfrac{e\tilde{E}}{i\omega + \nu_m} \end{cases} \tag{4.39}$$

방정식 (4.39)와 Ampere 방정식을 이용하여 전류밀도와 전장의 관계식을 구한다.

$$\nabla \times H = \varepsilon_o\frac{\partial E}{\partial t} + J$$

$$\begin{cases} \nabla \times \tilde{H}e^{i\omega t} = i\omega\varepsilon_o\tilde{E}e^{i\omega t} + en_0\tilde{v}e^{i\omega t} \\ \nabla \times \tilde{H} = i\omega\varepsilon_o\left[1 - \dfrac{\omega_{pe}^2}{\omega(\omega - i\nu_m)}\right]\tilde{E} \\ \qquad \equiv i\omega\varepsilon_p\tilde{E} = \tilde{J}_T \end{cases} \tag{4.40}$$

$$\text{where } \varepsilon_p \equiv 1 - \frac{\omega_{pe}^2}{\omega(\omega - i\nu_m)} \tag{4.41}$$

방정식 (4.40)에 의해 Bulk Plasma의 Impedance Z_P는 방정식 (4.42)와 같다. L_P는 Bulk Plasma의 Reactance, R_P는 Resistance, C_0는 Capacitance이다.

$$\frac{1}{Z_p} = \frac{A}{d}(i\omega\varepsilon_p)$$

$$= i\omega C_0 + \frac{1}{R_p + i\omega L_p} \tag{4.42}$$

$$\text{where } C_o = \varepsilon_o A / d \tag{4.43}$$

$$L_p = \omega_{pe}^{-2}C_o^{-1} \tag{4.44}$$

$$R_p = \nu_m L_p \tag{4.45}$$

Driving Frequency ω를 Plasma Frequency ω_{pe} 보다 많이 작고 Ohmic Heating을 위해 Collision Frequency ν와 비슷하게 정했을 경우 Frequency 간의 관계는 다음과 같다.

$$\omega_{pe} >> \omega \sim \nu \tag{4.46}$$

방정식 (4.46)의 조건에 따라 방정식 (4.43)의 Capacitance에 의한 Impedance는 Reactance와 Resistance에 비하여 대단히 크다.

Sheath의 Capacitance

Circuit Model 완성에 필요한 Sheath의 Impedance를 구한다. Sheath의 Conduction Current는 다음과 같이 Ion Current로 근사할 수 있다.

$$\bar{I}_i = en_0 u_B A \tag{4.47}$$

Sheath에서는 Conduction Current가 Displacement Current 보다 작다. 이는 전류를 흐르게 하는 전자가 적기 때문이다. Sheath Impedance 계산에서 Conduction Current를 무시한다. Sheath에 걸리는 전압을 구하여 주어진 전류와의 관계를 이용하여 Impedance를 구한다. Sheath에서 Capacitance가 Resistance나 Reactance보다 크다. 그림 4.9의 Sheath a에서 Gauss 방정식을 이용하여 전장을 구한다.

$$\frac{dE}{dx} = \frac{en_0}{\varepsilon_o} \tag{4.48}$$

미분방정식의 경계 조건으로 Sheath-Bulk Plasma 경계에서 전장을 Zero라고 근사하여 방정식 (4.48)의 해를 구한다.

$$E(x,t) = \frac{en_0}{\varepsilon_0}[x - s_a(t)] \tag{4.49}$$

A를 방전 단면적이라 하면 Sheath a를 흐르는 Displacement Current I_{ap}는 방정식 (4.50)과 같이 정의되고 동시에 방정식 (4.52)과 같이 주어진다.

$$I_{ap}(t) = \varepsilon_0 A \frac{\partial E}{\partial t} \tag{4.50}$$

$$= -en_0 A \frac{ds_a}{dt} \tag{4.51}$$

$$I_{ap}(t) = I_{rf}(t)$$

$$\equiv I_1 \cos\omega t \tag{4.52}$$

방정식 (4.51)과 방정식 (4.52)의 주어진 전류 I_{rf}가 같다는 사실에서 Sheath Thickness s_a와 Sheath a에 걸리는 Potential V_{ap}를 계산한다.

$$s_a = -\frac{I_1}{en_0\omega A}\sin\omega t + C$$
$$= \bar{s} - s_0 \sin\omega t \qquad (4.53)$$
$$\text{where } s_0 = I_1 / en_0\omega A$$
$$\bar{s}: \text{ time-averaged } S_a(t)$$

$$V_{ap}(t) = \int_0^{s_a} E dx$$
$$= -\frac{en_0}{\varepsilon_0}\frac{s_a^2}{2} \qquad (4.54)$$
$$= \frac{en_0}{2\varepsilon_0}\left(\bar{s}^2 + \frac{1}{2}s_0^2 - 2\bar{s}s_0\sin\omega t - 2s_0^2\cos 2\omega t\right) \qquad (4.55)$$

그림 4.9의 Sheath b에서 Gauss 방정식을 이용하여 전장을 구한다. 방정식 (4.51)과 (4.54)를 이용하여 Sheath b의 Displacement Current I_{ap}와 Potential V_{ap}를 구한다.

$$I_{bp} = -enA\frac{ds_b}{dt} \qquad (4.56)$$
$$V_{bp} = -\frac{en}{\varepsilon_o}\frac{s_b^2}{2} \qquad (4.57)$$

방정식 (4.51), (4.56)과 I_{bp}=$-I_{ap}$ 이라는 사실에서 s_b를 구한다.

$$\frac{d}{dt}(s_a + s_b) = 0$$
$$s_a + s_b = 2\bar{s} \qquad (4.58)$$
$$s_b = \bar{s} + s_o\sin\omega t$$

방정식 (4.58)을 방정식 (4.57)에 대입한다.

$$V_{bp}(t) = -\frac{en}{2\varepsilon_o}\left(\bar{s}^2 + s_o^2/2 + 2\bar{s}s_o\sin\omega t - 2s_o^2\cos 2\omega t\right) \qquad (4.59)$$

Bulk Plasma의 Potential Drop은 전극 사이의 Potential Drop 보다 매우 작다. 전극 사이의 전압 V_{rf}는 Sheath a와 b에 걸린 전압 V_{ab}와 같다.

$$
\begin{aligned}
V_{rf} &= V_{ab} \\
&= V_{ap} - V_{bp} \\
&= \frac{e n \bar{s}}{\varepsilon_o}(s_a - s_b) \\
&= \frac{2 e n \bar{s} s_o}{\varepsilon_o} \sin \omega t
\end{aligned} \tag{4.60}
$$

방정식 (4.60)을 d/dt로 미분하여 방정식 (4.61)과 같이 Sheath의 Capacitance를 구한다.

$$
\begin{aligned}
\frac{dV_{ab}}{dt} &= \frac{2 e n \bar{s} s_0}{\varepsilon_0} \omega \cos \omega t \\
&= \frac{2 s_0}{\varepsilon_0} e n \omega \left(\frac{I_1}{e n \omega A} \right) \cos \omega t \\
&= \frac{1}{C_s} I_1 \cos \omega t \\
&= \frac{I_{rf}}{C_s} \\
& \text{where } C_s \equiv \frac{\varepsilon_0 A}{2 s_0} \\
& \qquad s_0 \equiv I_1 / e n_0 \omega A
\end{aligned} \tag{4.61}
$$

Sheath를 zero로 했을 때에는 전류가 흐르지만 Sheath를 크게 했을 때에는 전류가 흐르지 않는다. 마치 Diode 같이 선택된 방향으로 전류를 흐르게 할 수 있다.

Ohmic Heating

Ohmic Heating이라는 것은 전자가 공급받은 에너지를 입자 충돌에 의해 그 입자들에게 주는 것이다. Ohmic Heating에 의한 단위 부피당 Power 소모는 다음과 같다.

$$
P_{Ohm} = \frac{1}{2} \left| \tilde{J}_T \right|^2 \frac{1}{\sigma_{dc}} \tag{4.62}
$$

$$
\begin{aligned}
\text{where } \vec{J}(\vec{x}, t) &= \tilde{J}(\vec{x}) e^{-i\omega t} \\
\vec{E}(\vec{x}, t) &= \tilde{E}(\vec{x}) e^{-i\omega t} \\
\vec{J} &= \sigma_{dc} \vec{E} \\
\sigma_{dc} &= \frac{e^2 n_e}{m \nu_m}
\end{aligned}
$$

Ohmic Heating에 의해 Bulk Plasma에 공급되는 전극의 단위 면적당 Power는 방정식 (4.62)를 그림 4.9의 Bulk Plasma 영역에서 방전 영역을 따라 적분하면 된다.

$$\begin{aligned}\overline{S}_{Ohm} &= \int_0^d P_{Ohm} dx \\ &= \frac{1}{2} J_1^2 \frac{d}{\sigma_{dc}} \\ &= \frac{1}{2} \frac{I_1^2}{A} R_{Ohmic}\end{aligned} \tag{4.63}$$

$$\begin{aligned}\text{where } J_1 &= I_1 / A \\ I_{rf} &= I_1 \cos\omega t \\ R_{Ohmic} &= \frac{d}{A\sigma_{dc}}\end{aligned} \tag{4.64}$$

Stochastic Heating

하전입자와 Field가 충돌하여 Heating하는 것을 Stochastic Heating이라고 한다. Stochastic Heating에 의해 Sheath-Bulk Plasma경계에서 전자를 Heating하는데 소모되는 에너지와 Stochastic Resistance R_{stoc}를 구한다.

그림 4.10에서 v_s는 Sheath 속도, v_e는 충돌 전 전자 속도, v_e'는 충돌 후 전자 속도이다. 속도가 음수이면 아래 방향을 향한다. 전자의 Sheath와 탄성 충돌 전후의 속도는 반대 방향이다. 충돌 후 전자 속도는 다음과 같다.

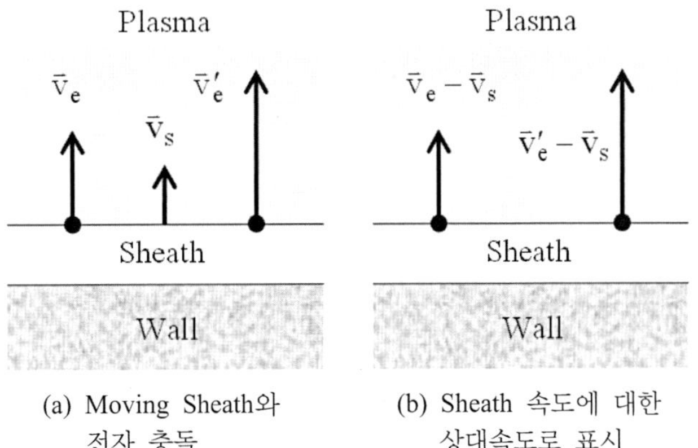

(a) Moving Sheath와 전자 충돌

(b) Sheath 속도에 대한 상대속도로 표시

그림 4.10 전자와 움직이는 Sheath-Bulk Plasma 경계와 탄성 충돌했다. (b)는 Moving Sheath에 대한 상대 속도로 전자의 속도를 표시했다.

$$m(-v_e + v_s) = m(v'_e - v_s)$$
$$v'_e = -v_e + 2v_s \tag{4.65}$$

Bulk Plasma에서 Sheath로 가는 전자의 Flux는 다음과 같다.

$$(v_e - v_s)dn = (v_e - v_s)f(v_e)dv_e \tag{4.66}$$

전극의 단위 면적당 전자로 전달되는 Power는 다음과 같다.

$$dS_{stoc} = \frac{m}{2}(v_e'^2 - v_e^2)(v_e - v_s)f(v_e)dv_e$$
$$S_{stoc} = -2m\int_{v_s}^{\infty} v_s(v_e - v_s)^2 f(v_e)dv_e \tag{4.67}$$

방정식 (4.67)의 적분 하한을 v_s로 한 이유는 Sheath 후퇴보다 전자의 Thermal Velocity v_e가 커야 충돌하기 때문이다. 방정식 (4.53)에서 Sheath-Bulk Plasma 경계의 속도를 구할 수 있다.

$$s_a = \bar{s} - s_0 \sin\omega t$$
$$\text{where } s_0 = I_1 / en_0\omega A$$
$$\bar{s}\text{: time-averaged } S_a(t)$$
$$\frac{ds_a}{dt} = -s_0\omega\cos\omega t = v_s$$
$$v_s = v_0\cos\omega t \tag{4.68}$$
$$\text{where } v_0 = -s_0\omega$$

방정식 (4.68)을 이용하여 방정식 (4.67)의 피적분함수 중 시간의 함수인 v_s로 이루어진 항의 시간에 대한 평균을 구한다.

$$\frac{\omega}{2\pi}\int_0^{2\pi/\omega} v_s(v_e - v_s)^2 dt$$
$$= \frac{\omega}{2\pi}\int_0^{2\pi/\omega}(v_s v_e^2 - 2v_s^2 v_e + v_s^3)dt$$
$$= \frac{\omega}{2\pi}\int_0^{2\pi/\omega}(-2v_s^2 v_e)dt$$
$$= -\frac{\omega}{\pi}v_e v_0\int_0^{2\pi/\omega}\cos^2(\omega t)dt$$
$$= -\frac{\omega}{\pi}v_e v_0\int_0^{2\pi/\omega}[1/2 + \cos(2\omega t)/2]dt$$
$$= -v_e v_0 \tag{4.69}$$

방정식 (4.69)를 이용하여 방정식 (4.67)의 시간에 대한 평균을 구한다.

$$\overline{S}_{stoc} = \frac{1}{2} m v_0^2 n_0 \overline{v}_e \tag{4.70}$$

$$= \frac{1}{2} \frac{m\overline{v}_e}{e^2 n_0} J_1^2$$

$$= \frac{1}{2} \frac{I_1^2}{A} R_{stoc} \tag{4.71}$$

$$\text{where } R_{stoc} = \frac{dm\overline{v}_e}{Ae^2 n_0} \tag{4.72}$$

$$I_1 = J_1 A = -en_0 v_0 A$$

$$I_{rf} = I_1 \cos\omega t$$

$$v_0 = -s_0 \omega$$

$$s_0 = I_1 / en\omega A$$

Circuit Model

그림 4.11은 계산된 Impedance와 Capacitive Discharge의 특성을 가지고 만든 Circuit Model이다. 앞서 계산한 각종 Impedance를 Circuit Model에 응용하면 Plasma 장비 전체의 특성을 쉽게 파악할 수 있다. Bulk Plasma Impedance Z_p는 $1/2\pi C_a$, $1/2\pi C_b$에 비하여 작다. 인가된 전압의 대부분이 C_a, C_b에 걸린다. 매우 큰 ω는 L_p와 C_a, C_b에 Resonant Discharge를 만들 수 있다.

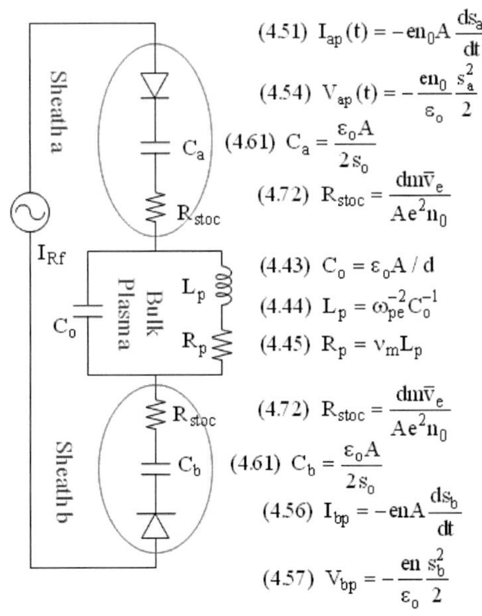

그림 4.11 Rf Capacitive Discharge의 Circuit Model.

Koenig Model

그림 4.12에서 V는 Sheath Voltage, A는 Electrode Area, d는 Sheath Thickness이다. 첨자 1과 2는 각 전극을 나타낸다. Sheath는 Rf Discharge에서 번갈아 생기고 부과된 전압이 양쪽 전극의 Sheath에 교대로 걸린다. 그림 4.12(a)와 같이 회로에 Sheath 이외의 Capacitance가 Zero인 경우에 Sheath의 Capacitance 차이에도 불구하고 부과된 전압이 Sheath에 모두 걸린다. 따라서 양쪽의 Sheath에 걸리는 전압은 같다.

$$V_1 = V_2 \tag{4.73}$$

그림 4.12(b)와 같이 회로에 Capacitance가 존재하는 경우에는 Capacitor와 Sheath의 Impedance의 크기에 비례하여 Voltage Drop이 생긴다.

Capacitor가 고려됐을 경우에 전극의 Sheath에 생기는 Voltage Drop과 전극면적의 관계를 Koenig Model이 다룬다. Collisionless Child-Langmuir equation인 방정식 (4.23)에서 전극면적과 Sheath Voltage Drop의 관계를 구한다. d는 Sheath Thickness이다.

$$\begin{aligned} j_i &= \frac{4\varepsilon_0}{9}\left(\frac{2e}{M}\right)^{-1/2}\frac{V^{3/2}}{x^2} \\ &= \frac{K}{\sqrt{M}}\frac{V^{3/2}}{d^2} \end{aligned} \tag{4.74}$$

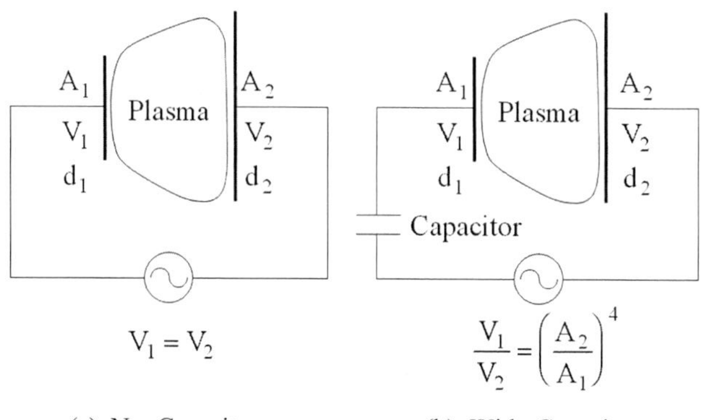

그림 4.12 회로에 Capacitor가 없는 경우 (a)와 Capacitor가 있는 경우 (b). Capacitor가 없는 경우 양쪽의 Sheath에 걸리는 전압은 같지만 Capacitor가 있는 경우에는 면적에 반비례한다.

양전극간의 Ion Current가 같다는 다소 무리한 가정을 한다.

$$\frac{V_1^{3/2}}{d_1^2} = \frac{V_2^{3/2}}{d_2^2} \tag{4.75}$$

방정식 (4.75)에서 Sheath Thickness d를 Capacitance C의 거리 d와 면적 A의 관계를 이용하여 전극 면적 A로 대치한다. C는 Capacitance이다.

$$\left(\begin{array}{l} C \sim \frac{A}{d} \\ \frac{V_1}{V_2} \sim \frac{C_2}{C_1} \sim \frac{A_2}{d_2}\frac{d_1}{A_1} \end{array} \right) \rightarrow \frac{V_1}{V_2} = \left(\frac{A_2}{A_1} \right)^4 \tag{4.76}$$

양 Sheath에서 전극 면적에 따라 전압 분배가 이루어진다. Sheath Capacitance가 작은 전극에 큰 Sheath 전압이 걸린다. Wafer가 놓이는 아래 전극은 작게 나머지 Wall과 위 전극은 크게 하는 것이 Etcher 설계의 기본이다.

Koenig Model의 방정식 (4.76)의 유도에서 문제점은 다음과 같다.

- 전극의 기하학적 면적과 Plasma에 노출되는 면적은 다르다.
- 양 전극의 Ion Current Density가 같다는 것은 무리한 가정이다.
- Ion이 Sheath에서 Collisionless 하다는 것은 일반적이 아니다.

실험을 통해 얻어진 교정된 Koenig Model의 방정식은 다음과 같다. 반도체 장비회사의 설계자들은 계산의 편의성 때문에 $\alpha = 1$을 많이 사용한다.

$$\frac{V_1}{V_2} = \left(\frac{A_2}{A_1} \right)^{\alpha} \tag{4.77}$$

$$\text{where } \alpha = 0.98 \sim 1.4$$

Inductive Region in Capacitive Discharge

Sheath와 Bulk Plasma에서 Impedance를 구하여 방전의 특성을 살핀다. 전자의 운동방정식과 Ampere 방정식에서 Dielectric Constant를 구한다.

$$m\frac{dv_x}{dt} = -eE_x - m\nu_m v_x \tag{4.78}$$

$$\nabla \times \vec{H} = \varepsilon_o \frac{\partial \vec{E}}{\partial t} + \vec{J} = \vec{J}_T \tag{4.79}$$

속도와 전장, Total Current를 시간에 대하여 다음과 같이 변한다고 가정한다.

$$E_x(t) \approx \tilde{E}_x \cos\omega t$$
$$= \mathrm{Re}\,\tilde{E}_x e^{i\omega_c t} \tag{4.80}$$
$$v_x(t) = \mathrm{Re}\,\tilde{v}_x e^{i\omega_c t} \tag{4.81}$$
$$J_{Tx}(t) = \mathrm{Re}\,\tilde{J}_{Tx} e^{i\omega_c t} \tag{4.82}$$

방정식 (4.78), (4.80), (4.81)에서 다음을 유도한다.

$$\tilde{v}_x = -\left(\frac{e}{m}\right)\frac{\tilde{E}_x}{i\omega + \nu_m} \tag{4.83}$$

방정식 (4.83)을 이용하여 Dielectric Constant와 Conductivity를 다음과 같이 유도한다.

$$J_{Tx} = \varepsilon_0 \frac{\partial E_x}{\partial t} + J_x$$
$$= \varepsilon_0 \frac{\partial E_x}{\partial t} + en_e \tilde{v}_x$$

$$\tilde{J}_{Tx} = i\omega\varepsilon_o \tilde{E}_x - en_e \tilde{u}_x$$
$$= i\omega\varepsilon_o \left[1 - \frac{\omega_{pe}^2}{\omega(\omega - i\nu_m)}\right]\tilde{E}_x$$
$$\equiv i\omega\varepsilon_p \tilde{E}_x$$
$$\text{where } \varepsilon_p \equiv \varepsilon_0 \left[1 - \frac{\omega_{pe}^2}{\omega(\omega - i\nu_m)}\right] \tag{4.84}$$
$$\equiv (\sigma_p + i\omega\varepsilon_0)\tilde{E}_x$$
$$\text{where } \sigma_p \equiv \frac{\varepsilon_0 \omega_{pe}^2}{i\omega + \nu_m} \tag{4.85}$$

구동주파수가 Collision Frequency 보다 작은 경우, $\omega << \nu_m$, ω_{pe}, Conductivity는 DC 전류의 Conductivity와 같다.

$$\sigma_p = \frac{\varepsilon_0 \omega_{pe}^2}{\nu_m}$$
$$= \frac{e^2 n_e}{m\nu_m}$$
$$= \sigma_{dc} \tag{4.86}$$

구동주파수가 Plasma Frequency 보다 큰 경우, $\omega \gg \omega_p$, 방정식 (4.84)에서 Positive 실수인 Dielectric Constant를 구할 수 있다. 전장과 전류가 Phase가 같다는 의미가 있다.

$$\varepsilon_p \approx \varepsilon_0\left[1-\frac{\omega_{pe}^2}{\omega^2}\right] \tag{4.87}$$

구동주파수가 Collision Frequency 보다 크고 Plasma Frequency 보다 작은 경우는, $\nu_m << \omega << \omega_{pe}$, 방정식 (4.84)에서 전자 밀도에 따라 부호가 다른 실수인 Dielectric Constant를 구할 수 있다.

$$\varepsilon_p \approx \varepsilon_0\left[1-\frac{\omega_{pe}^2}{\omega^2}\right] \tag{4.88}$$

Sheath에서 전자밀도가 Zero 혹은 아주 작다고 하면 Plasma Frequency가 Zero이기 때문에 $\varepsilon_p \approx \varepsilon_0$ 이므로 전장과 전류가 Phase가 같다. Bulk Plasma에서는 ε_p 가 Negative 실수가 되고 전장과 전류가 Phase가 180° 다른 Inductive Discharge의 특징을 가진다.

In sheath:

$$\tilde{E}_x = \frac{\tilde{J}_{Tx}}{i\omega\varepsilon_0} \tag{4.89}$$

In bulk plasma:

$$\tilde{E}_x = \frac{\tilde{J}_{Tx}}{i\omega\varepsilon_p} \tag{4.90}$$

$\nu_m << \omega << \omega_{pe}$ 인 경우의 전장의 방향을 그림으로 표시하면 다음과 같다.

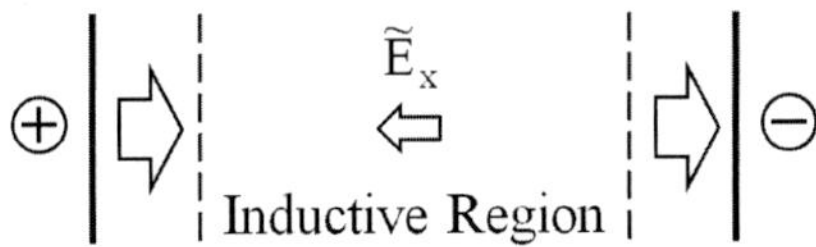

| 그림 4.13 | 구동주파수가 Collision Frequency 보다 크고 Plasma Frequency 보다 작은 경우($\nu_m << \omega << \omega_{pe}$)의 전장의 방향.

CCP Etcher

그림 4.14는 2011년 기준으로 반도체 DRAM Half Pitch 35nm, 28nm Oxide Film Etching 공정에서 상업적으로 성공한 CCP Etcher의 구동주파수 조합이다. Etch Rate이 커서 생산성이 크고 Rf 구동 System이 안정적이어서 신뢰성이 높고 Cross-Sectional Profile 등과 같은 품질이 좋은 Etcher들이다. 위 전극은 Plasma를 생성하고 아래 전극은 Plasma 생성과 동시에 Ion을 Wafer에 충돌시키기 위한 Ion 에너지를 증가시킨다. 위 전극에서 Plasma를 만드는 것이 아래 전극에 비하여 Plasma Uniformity가 좋고 아래 전극에서 만드는 Plasma는 Wafer에 가까워 효과적으로 이용할 수 있다. Power는 그림 5.14(c)의 경우 위 전극에 2kW 정도, 아래전극에 7kW 정도 공급된다. 그림 4.14(a)가 D3X Etching 공정에서 상업적으로 가장 성공한 Etcher로 평가되는데 Plasma Uniformity에서 불리하지만 Wafer 주변에 Plasma Density를 높여 Etch Rate을 크게 하여 생산성이 크고 Ion Energy Distribution 조절이 용이하여 Etching 품질이 좋다. D3X는 반도체 소자내의 전선의 폭이 30nm대라는 뜻이다. 그림 4.14(b)가 D2X Etching 공정에서 가장 유망한 Etcher로 평가 된다. 위 전극에 Negative DC Bias를 가하여 전자를 기판으로 가속 시켜 기판의 Metal Contact Hole의 바닥에 전자가 잘 도달하도록 하여 Charging Damage를 줄인다.

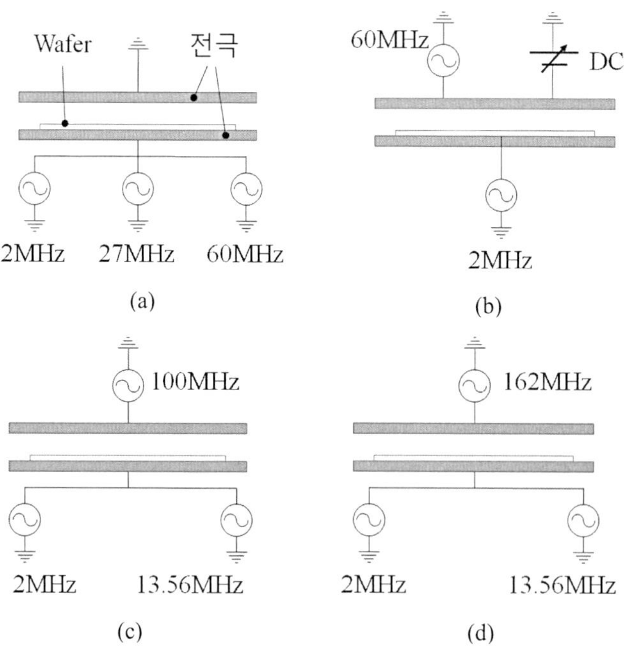

| 그림 4.14 | 전류의 구동주파수 조합으로 본 반도체 Oxide Film Etching 공정에서 상업적으로 성공한 CCP Etcher.

Plasma Density Uniformity가 나쁘더라도 작업 Gas 공급 조절을 통해 Etch Uniformity를 좋게 하는 것이 일반적이다. 그래서 Plasma Density Uniformity보다 Etch Rate Uniformity가 더 좋은 것이 일반적이다. 전극간 거리는 2.5cm에서 4cm이다. 방전 유지에 필요한 Cathode Dark Space와 Negative Glow를 살리고 여유를 1~2cm 가진다. 공정에서 사용하는 압력은 여러 가지이기 때문에 전극 Gap의 여유가 Window를 넓게 한다. Window는 공정 가능 범위 영역을 뜻한다. Gap이 작고 Power가 커서 단위 부피당 에너지 투입이 클수록 Etch Rate가 크다. 그러나 Power를 많이 사용할수록 전극 전압 떨림, Micro Arcing 발생 등과 같은 복잡한 문제가 많이 생긴다. Power를 많이 사용하는 Oxide Etcher는 적게 사용하는 Etcher보다 개발 난이도가 매우 더 크다. 복수의 구동주파수를 사용하면서 비선형 소자로 볼 수 있는 Plasma에 의해 주파수가 2배수, 3배수인 Harmonics가 생기고 주파수간의 조합인 Modulation이 생기는 등 Power 공급 System이 불안정 하게 된다. 좋은 Plasma 장비의 첫째 조건은 안정적인 Power 공급 System이다.

그림 4.14의 Etcher의 공통점은 아래 전극에 큰 Rf Power를 공급하는 것이다. 그림 4.5의 방전 구조에서 보는 것과 같이 아래 전극에서 발생된 전장은 Positive Column을 잘 통과하지 못한다. 아래 전극에 부가된 전압을 위 전극이 잘 알지 못한다는 점에서 아래 전극은 위 전극에서 약간의 영향을 받으며 독립되어 있다. 아래 전극에서 일반적으로 부도체로 덮여 있는 Wafer 때문에 표면전하가 Steady 상태에 있기 위해 전자에 의한 전류와 Ion에 의한 전류가 같아야 한다. 전자와 Ion은 질량 차이가 많이 나기 때문에 동일 전장에서 전자의 속도가 크다. Wafer에 쌓이는 표면전하는 전자가 많이 쌓인다. Wafer에 전자가 많이 쌓이면서 Wafer로 오는 전자의 속도를 줄이고 Ion의 속도를 크게 하여 전자에 의한 전류와 Ion에 의한 전류가같게 된다. Wafer에 쌓인 표면전하에 의해 그림 4.15와 같이 DC Offset Voltage 만큼 전압이 이동한다. Oxide Film Etching에서 V_{PP}는 500~1,000volt이고 그림 4.15의 V_e는 15volt 정도이다.

Ion의 충돌 즉 Ion Bombardment에 의한 것만으로는 Etch Rate 크게 할 수 없다. 그림 4.16은 Argon 방전과 XeF_2에 의한 Silicon Etch Rate을 보여 준다. 초기에는 XeF_2에 의한 순수 화학적 Etching, 마지막은 Argon 방전 Ion Bombardment에 의한 순수 물리적 Etching을 보여준다. Etch Rate이 큰 부분은 XeF_2과 Ar을 공급하고 방전을 하여 Plasma를 만들고 Wafer에 Rf 전기를 공급하여 Ion Bombardment를 유도한 결과이다. 물리와 화학적 효과가 결합될 때 Etch Rate이 크다. Ar은 방전할 때 Plasma Density를 높이기 위해 흔히 공급하는 Gas이다. Etching의 화학적 효과가 중요하다. Silicon Oxide Film Etching에서 사용되는 Gas는 Fluorine이 함유된 CF 계열 Gas와 Br, Cl 등이다.

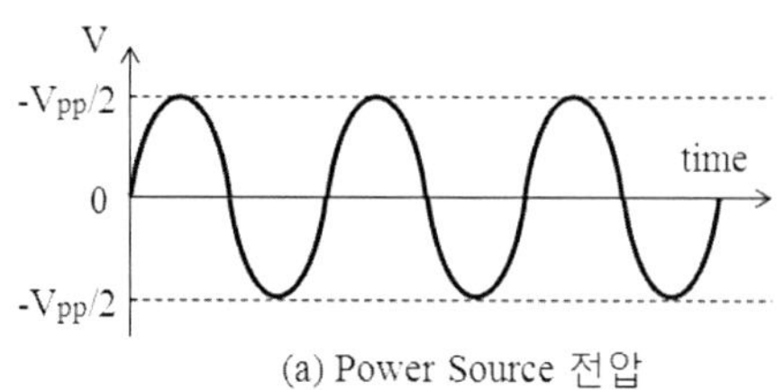

(a) Power Source 전압

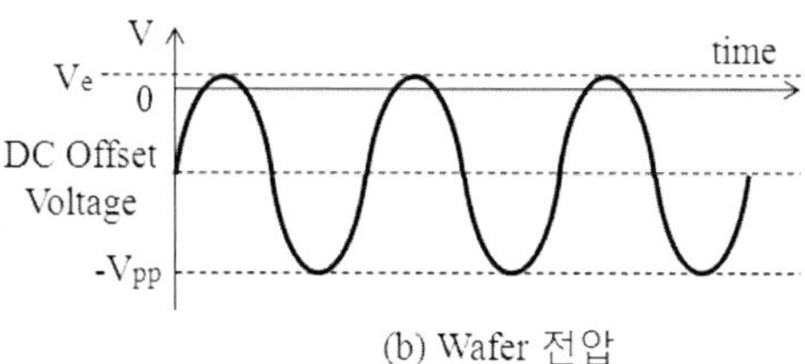

(b) Wafer 전압

| 그림 4.15 | Power Source의 전압 파형이 Wafer에서 DC Offset Voltage 만큼 전압이 이동한다.

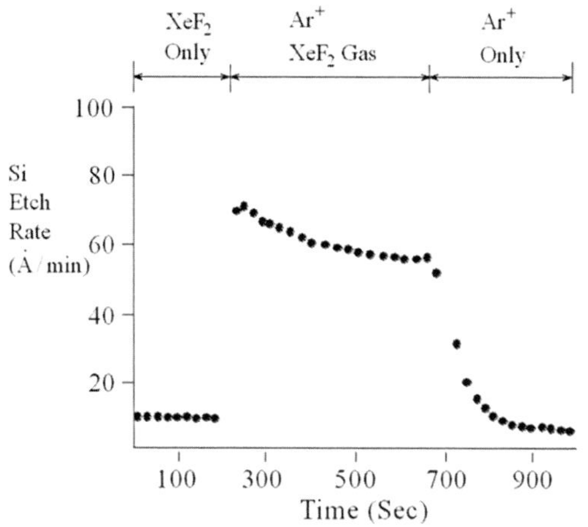

| 그림 4.16 | Argon 방전과 XeF_2에 의한 Silicon Etch Rate.
물리, 화학적 효과가 동시 작용해야 큰 Etch Rate을 얻을 수 있다.

Ion Bombardment를 위한 표면전하가 Charging Damage라는 부작용을 만든다. 그림 4.17은 Bowing, Striation을 보여 준다. 표면에 쌓인 전자에 의해 Ion이 직진하지 못하고 휘어져 Hole 상단을 치게 되어 Hole이 항아리처럼 벌어지는 Bowing, 원 모양으로 의도했던 Hole 입구가 파인 곳을 표면 전자 때문에 운동 방향이 휘어진 Ion이 효과적으로 타격하여 별 모양이 되는 Striation 등의 Charging Damage 때문에 Cell들이 붙게되어 고정세 Pattern을 형성하기 어렵다.

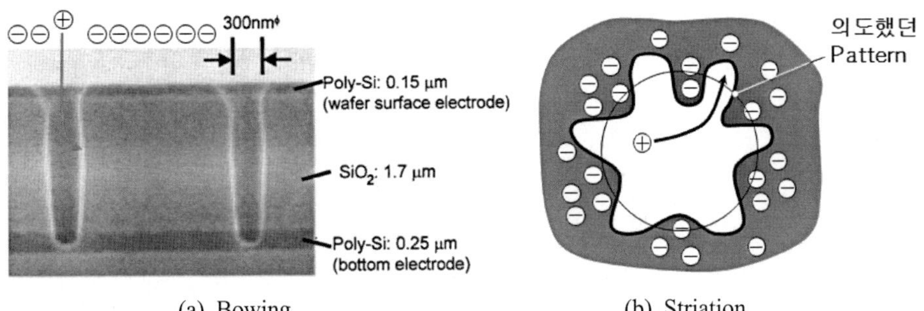

(a) Bowing (b) Striation

그림 4.17 (a) 표면에 쌓인 전자에 의해 Ion이 직진하지 못하고 휘어져 Hole 상단을 치게 되어 Hole이 항아리처럼 벌어진다. (b) 의도했던 원 모양의 Hole 입구가 파인 곳을 표면에 쌓인 전자 때문에 운동 방향이 휘어진 Ion이 효과적으로 타격하여 별 모양이 된다.

Pulsing Plasma

고정세 Pattern을 형성하기 위해 Charging Damage를 줄이기 위해 표면전하 조절이 필요하다. 표면전하를 아예 없애는 방식보다 줄인다는 개념의 Pulsing Plasma가 추천할 만하다. Etch Rate의 희생을 최소화하면서 Charging Damage를 (Bowing, Notching, Striation 등) 최소화 한다는 것이 Pulsing Plasma 도입 개념이다. Pulsing Plasma는 그림 4.18과 같이 1 msec 정도의 주기로 Plasma에 공급하는 Power를 On-Off하여 만든다. 주로 기판이 놓여 있는 아래 전극에서 행하고 위 전극에도 적용하기도 한다.

Power공급이 되지 않는 상태에서는 하전입자들은 기판에 쌓인 표면전하를 중화시키기 위해 움직여서 표면전하를 소거한다. 그림 4.19는 CW(Continuous Wave) Plasma 대비한 Pulsing Plasma의 표면전하를 보여준다.

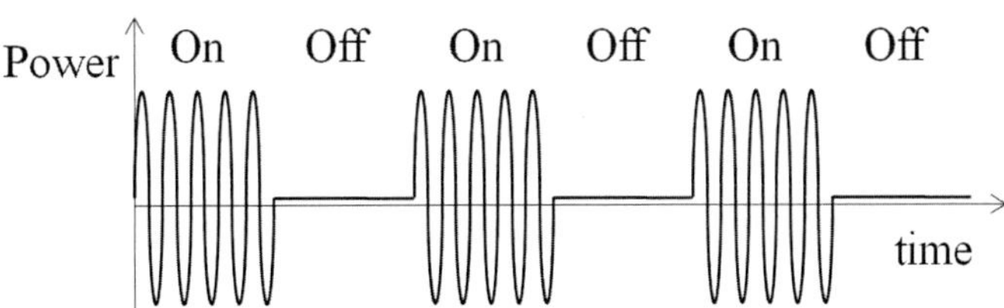

그림 4.18 Pulsing Plasma는 1 msec 정도의 주기로 Plasma에 공급하는 Power가 On-Off가 된다.

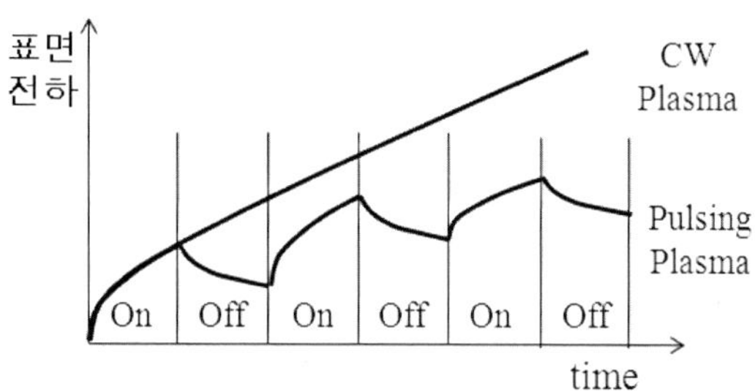

|그림 4.19| Power의 On-Off에 따른 표면전하의 변화. CW(Continuous Wave) Plasma는 보통의 Plasma이다.

Pulsing Plasma의 문제점은 Plasma Chamber와 Power Source 사이의 Impedance Matching이 어렵다는 것이다. Power가 On 상태일 때만 Matching하고 Off 상태이면 Matching을 하지 않고 쉬는 현재 방식이 개선되어야만 본격적인 Pulsing Plasma가 활발히 적용될 것으로 예상된다.

450mm Wafer를 사용하는 Dry Etcher

300mm 공정 조건을 계속 유지하기 위한 Design Rule은 300mm Wafer를, 사용하는 Dry Etcher에 비교하여 길이를 1.5배 확대하는 것이다.

Surface Reaction 면적은 1.5^2 배 = 2.25배가 되고
Reaction Gas 사용량은 2.25배이고
Pumping은 2.25배,
소모 Power 2.25배가 되어야 한다.
Gas 공급량이 2.25배이므로
Flow Conductance는 2.25배이어야 한다.

Wave Effect에 의한 Field Non-Uniformity를 300mm일 때와 동등 상태를 유지하기 위해 구동주파수는 1/1.5이 되어야 한다. 설계시 검토 사항은 다음과 같다.

(1) Wave Effect
- Driving Frequencies
- Shaped Electrode
- Power Feeding Points

(2) Power 증가 및 전극 확대로 인한 Edge에서 E-field 왜곡.
- Edge Effect
- Telegraph Effect

(3) Discharge Architecture 유지
- 전극간 Gap
- Electrode Surface Materials & Surface State

(4) Gas Flow
- Working Pressure
- Chamber 내의 Flow Conductance
- Gas Injector의 Radial Uniformity의 Controllability

Design Rule에 의해 초래되는 대표적인 상호 모순은 다음과 같다.

(1) Pattern 미세화로 인한 저작업압력의 필요성과 이로 인한 고주파 방전에 따른 부정적 Standing Wave Effect 증가.
Standing Wave Effect를 줄이기 위한 저주파 방전.

(2) Discharge Architecture 유지를 위한 전극간 Gap 유지.
Flow Conductance 증가를 위한 전극간 Gap 증가.

대표적인 연구 Item은 다음과 같다.

(1) Wave Effect
- Multi-Frequency.
- Study under plasma.
- Wave propagation at sheath.

(2) Uniform Gas Supply & Removal of Reacted Gas.

(3) Adjustment of Surface Charge for Fine Pattern.

450mm Wafer를 사용하는 장비의 개발은 기술적 단절없이 기존 기술의 개선으로 가능할 것으로 판단한다. 300mm Wafer의 경우에 160MHz의 고주파를 이용하는 것도 있다는 것을 고려하면 100MHz의 주파수도 가능하다고 판단하며 작업 Gas의 공급과 반응 후 Gas의 제거 연구가 주파수의 문제점을 무리없이 극복할 것으로 판단한다. Edge 방전 Uniformity 문제는 Wafer 주위의 Focus Ring 설계시 Numerical Simulation과 동시에 제작시 Trial and Error Debugging 방법으로 극복이 가능하다고 판단한다. Wafer 대형화보다 Pattern 미세화가 더욱 어려운 과제라고 판단한다.

4-3 Langmuir Probe

Characteristic Line

그림 4.20(a)와 같이 Plasma에 Probe를 삽입하면 Sheath가 Probe 주위에 형성된다. Bulk Plasma에 영향을 주지 않도록 전류는 작게 유지한다. 따라서 Point A와 Point B의 Voltage Drop은 무시할만하다. 그림 4.20(a)의 Point A에 Floating Potential에 해당하는 전압 ϕ_f를 인가하면 Point B의 전압이 ϕ_f이므로 전류가 흐르지 않는다. 그림

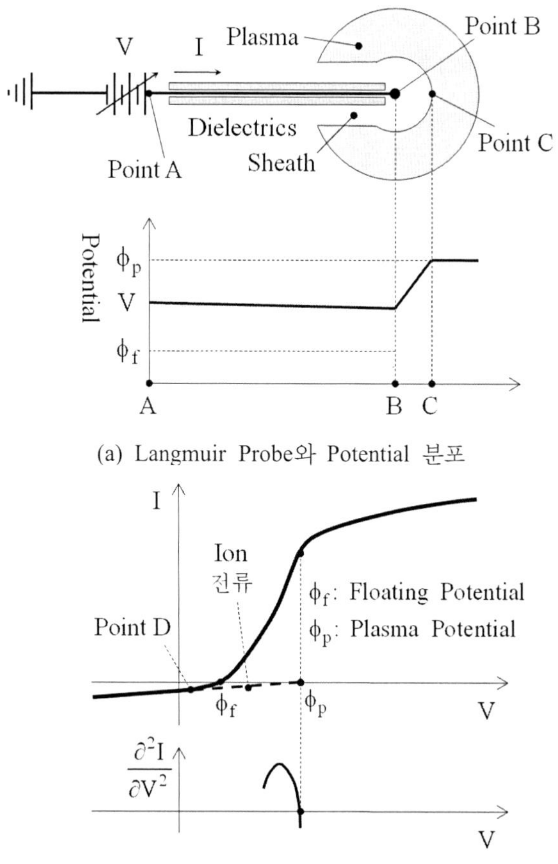

(a) Langmuir Probe와 Potential 분포

(b) I-V Characteristic Line

그림 4.20 Langmuir Probe의 원리도. (a) Langmuir Probe가 Plasma에 삽입되었고 삽입부 주위에 Sheath가 형성되었다. V에 따른 Point A와 Point C 사이의 Potential 분포를 표시했다. (b) 전압을 가변하면서 전류를 측정한 I-V Characteristic Line. ϕ_f는 Floating Potential, ϕ_P 는 Plasma Potential이다.

4.20(a)에서 Point A에 Plasma Potential ϕ_P 까지 전압을 증가시키면 전자가 Point C에서 Point B 방향으로 움직이기 쉽게 되어 전자 전류가 Sheath 이론을 따라 Exponentially 증가한다. Bulk Plasma, Sheath 경계인 Point C에서 Point B로 흐르는 Ion 전류는 작아진다. 따라서 전체 전류는 증가한다.

Point A에 Plasma Potential 이상의 전압을 인가하면 Ion은 전하 운반 수단으로서의 기능을 상실하고 Sheath Mechanism에 의한 전류 운반은 더 이상 유효하지 않다. 그림 4.20(b)에서 $\partial^2 I / \partial V^2$ 가 Zero가 되는 변곡점 V=ϕ_P 를 기점으로 전류 운반 Mechanism이 변하고 전압 상승에 따른 전류의 상승 비율이 작다. Point A에 Floating Potential ϕ_f 이하의 전압을 인가하면 전자가 Bulk Plasma에서 Sheath로 진입할 수 없어 전하 운반 수단으로서의 기능을 상실하고 Ion이 대신한다. 그러나 Bulk Plasma의 높은 온도의 전자가 Sheath로 진입하여 전류를 줄여 준다. Point A의 전압이 점차 낮아짐에 따라 전자 진입이 없어지면서 Sheath의 기능이 정지한다. Ion 전류는 무시되거나 그림 4.20(b)의 파선과 같이 흐른다는 근사치가 많이 사용 된다. 그림 4.20(b)의 Ion 전류 근사치는 Point B에 진입하는 Ion은 Bulk Plasma에서 공급되어야 하고 Ion 전류의 연속성과 Bulk Plasma에서 전기력과 Collision이 평형을 이루는 Ion의 운동방정식에 의한다. 보다 정확한 측정을 위해서는 Ion 운동방정식이 정확히 도입되어야 한다.

Planar Langmuir Probe

본서에서는 Planar Probe에서는 하전입자의 1차원 거동의 Plasma 방정식을 사용한다. 따라서 1차원 해를 만족시키기 위해 Plasma에 노출된 Probe의 면적 A는 커야 한다. A는 삽입된 Probe의 양면적을 취한다. s는 Sheath Thickness이다.

$$A \gg s^2 \tag{4.91}$$

Sheath에 인가되는 전압 V_0가 크면 방정식 (4.24)에 의해 $s \gg \lambda_{De}$ 가 되어 큰 A가 필요하다.

Probe에 Negative Voltage를 인가하여 Ion 전류를 측정한다. 전자 전류가 없고 Sheath 이론이 유효한 그림 4.20(b)의 Point D의 전류는 다음과 같다. 전류의 부호는 그림 4.20(a)를 따른다.

$$\begin{aligned} I &= -I_i \\ &= -en_s u_B A \\ &\quad \text{where } u_B^2 = eT_e / M \end{aligned} \tag{4.92}$$

Ion 전류의 변화가 크지 않기 때문에 Ion 전류 영역의 평균 전류를 이용하기도 한다. I, A는 알기 때문에 T_e를 알면 n_S를 알 수 있다. Plasma 밀도 n_0는 방정식 (4.13)의 Boltzmann Relation을 이용하면 n_S에서 유도할 수 있다. T_e는 전자전류로부터 얻는다. 전자 전류로부터 전자온도를 구한다. 그림 4.20에서 구간 $\phi_f < V < \phi_P$에서 전자 전류는 다음과 같다.

$$I_e = (I + I_i) = I_{e_{sat}} \exp\left(\frac{V - \phi_p}{T_e}\right) \quad (4.93)$$

$$\text{where } \bar{v}_e = \sqrt{\frac{8eT_e}{\pi m}}$$

$$I_{e_{sat}} = \frac{1}{4} e n_s \bar{v}_e A$$

방정식 (4.93)에 자연 Log를 취한다.

$$\ln(I_e / I_{esat}) = (V - \phi_p) / T_e \quad (4.94)$$

$\ln(I_e)$와 V의 1차원 직선의 기울기의 역수가 전자온도 T_e이다. Ion 전류는 작아서 기울기가 작기 때문에 T_e 측정에서 무시되는 경우가 많다. 그러나 정밀 측정에서는 Ion 전류를 고려해야 한다.

Electron Energy Distribution Function (EEDF)을 구한다. 방정식 (4.96)의 v_{min} 이상의 속도를 가진 전자만이 Sheath를 넘는다. V는 Probe에 인가된 전압이다. 전자 전류는 다음과 같다.

$$I_e = eA \int_{-\infty}^{\infty} dv_x \int_{-\infty}^{\infty} dv_y \int_{v_{min}}^{\infty} dv_z v_z f_e(\bar{v}) \quad (4.95)$$

$$\text{where } v_{min} \equiv [2e(\phi_p - V)/m]^{1/2} \quad (4.96)$$

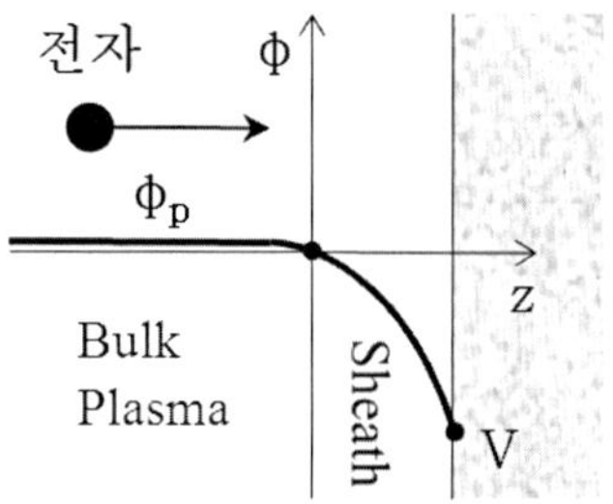

그림 4.21 Langmuir Probe에서 전자가 Sheath를 넘고 있다.

방정식 (4.95)를 Spherical Coordinate로 변환하고 전자 전류를 구한다. θ는 Zenith Angle이다.

$$\begin{aligned}
I_e &= eA\int_{v_{min}}^{\infty} dv \int_0^{\theta_{min}} d\theta \int_0^{2\pi} d\phi (v\cos\theta) v^2 \sin\theta f_e(v) \\
&\quad \text{where } \theta_{min} \equiv \cos^{-1}(v_{min}/v) \\
&= eA\int_{v_{min}}^{\infty} v^3 f_e(v) dv \int_0^{\theta_{min}} \cos\theta \sin\theta d\theta \int_0^{2\pi} d\phi \\
&= 2\pi eA\int_{v_{min}}^{\infty} v^3 f_e(v) dv \int_1^{\cos\theta_{min}} (-t) dt \\
&\quad \text{where } t \equiv \cos\theta \\
&= \pi eA\int_{v_{min}}^{\infty} v^3 (1 - v_{min}^2/v^2) f_e(v) dv
\end{aligned}$$

$$\therefore\ I_e = \frac{2\pi e^3 A}{m^2}\int_{\Phi}^{\infty} d\varepsilon\varepsilon\left[\left(1-\frac{\Phi}{\varepsilon}\right) f_e(v(x))\right] \tag{4.97}$$

$$\text{where } \Phi \equiv \phi_p - V$$

$$\varepsilon \equiv mv^2/2e$$

전자 전류를 2차 미분하여 속도분포함수와 측정할 수 있는 전자 전류의 관계식을 만든다.

$$\frac{dI_e}{d\Phi} = \frac{2\pi e^3 A}{m}\int_{\Phi}^{\infty} d\varepsilon f_e$$

$$\text{참고:}\ \left[\begin{aligned} G &= \int_{x_1}^{x_2} g(x_1, x) dx \\ \frac{\partial G}{\partial x_1} &= \int_{x_1}^{x_2} \frac{\partial g}{\partial x_1} dx - g(x_1, x_1) \end{aligned}\right]$$

$$\frac{d^2 I_e}{d\Phi^2} = \frac{2\pi e^3 A}{m^2} f_e \tag{4.98}$$

방정식 (2.74)를 이용하여 EEDF를 도입한다.

$$g_e(\varepsilon) = 2\pi\left(\frac{2e}{m}\right)^{3/2} \varepsilon^{1/2} f_e[v(\varepsilon)] \tag{4.99}$$

방정식 (4.99)를 방정식 (4.98)에 대입하여 EEDF와 전자 전류의 관계식을 만든다.

$$g_e(\Phi) = \frac{2m}{e^2 A}\left(\frac{2e\Phi}{m}\right)^{1/2} \frac{d^2 I_e}{d\Phi^2} \tag{4.100}$$

전자 전류 I_e를 측정하여 Potential Φ로 2차 미분 후 EEDF를 방정식 (4.100)에서 구한다. EEPF(Electron Energy Probability Function)를 다음과 같이 정의하여 사용하기도 한다.

$$g_p(\varepsilon) \equiv \varepsilon^{-1/2} g_e(\varepsilon) \tag{4.101}$$

Cylindrical Langmuir Probe

Cylindrical Probe를 이용하여 Sheath에서 Collisionless한 Plasma 특성을 측정한다.

하전입자가 Probe를 알아보지 못하도록 Probe의 반지름은 Debye Length λ_{De} 보다 작아야 한다. 방전이 Cylindrical하기 위해 Probe의 길이는 Sheath Thickness 보다 커야 한다. 전자 전류를 구하기 위하여 에너지 보존 방정식, 각 운동 보존 방정식을 이용한다. V는 Probe의 Potential이다.

$$\frac{1}{2}m\left(v_r^2 + v_\theta^2\right) + e\left|\phi_p - V\right| = \frac{1}{2}m\left(v_r'^2 + v_\theta'^2\right) \tag{4.102}$$

$$s v_\theta = a v_\theta' \tag{4.103}$$

방정식 (4.102)와 (4.103)에서 미지의 변수는 v_r'와 v_θ'이다. v_θ'를 제거한다.

$$v_r'^2 = v_r^2 + v_\theta^2 + \frac{2e}{m}\left|\phi_p - V\right| - \frac{s^2}{a^2}v_\theta^2 \tag{4.104}$$

방정식 (4.104)는 좌변, 우변 모두 Zero보다 커야 한다.

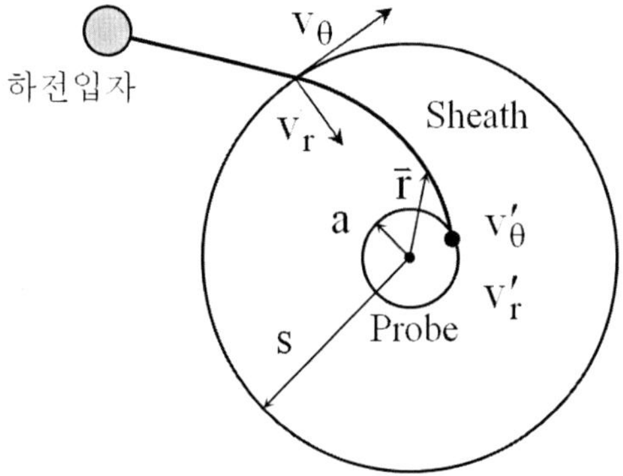

|그림 4.22| 하전입자가 Sheath를 지나서 Probe에 도착하고 있다. s는 Sheath Thickness, a는 Probe 반지름이다.

$$v_{\theta_0} \geq |v_\theta| \tag{4.105}$$

$$\text{where } v_{\theta_0} \equiv \sqrt{\frac{v_r^2 + 2e|\phi_p - V|/m}{s^2/a^2 - 1}} \tag{4.106}$$

방정식 (4.105)를 만족하는 하전입자만이 Probe에 도착한다. 이것을 전류 유도에 반영한다.

$$\begin{aligned} I &= eA(-n_s v_r) \\ &= -eAn_s\langle v_r \rangle \\ &= -(2\pi sd)n_s e\int_{-\infty}^{0} v_r dv_r \int_{-v_{\theta_0}}^{v_{\theta_0}} dv_\theta f(v_r, v_\theta) \end{aligned} \tag{4.107}$$

전자 전류와 Ion 전류를 구별하고 Potential로 미분하여 EEDF를 구하는 이하의 과정은 Planar Probe와 같다.

Double Langmuir Probe

Double Probe는 Single Probe와 달리 구동주파수와 같이 Probe에 영향을 주는 외부 교란 요인을 방지하기 위해 Filter를 사용할 필요가 없는 장점이 있다. 또 다른 장점은 Double Probe에서는 I가 Ion Current를 절대로 넘지 않는다. 이는 측정에 의한 Plasma 교란을 최소화 한다. 단점은 High 에너지 전자만 포집되기 때문에 이 전자는 Bulk Electron을 대표하지 않을 가능성이 크다는 것이다.

그림 4.23의 Probe 2에 Positive 전압이 걸리면 Probe 1에는 Negative 전압이 걸린다. Probe 1에서는 Sheath를 Low 에너지 전자가 통과해 갈 수 없다. 전류 I는 Ion 전류가 흐르는 Probe 1의 상황에 의해 더 많이 통제되기 때문에 Probe 2에서 Low 에너지 전자의 이동을 파악하기 어렵다. Low 에너지 전자에 대한 정보를 Double Probe에서는 알기 힘들어 EEDF를 측정할 수 없다. Plasma Potential 역시 Single Probe의 방법과 같이 구할 수 없다.

그림 4.23(a)에서 보는 바와 같이 Probe가 Floating 되어 있다.

$$(I_{2i} - I_{2e}) + (I_{1i} - I_{1e}) = 0 \tag{4.108}$$

전류의 연속성에 의해서 다음의 관계를 가진다.

$$I = I_{1e} - I_{1i} = I_{2i} - I_{2e} \tag{4.109}$$

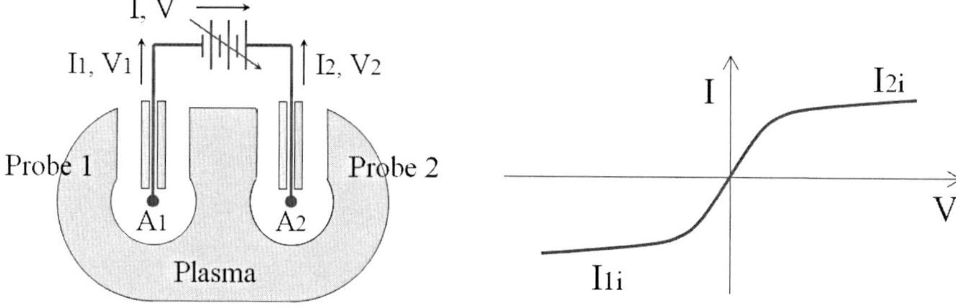

(a) Double Probe 개략도 (b) Double Probe의 Characteristic Line

그림 4.23 Double Probe. I, I_1, I_2, 는 부호 고려, I_{1i}, I_{1e}, I_{2i}, I_{2e}는 절대 값.

Boltzmann Relation에 의해 전자전류는 다음과 같이 근사할 수 있다.

$$I_{1e} = A_1 J_{esat} e^{(V_1 - \phi_p)/T_e} \tag{4.110}$$

$$I_{2e} = A_2 J_{esat} e^{(V_2 - \phi_p)/T_e} \tag{4.111}$$

$V = V_1 - V_2$, $A_1 = A_2$, $I_{1i} = I_{2i} = I_i =$ Constant라고 하면 방정식 (4.109)~(4.111)에서 I-V Characteristic Line을 구할 수 있다.

$$\frac{I + I_{1i}}{I_{2i} - I} = \frac{A_1}{A_2} e^{V/T_e} \tag{4.112}$$

$$I = I_i \tanh(V / T_e) \tag{4.113}$$

$$\text{where } \tanh\theta = \frac{e^{\theta} - e^{-\theta}}{e^{\theta} + e^{-\theta}}$$

측정에 의해 I-V Characteristic Line을 구하면 T_e를 구할 수 있다.

$$\left.\frac{dI}{dV}\right|_{V=0} = \frac{I_i}{T_e} \tag{4.114}$$

$I_i = e n_s v_B$ 에서 I_i와 T_e를 아니까 Bohm Velocity v_B 를 알고 n_S를 구하고 n_0를 구한다.

연.습.문.제

1. Child Sheath의 Sheath Thickness s를 구하시오.

전자 온도= 2eV
Ion 온도= 727°C
Plasma 밀도 $n_e = 10^{10} / cm^3$
Total Electron Scattering Cross Section $= 10^{-16} cm^2$
자장 $B_0 = 100$ Gauss
전자 질량 $m = 9.1 \times 10^{-31} kg$
Ion 질량 $M = 1.67 \times 10^{-27} kg$
Boltzmann 상수 $\kappa = 1.38 \times 10^{-23} J / K$
전자 전하 $e = 1.6 \times 10^{-19} C$
Permittivity $\varepsilon_0 = 8.85 \times 10^{-12} F / m$
Wall Potential = 20 volt

2. 방정식 (4.27)을 유도하시오.

3. Double Langmuir Probe에서는 에너지가 큰 전자만 포획된다. 이유를 설명하시오.

제 5 장

ICP Discharge, Matching

5-1 ICP 방전의 종류

CCP(Capacitively Coupled Plasma) 방전은 전극이 전장을 만들어 에너지를 Plasma에 공급하여 유지되는 방전이고 ICP(Inductively Coupled Plasma) 방전은 시간에 따라 변화하는 자장을 공급하여 Plasma에 기전력(Induced Electro-Magnetance)를 주어 전류를 만들어 유지되는 방전이다. CCP 방전은 E Mode 방전, ICP 방전은 H Mode 방전이라고도 부른다. ICP Source에는 ECR(Electron Cyclotron Resonance), Helicon, Coil을 사용하는 협의의 ICP Source 등이 있으며 협의의 ICP Source는 Cylindrical Coil Type과 Planar Coil Type으로 나눈다. Cylindrical Coil Type은 ICP Source, Planar Coil Type은 TCP(Transformer Coupled Plasma) Source라고 한다. 범의의 ICP Source를 제외한 나머지를 Wave Heating Source로 분류한다. 차후는 ICP는 Cylindrical Coil Type Plasma Source를 뜻한다.

그림 5.1의 ICP Source의 Coil을 Antenna라고 한 것은 Coil의 전기를 Plasma에 에너지를 공급하는 전자기파로 바꾸어 주기 때문이다. ICP 방전의 핵심은 Low Voltage Sheath를 얻는데 있다. 하전입자의 손실이 작아 CCP 방전에 비하여 10배 정도 Plasma 밀도가 크다. 또한 전자의 수명이 길기 때문에 CCP 방전에 비하여 전자 온도가 높다. Plasma Uniformity의 문제 때문에 반도체 공정에서는 TCP가 주로 사용된다. TCP 방전에서 Antenna의 길이를 따라 Potential이 단순 감소 혹은 단순 증가하기 때문에 Antenna의 위치에 따른 Potential 차이에 의해 Plasma 내에 Antenna가 전장과 같은 Capacitive Field을 직접 만든다. Antenna 설계시 Plasma 균일성을 위해 Capacitive Field의 균일성에 유의해야 한다. Antenna와 Wafer 사이의 거리는 대체로 15cm 내외가 선택된다.

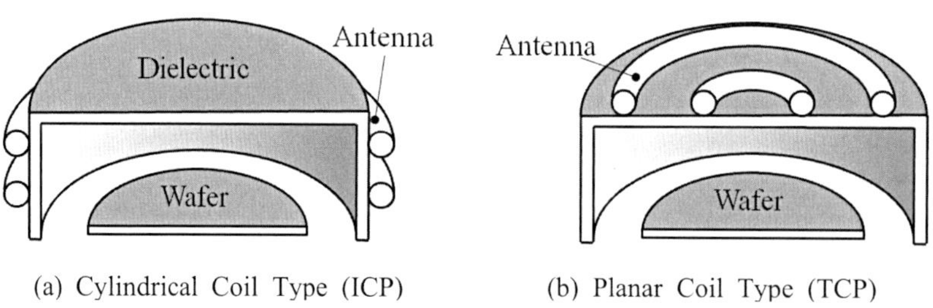

(a) Cylindrical Coil Type (ICP) (b) Planar Coil Type (TCP)

| 그림 5.1 | 반도체 공정에 사용되는 Inductively Coupled Plasma Source.
Antenna에 전기를 흘려 Chamber 내에 유도 전류를 발생시켜 Plasma를 만든다.

5-2 Skin Layer

Skin Depth

전자기장은 초전도체를 통과하지 못한다. 초전도체가 아닌 Plasma를 포함한 일반 전도체에서는 Skin Layer라고 하는 전도체 표면 근처로 전자장이 침투하여 Plasma에 에너지를 공급한다. 전자기장은 도체에 침투하여 표면으로부터 Exponential Function의 형태로 감소한다. 전자기장이 침투한 Plasma 내 영역을 그림 5.2와 같이 Skin Layer라하고 두께를 δ라고 정한다. 전장이 Exponential하게 감소하기 때문에 Skin Depth δ 밖에서도 전장이 존재하지만 Plasma Physics에서 통상 취하는 방식인 전장의 세기가 1/e로 감소한 지점을 Skin Depth δ라고 하고 많은 경우에 Skin Depth δ 밖에서는 전장이 Zero라고 근사한다.

전장이 침투거리에 따라 Exponential하게 감소하는 것을 보인다. 우선 유전상수를 구한다. 주어진 자장은 없고 방정식 (5.1) ~ (5.4)와 같이 전장, 전류가 시간만의 함수이고 시간에 대하여 삼각함수의 형태를 가진다고 가정한다. 전장은 Antenna로부터 Plasma 표면에 평행하게 유도되는 y 방향의 전장만 있다고 가정한다. 일반적인 ICP 방전의 경우 E_y는 10volt/cm 근처의 값을 가진다. J_T는 Total Current이다.

$$E(t) \equiv \widetilde{E}\cos\omega t = \mathrm{Re}[\widetilde{E}e^{i\omega t}] \quad (5.1)$$

$$v(t) \equiv \mathrm{Re}[\widetilde{v}e^{i\omega t}] \quad (5.2)$$

$$J(t) \equiv \mathrm{Re}[\widetilde{J}e^{i\omega t}] \quad (5.3)$$

$$J_T(t) \equiv \mathrm{Re}[\widetilde{J}_T e^{i\omega t}] \quad (5.4)$$

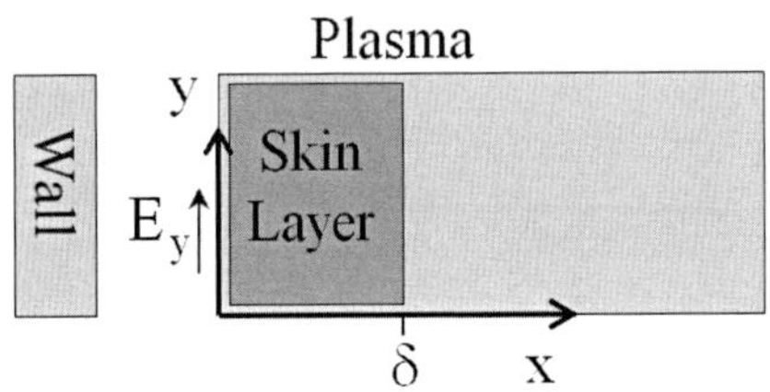

| 그림 5.2 | Plasma의 표면 근처에 Skin Layer가 형성되었다.
Plasma 표면에 Plasma에 유도 전류를 만드는 평행한 y 방향의 전장이 있다고 가정한다. δ는 Skin Depth이다.

전자의 운동방정식을 도입한다.

$$m\frac{dv}{dt} = -eE - m\nu_m v \tag{5.5}$$

$$\tilde{v} = -\left(\frac{e}{m}\right)\frac{\tilde{E}}{i\omega + \nu_m} \tag{5.6}$$

방정식 (5.6)과 전류 정의를 이용하여 Dielectric Constant k_P, Conductivity σ_P를 구한다.

$$J_T = \varepsilon_0 \frac{\partial E}{\partial t} + J \tag{5.7}$$

$$\tilde{J}_T = i\omega\varepsilon_0\tilde{E} - en_0\tilde{v}$$

$$= i\omega\varepsilon_0\left[1 - \frac{\omega_{pe}^2}{\omega(\omega - i\nu_m)}\right]\tilde{E}$$

$$= i\omega\varepsilon_0 k_p \tilde{E} \tag{5.8}$$

$$\text{where } k_p \equiv 1 - \frac{\omega_{pe}^2}{\omega(\omega - i\nu_m)} \tag{5.9}$$

$$= \sigma_p \tilde{E} \tag{5.10}$$

$$\text{where } \sigma_p \equiv i\omega\varepsilon_0 k_p$$

$$= \frac{\varepsilon_0 \omega_{pe}^2}{\nu_m + i\omega} \tag{5.11}$$

그림 5.2의 E_y를 다음과 같이 가정한다.

$$E_y(x,t) \equiv \mathrm{Re}[\tilde{E}_y(x)e^{i\omega t}] \tag{5.12}$$

Faraday 방정식을 이용하여 Skin Layer 내부의 1차원적으로 그림 5.2의 E_y 분포를 구한다.

$$\nabla \times \vec{E} = -\mu_0 \frac{\partial \vec{H}}{\partial t}$$

$$\nabla \times (\nabla \times \vec{E}) = -\mu_0 \frac{\partial}{\partial t}\nabla \times \vec{H}$$

$$\nabla(\nabla \cdot \vec{E}) - \nabla^2 \vec{E} = -\mu_0 \frac{\partial}{\partial t}(i\omega\varepsilon_p \vec{E})$$

$$\frac{d^2\bar{E}}{dx^2} = i\mu_0\varepsilon_0 k_p \omega \frac{\partial \bar{E}}{\partial t}$$
$$= -\mu_0\varepsilon_0 k_p \omega^2 \bar{E}$$

$$\frac{d^2\tilde{E}_y}{dx^2} = -\frac{\omega^2}{c^2} k_p \tilde{E}_y \tag{5.13}$$

where $c^2 = 1/(\mu_0\varepsilon_0)$: 광속도

$$\frac{d\tilde{E}_y}{dx}\frac{d^2\tilde{E}_y}{dx^2} = -\frac{\omega^2}{c^2} k_p \tilde{E}_y \frac{d\tilde{E}_y}{dx}$$
$$\left(\frac{d\tilde{E}_y}{dx}\right) d\left(\frac{d\tilde{E}_y}{dx}\right) = -\frac{\omega^2}{c^2} k_p \tilde{E}_y d\tilde{E}_y$$
$$\frac{1}{2}\left(\frac{d\tilde{E}_y}{dx}\right)^2 = -\frac{\omega^2}{c^2} k_p \frac{\tilde{E}_y^2}{2} + C \tag{5.14}$$

x=∞이면 $\tilde{E}_y = d\tilde{E}_y / dx = 0$ 이므로 방정식 (5.14)에서 적분상수 C는 Zero이다.

$$\frac{d\tilde{E}_y}{dx} = i\frac{\omega}{c}\sqrt{k_p}\tilde{E}_y$$
$$\tilde{E}_y = E_0 e^{i\frac{\omega}{c}\sqrt{k_p}x}$$
$$= E_0 e^{-x/\delta} e^{i(2\pi)x/d} \tag{5.15}$$

$$\text{where } \delta \equiv \frac{c}{\omega}\frac{1}{\mathrm{Im}(k_p^{1/2})} \tag{5.16}$$

$$d \equiv \frac{c}{\omega}\frac{2\pi}{\mathrm{Re}(k_p^{1/2})} \tag{5.17}$$

방정식 (5.15)와 같이 Skin Layer 내부에서 전장은 Exponential하게 감소한다. 방정식 (5.18), (5.19)는 충돌이 적은 경우이고 방정식 (5.20)은 입자 사이의 충돌이 많은 경우의 Skin Depth이다. 대부분의 반도체 공정에서는 입자 사이의 충돌이 적다.

$$\delta_H \approx \frac{c}{\omega_{pe}} \tag{5.18}$$

$$= \left(\frac{m_e}{e^2\mu_0 n_e}\right)^{1/2} \tag{5.19}$$

where $\omega_{pe} >> \omega >> \nu_m$

$$\delta_L \approx \left(\frac{2}{\omega\mu_0\sigma_{dc}}\right)^{1/2} \tag{5.20}$$

$$\text{where } \omega_{pe} >> \nu_m >> \omega$$

$$\sigma_{dc} = e^2 n_e / m_e \nu_m$$

ICP 방전을 이용하여 Silicon에 Trench를 만드는 STI(Shallow Trench Isolation) 공정 조건은 구동주파수 13.56MHz, 압력 15mTorr, Plasma 밀도 $10^{12}\,cm^{-3}$, Antenna-Wafer 간격 15cm 내외로 Skin Depth는 방정식 (5.18)을 이용하여 계산하면 3cm 근처의 값을 가진다. Low Plasma Density에서는 Field가 Plasma를 관통한다.

Stochastic Heating이 지배하는 Skin Layer

Plasma의 표면에 입자 사이의 충돌보다 Stochastic Heating이 지배하는 Skin Layer가 있다. Plasma 표면에 평행한 y 방향의 전장과 z 방향의 자장이 있다고 가정한다. δ_S는 Skin Depth이다.

전장 E_y는 Exponential하게 감소하고 시간에 대하여 삼각함수의 형태를 가진다고 가정한다. ϕ는 위상이다.

$$E_y(x,t) \equiv E_0 e^{-|x|/\delta_s}\cos(\omega t + \phi) \tag{5.21}$$

Skin Layer에서 입자 사이의 충돌없이 Field와 충돌하여 Heating 하는 경우를 고찰한다.

$$\nu_m << \bar{v}_e / 2\delta_s \tag{5.22}$$

그림 5.3에서 x 방향으로 작용하는 힘은 없으므로 전자의 x 방향의 위치는 다음과 같다(v_x는 상수이다).

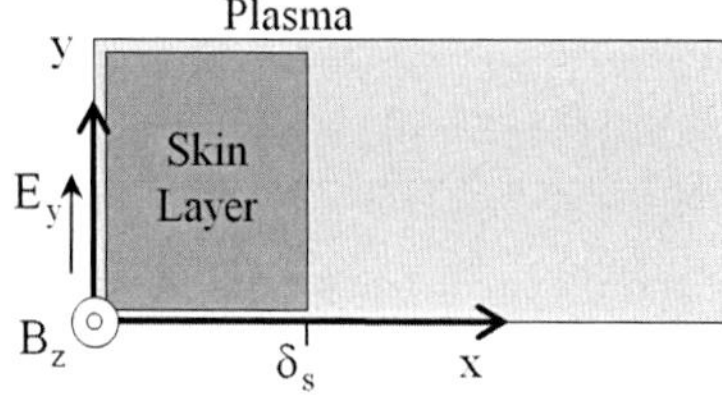

그림 5.3 Stochastic Heating이 지배하는 Skin Layer가 있다. δ_S는 Skin Depth이다.

$$x(t) = v_x t \tag{5.23}$$

방정식 (5.23)을 (5.21)에 대입한다.

$$E_y(t) = \mathrm{Re}\left[E_0 e^{\left(i\omega - v_x/\delta_s\right)t + i\phi}\right] \tag{5.24}$$

전자의 y 방향 속도의 증가분은 다음과 같다.

$$\Delta v_y = -\int_{-\infty}^{\infty} dt \frac{eE_y(t)}{m_e} \tag{5.25}$$

방정식 (5.24)를 (5.25)에 대입한다.

$$\Delta v_y = \frac{2eE_0}{m_e} \frac{v_x}{v_x^2 + \omega^2 \delta_s^2} \cos\phi \tag{5.26}$$

E_y에 의한 1개의 전자 에너지 증가는 다음과 같다.

$$\begin{aligned} \Delta W &= \frac{1}{2} m_e \left\langle \left(\Delta v_y\right)^2 \right\rangle_\phi \\ &= \frac{1}{2} m_e \frac{2eE_0\delta}{m_e} \frac{v_x^2}{\left(v_x^2 + \omega^2 \delta_s^2\right)^2} \end{aligned} \tag{5.27}$$

단위 면적당 Heating Power는 전자의 Flux에 1개 전자의 에너지 증가분을 곱한 것과 같다.

$$\begin{aligned} S_A &= \left(\text{Particle Flux}\right) \times \Delta W(v_x) \\ &= \int_{-\infty}^{\infty} dv_y \int_{-\infty}^{\infty} dv_z \int_0^{\infty} dv_x f_e v_x \Delta W(v_x) \end{aligned} \tag{5.28}$$

속도분포함수를 방정식 (5.29)의 Maxwell 분포로 가정하여 계산한다. n_S는 Sheath Edge의 Plasma 밀도이다.

$$f_e = n_s \left(\frac{m}{2\pi eT}\right)^{3/2} e^{-\frac{m_e}{2}\left(v_x^2 + v_y^2 + v_x^2\right)/eT} \tag{5.29}$$

$$S_A = \int_{-\infty}^{\infty} dv_y \exp\left[-\frac{m_e}{2}v_y^2/eT\right] \times n_s\left(\frac{m_e}{2\pi eT}\right)^{3/2}$$
$$\times \int_{-\infty}^{\infty} dv_z \exp\left[-\frac{m_e}{2}v_z^2/eT\right]$$
$$\times \int_{0}^{\infty} dv_x \exp\left[-\frac{m_e}{2}v_x^2/eT\right]$$
$$\times \frac{v_x^2}{(v_x^2+\omega^2\delta_s^2)^2}\frac{m_e}{4}\left(\frac{2eE_0\delta_s}{m_e}\right)^2$$
$$= \frac{mn_s}{\overline{v}_e}\frac{eE_0\delta_s}{m} I \quad (5.30)$$

$$\text{where } I(\alpha) \equiv \frac{1}{\pi}\int_0^{\infty} d\varsigma e^{-\varsigma}\frac{\varsigma}{(\varsigma+\alpha)} \quad (5.31)$$
$$\alpha \equiv \frac{4\omega^2\delta_s^2}{\pi\overline{v}_e^2} \quad (5.32)$$
$$\overline{v}_e^2 = \frac{8eT}{\pi m}$$

방정식 (5.31)을 정리한다.

$$I = \frac{1}{\pi}\left[e^{\alpha}(1+\alpha)E_1(\alpha) - 1\right] \quad (5.33)$$
$$\text{where } E_1(\alpha) = \int_{\alpha}^{\infty} d\varsigma \frac{e^{-\varsigma}}{\varsigma} \quad (5.34)$$

α가 1보다 매우 크거나 매우 작을 때 Function I(α)는 다음과 같다.

$$I(\alpha) \cong \frac{1}{\pi}\left[\ln(1/\alpha) - 1.58\right] \quad (5.35)$$
$$\text{where } \alpha << 1$$

$$I(\alpha) \cong 1/\pi\alpha^2 \quad (5.36)$$
$$\text{where } \alpha >> 1$$

방정식 (5.30)은 시간에 따라 변하는 전장을 반영한 Collisionless Heating일 경우의 단위 면적당 Heating Power이다. 지금 Field와 입자의 Stochastic Collision Frequency ν_{stoc}를 도입하여 단위 면적당 Heating Power S_{stoc}를 계산한다.

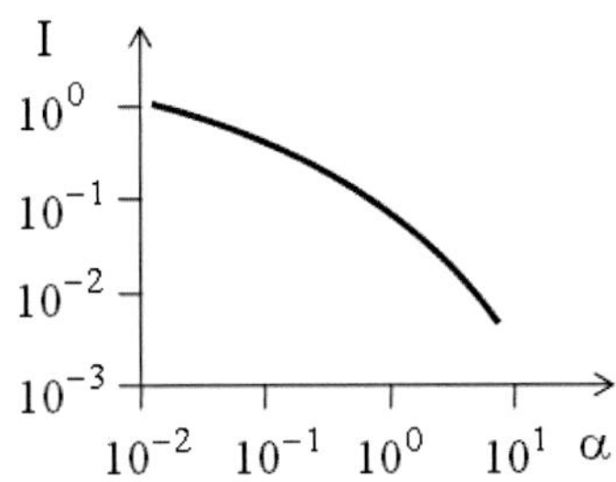

┃그림 5.4┃ 방정식 (5.35) I의 Graph.

$$\begin{aligned}
S_{stoc} &\equiv \sigma_{stoc}E^2 \\
&= \int_0^\infty dx \int_0^\infty dt \frac{\omega}{2\pi}\left(E_0 e^{-x/\delta_s}\cos(\omega t+\phi)\right)^2 \sigma_{stoc} \\
&= \int_0^\infty dx \frac{1}{2}\left(E_0 e^{-x/\delta_s}\right)^2 \sigma_{stoc} \\
&\quad \text{where } \sigma_{stoc} = \frac{n_e e^2}{m_e(\nu_{stoc}+i\omega)}
\end{aligned} \tag{5.37}$$

$$\begin{aligned}
&= \frac{1}{2}\int_0^\infty dx \left(E_0 e^{-x/\delta_s}\right)^2 \frac{n_e e^2}{m_e(\nu_{stoc}+i\omega)} \\
&= \frac{1}{2}\int_0^\infty dx \left(E_0 e^{-x/\delta_s}\right)^2 \frac{n_e e^2(\nu_{stoc}-i\omega)}{m_e(\nu_{stoc}^2+\omega^2)}
\end{aligned} \tag{5.38}$$

방정식 (5.37)은 방정식 (5.11)에서 Collision Frequency를 대치한 것이다. 방정식 (5.38)의 실수부는 다음과 같다.

$$\mathrm{Re}[S_{stoc}] = \frac{1}{4}\frac{n_s e^2 \delta_s}{m}\frac{\nu_{stoc}}{(\nu_{stoc}^2+\omega^2)}E_0^2 \tag{5.39}$$

전장과 입자가 탄성 충돌 한다면 방정식 (5.30)과 (5.39)는 같은 값이다. 이 관계로부터 Skin Depth를 구한다. 구동주파수가 Stochastic Collision Frequency ν_{stoc} 보다 매우 작은 경우는 다음과 같다(α<<1인 경우와 같다).

$$\frac{mn_s}{\overline{v}_e}\left(\frac{eE_0\delta_s}{m}\right)^2 I = \frac{1}{4}\frac{n_s e^2\delta_s}{m}\frac{\nu_{stoc}}{\left(\nu_{stoc}^2+\omega^2\right)}E_0^2$$

$$=\frac{1}{4}\frac{n_s e^2\delta}{m\nu_{stoc}}E_0^2$$

$$\text{where } \omega << \nu_{stoc} \ (= \varepsilon << 1)$$

$$\nu_{stoc} \approx \frac{C_e\overline{v}_e}{\delta_s} \tag{5.40}$$

$$\text{where } C_e \equiv \frac{1}{4I(\alpha)}$$

α가 매우 작으면 $I(\alpha)$~1이다. $\omega >> \nu_{stoc}$ 의 경우(α>>1과 같다)에 방정식 (5.30)과 (5.39)에서 다음의 방정식 (5.41)을 구한다.

$$\frac{mn_s}{\overline{v}_e}\left(\frac{eE_0\delta_s}{m}\right)^2 I = \frac{1}{4}\frac{n_s e^2\delta}{m}\frac{\nu_{stoc}}{\left(\nu_{stoc}^2+\omega^2\right)}E_0^2$$

$$=\frac{1}{4}\frac{n_s e^2\delta_s}{m}\frac{\nu_{stoc}}{\omega^2}E_0^2$$

$$\text{where } \omega >> \nu_{stoc} \ (= \alpha >> 1)$$

$$\nu_{stoc} \approx \frac{4I(\alpha)\omega^2\delta_s}{\overline{v}_e} \tag{5.41}$$

방정식 (5.32), (5.36)을 이용하여 방정식 (5.41)을 정리한다.

$$\nu_{stoc} \approx \frac{\pi}{4}\frac{\overline{v}_e^3}{\delta_s^3\omega^2} \tag{5.42}$$

방정식 (5.9)에서 k_P를 구하고 (5.30), (5.39)에서 Stochastic Collision Frequency ν_{stoc}를 구한 다음 방정식 (5.16)에 대입하면 Stochastic Skin Depth를 구할 수 있다. 구동주파수와 Stochastic Collision Frequency의 비교 결과에 따라 방정식 (5.40), (5.41)을 적용할 수 있다.

$$\delta_s \equiv \frac{c}{\omega}\frac{1}{\mathrm{Im}(k_{p_s}^{1/2})} \tag{5.43}$$

13.56MHz TCP 방전을 이용하는 실제의 반도체 Etch 공정에서는 좁고 깊게 파기 위한 Anisotropy가 중요하여 25mTorr보다 낮은 압력의 공정을 많이 사용한다.

5-3 Power 전달

Plasma에서 소모되는 Power

TCP 방전에서 Joule Heating과 Stochastic Heating에 의해 전자가 에너지를 얻는 경우에 Plasma가 얻는 Power P_{abs}를 계산한다. Skin Layer 내의 전장과 전류는 오직 그림 5.5의 Azimuthal 방향 θ의 성분만을 가지고 z 방향으로 Exponential하게 감소한다고 가정한다. 전장과 입자 사이의 충돌이 균형을 이루는 전자의 운동방정식을 사용한다. 부등식 (5.49)를 만족시킬 만큼 Plasma 밀도가 크다.

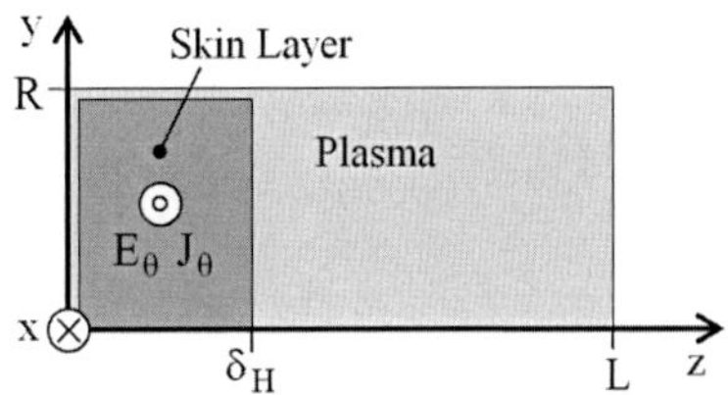

| 그림 5.5 | TCP Plasma의 Skin Layer에서 Joule Heating과 Stochastic Heating에 의하여 Power가 흡수되고 있다. δ_H는 Collisionless Skin Depth, R은 원통형 Plasma의 반경, L은 길이이다.

$$\vec{E}_\theta(z,t) = \vec{E}_\theta(z)e^{i\omega t} = \vec{E}_0 e^{-z/\delta_H} e^{i\omega t} \tag{5.44}$$

$$\vec{J}_\theta(z,t) = \vec{J}_\theta(z)e^{i\omega t} = \vec{J}_0 e^{-z/\delta_H} e^{i\omega t} \tag{5.45}$$

$$\vec{J}_\theta = \sigma_{eff}\vec{E}_\theta \tag{5.46}$$

$$\text{where } \sigma_{eff} = \frac{e^2 n_e}{m_e \nu_{eff}} \tag{5.47}$$

$$\nu_{eff} \equiv \nu_m + \nu_{stoc} \tag{5.48}$$

$$\delta_H << L \tag{5.49}$$

다음 계산에서 *는 복소수의 Complex Conjugate(켤레복소수)를 의미한다.

$$\begin{aligned} &\mathrm{Re}\left[\vec{J}_\theta(z,t)\right]\cdot \mathrm{Re}\left[\vec{E}_\theta(z,t)\right] \\ &= \frac{1}{4}\left[\vec{J}_\theta(z)e^{-i\omega t} + \vec{J}_\theta^*(z)e^{i\omega t}\right]\cdot\left[\vec{E}_\theta(z)e^{-i\omega t} + \vec{E}_\theta^*(z)e^{i\omega t}\right] \\ &= \frac{1}{2}\mathrm{Re}\left[\vec{J}_\theta^*(z)\cdot\vec{E}_\theta(z)\right] + \frac{1}{2}\mathrm{Im}\left[\vec{J}_\theta(z)\cdot\vec{E}_\theta(z)e^{-2i\omega t}\right] \end{aligned} \tag{5.50}$$

방정식 (5.50)을 Time-Averaged 한다.

$$\mathrm{Re}\left[\vec{J}_\theta(z,t)\right]\cdot\mathrm{Re}\left[\vec{E}_\theta(z,t)\right]=\frac{1}{2}\mathrm{Re}\left[\vec{J}_\theta(z)\cdot\vec{E}_\theta(z)^*\right]$$
$$=\vec{J}_0\cdot\vec{E}_0e^{-2z/\delta_H} \qquad (5.51)$$

방정식 (5.51)을 Skin Layer에서 부피 적분하여 흡수된 Power를 구한다.

$$\begin{aligned}P_{abs}&=\int_V \mathrm{Re}\left[\vec{J}_\theta(z,t)\right]\cdot\mathrm{Re}\left[\vec{E}_\theta(z,t)\right]dv\\&=\pi R^2\int_0^L J_0E_0e^{-2z/\delta_H}dz\\&=\pi R^2J_0E_0\frac{\delta_H}{2}\left[1-e^{-2L/\delta_H}\right]\\&\approx\frac{1}{2}\pi R^2J_0E_0\delta_H\\&=\frac{1}{2}\frac{J_0^2}{\sigma_{eff}}\pi R^2\delta_H\end{aligned} \qquad (5.52)$$

Coil의 Inductance

그림 5.6에서 F를 움직이지 않는 Coil을 수직으로 관통하는 자장의 성분에 면적을 곱한 값, Magnetic Flux라고 하고 ϕ를 volt 단위의 기전력이라고 하고 MKS 단위 체계로 맞추면 방정식 (2.47)에서 방정식 (5.53)을 얻는다.

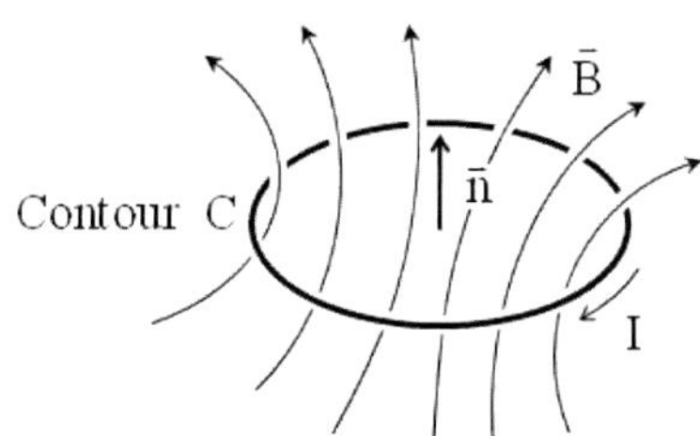

I 그림 5.6 I 면적 A인 Coil에 자장 B가 통과하고 전류 I가 흐른다.

$$\begin{aligned}\phi&=-\oint_C\vec{E}\cdot dL\\&=\frac{dF}{dt}\\&\text{where } F=\int_A\vec{B}\cdot\vec{n}dS\\&\phi \text{ in volt.}\end{aligned} \qquad (5.53)$$

방정식 (5.53)을 Inductance L의 정의에 의해 정리한다. Inductance L은 Coil을 통과하는 Magnetic Flux F의 전류 I에 대한 변화율로 정의한다. Self Inductance라고 부른다.

$$\phi = L\frac{dI}{dt} \tag{5.54}$$
$$\text{where } L \equiv dF/dI$$

Coil의 전류가 생성하는 Magnetic Flux F를 구한다. S는 Coil이 둘러 싼 면적이고 C는 Coil의 적분 Path이다.

$$\begin{aligned} F &= \int_S \vec{B}\cdot\vec{n}dS \\ &= \int_S \left(\nabla\times\vec{A}\right)\cdot\vec{n}dS \\ &= \oint_C \vec{A}\cdot d\vec{C} \end{aligned} \tag{5.55}$$

방정식 (2.33)에서 Vector Potential을 구한다.

$$\begin{aligned} \vec{B}(\vec{x}) &= \frac{\mu}{4\pi}\nabla\times\int\frac{J(x')}{\left|\vec{x}-\vec{x}'\right|}d^3x' \\ \nabla\times\vec{A}(\vec{x}) &= \frac{\mu}{4\pi}\nabla\times\int\frac{J(x')}{\left|\vec{x}-\vec{x}'\right|}d^3x' \\ \vec{A}(\vec{x}) &= \frac{\mu}{4\pi}\int\frac{J(x')}{\left|\vec{x}-\vec{x}'\right|}d^3x' \\ &\equiv \frac{\mu I}{4\pi}\oint_C\frac{d\vec{C}}{r} \end{aligned} \tag{5.56}$$

방정식 (5.56)을 (5.55)에 대입한다. θ는 원통형 좌표에서 완전 Circle인 Coil 방향의 Azimuthal Angle이고 a는 Coil의 반지름이다. Coil에서 A_θ 의 값은 같다.

$$\begin{aligned} F &= 2\pi a A_\theta\Big|_{x=a,\ y=0} \\ &= 2\pi a\frac{\mu I}{4\pi}\int_0^{2\pi}\frac{dC}{r} \\ &= \frac{a\mu I}{2}\int_0^{2\pi}\frac{ad\theta}{\sqrt{(a-a\cdot\cos\theta)^2+a^2\sin^2\theta}} \\ &= \frac{a\mu I}{\sqrt{2}}\int_0^{\pi}\frac{d\theta}{\sqrt{1-\cos\theta}} \\ &= \frac{a\mu I}{2}\int_0^{\pi}\frac{d\theta}{\sin(\theta/2)} \\ &= a\mu I\int_0^{\pi/2}\frac{d\theta}{\sin\theta} \\ &= a\mu I K(1,\pi/2) \end{aligned} \tag{5.57}$$

$$\text{where } K(k,\phi) \equiv \int_0^{\phi}\frac{d\theta}{\sqrt{1-k^2\sin^2\theta}} \tag{5.58}$$

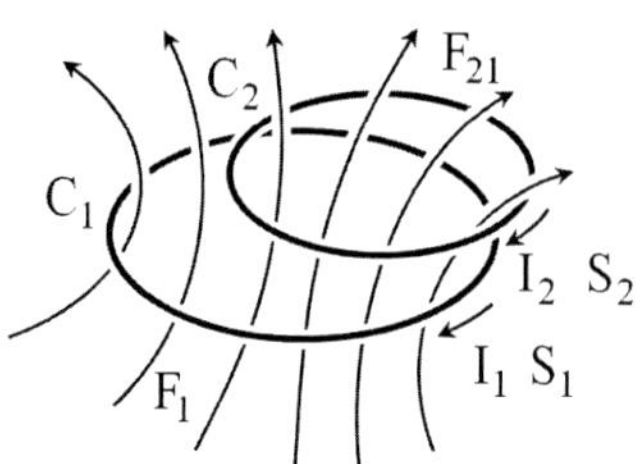

I 그림 5.7 I Coil C_1, C_2가 있고 각 Coil에는 전류 I_1, I_2가 흐른다. F_1, F_2는 각 Coil에 대한 Magnetic Flux이다. Coil C_1, C_2가 둘러 싼 면적은 각각 S_1, S_2이다. 전류 I_1에 의해 C_2에 Magnetic Flux F_{21}이 생겼다.

방정식 (5.58)은 Elliptic Integral이라고 한다. Circle인 Coil의 Self Inductance는 다음과 같다.

$$L = a\mu K(1, \pi/2) \tag{5.59}$$

그림 5.7은 전류가 흐르는 Coil C_1, C_2 간의 상호 영향을 알아보고 Mutual Inductance를 정의한다.

Coil 1의 전류 I_1에 의한 Coil 2의 Magnetic Flux를 F_{21}, 기전력을 ϕ_{21}이라 하고 Mutual Inductance M_{21}를 정의한다.

$$\phi_{21} = \frac{dF_{21}}{dt}$$

$$= M_{21}\frac{dI_1}{dt} \tag{5.60}$$

$$\text{where } M_{21} \equiv \frac{dF_{21}}{dI_1} \tag{5.61}$$

$$= F_{21}/I_1 \tag{5.62}$$

Neumann 공식을 유도하기 위해 전류가 흐르는 Coil C_2의 I_2가 생성하는 자장의 Vector Potential을 구한다.

$$\bar{B}_2(\bar{x}) = \frac{\mu_0}{4\pi}\nabla\times\int\frac{J_2(x')}{|\bar{x}-\bar{x}'|}d^3x'$$

$$\nabla\times\bar{A}_2(\bar{x}) = \frac{\mu_0}{4\pi}\nabla\times\int\frac{J_2(x')}{|\bar{x}-\bar{x}'|}d^3x'$$

$$\bar{A}_2(\bar{x}) = \frac{\mu_0}{4\pi}\int\frac{J_2(x')}{|\bar{x}-\bar{x}'|}d^3x'$$

$$= \frac{\mu_0 I_2}{4\pi}\oint_{C_2}\frac{d\bar{L}_2}{r} \tag{5.63}$$

방정식 (5.63)을 이용하여 Mutual Inductance를 구한다. Coil C_2에 의해 Coil C_1을 통과하는 Magnetic Flux는 다음과 같다. 방정식 (5.65)를 Neumann 공식이라고 한다. L_1, L_2는 Integral Path이다.

$$\begin{aligned} F_{12} &= \int_{S_1} \vec{B}_2 \cdot \vec{n} dS_1 \\ &= \int_{S_1} \left(\nabla \times \vec{A}_2\right) \cdot \vec{n} dS_1 \\ &= \oint_{C_1} \vec{A}_2 \cdot dL_1 \\ &= \oint_{C_1} \left(\frac{\mu_0 I_2}{4\pi} \oint_{C_2} \frac{d\vec{L}_2}{r} \right) \cdot d\vec{L}_1 \\ &= \frac{\mu_0 I_2}{4\pi} \oint_{C_1} \oint_{C_2} \frac{d\vec{L}_2 \cdot d\vec{L}_1}{r} \\ &= M_{12} I_2 \end{aligned} \tag{5.64}$$

$$\text{where } M_{12} \equiv \frac{\mu_0}{4\pi} \oint_{C_1} \oint_{C_2} \frac{d\vec{L}_2 \cdot d\vec{L}_1}{r} \tag{5.65}$$

Neumann 공식에서 첨자 1과 2를 바꾸어도 값이 같다. 다음의 결론을 얻는다.

$$M_{21} = M_{12} \tag{5.66}$$

Mutual Inductance는 두 회로간의 전류에는 관계없이 상대거리, 각 회로의 형태, 회로 주위의 매질에 의하여 결정되는 상수이다. 방정식 (5.66)을 일반화 시킨다. i=j는 Self Inductance를 지칭한다.

$$M_{ij} \equiv \frac{dF_{ij}}{dI_j} = \left.\frac{F_{ij}}{I_j}\right|_{i \neq j} \tag{5.67}$$

N_1과 N_2의 Turn(Coil을 감은 수)을 가지는 2개의 Coil이 있을 때 두 Coil 사이의 Coupling Coefficient(결합계수)를 구한다. Coil 1의 전류 I_1이 만들고 Coil 1을 통과하는 Magnetic Flux를 F_{11} 이라 하고 이웃에 있는 Coil 2에 통과하는 비율을 K_1 이라 한다.

$$F_{21} \equiv K_1 F_{11} \tag{5.68}$$

Self Inductance L_1, L_2, Mutual Inductance M_{21}과 M_{12}는 다음과 같다. M_{12}의 첨자의 의미는 Coil 2에서 자장을 만들어 Coil 1에 영향을 주는 것이다.

$$L_1 = \frac{N_1 F_{11}}{I_1} \quad (5.69)$$

$$L_2 = \frac{N_2 F_{22}}{I_2} \quad (5.70)$$

$$M_{21} = \frac{N_2 K_1 F_{11}}{I_1} = K_1 \frac{N_2}{N_1} L_1 \quad (5.71)$$

$$M_{12} = K_2 \frac{N_1}{N_2} L_2 \quad (5.72)$$

Solenoid Coil에서 Coil 내부의 자장은 μNI/L이다. L은 Coil의 길이이다. 따라서 방정식 (5.69)~(5.72)의 Inductance들은 대체로 N^2에 비례한다. 방정식 (5.66)을 근거로 $M_{21}=M_{12}\equiv M$로 정하고 Coupling Coefficient(결합계수) K를 정의한다.

$$M^2 = M_{21} M_{12} = K_1 K_2 L_1 L_2$$

$$M = \pm K \sqrt{L_1 L_2} \quad (5.73)$$

$$\text{where } K \equiv \sqrt{K_1 K_2} \quad (5.74)$$

K의 값은 최대 1이며 Plasma-Coil의 Coupling Coefficient가 크다는 것은 Coil에서 Power가 효과적으로 Plasma에 전달된다는 것을 의미한다. Coil Turn이 크면 Antenna Inductance가 커지기 때문에 구동 전압이 높아져서 Arcing이 발생할 확률이 커진다. Plasma 공정에서 Power가 커지면 어려운 많은 문제들이 발생하는데 Plasma Chamber 안팎에서 발생하는 Arcing이 그 중의 하나이다.

Plasma의 Impedance

그림 5.5의 TCP Plasma의 Resistance R_P를 구한다. I_P는 Plasma Skin Layer에 흐르는 전류, δ_P는 Skin Depth이다. Collision 정도에 따라 δ_P는 방정식 (5.18), (5.20) 혹은 방정식 (5.43)이 될 수 있다. R은 그림 5.5의 원통 Plasma의 반지름이다. $V=E_\theta 2\pi R$를 이용한다. θ 방향의 전장 E_θ 는 반도체 공정 장비에서 대체로 10volt/cm 내외의 값을 가진다.

$$\begin{aligned} I_p &= J_\theta R \delta_p \\ &= \sigma_{eff} E_\theta R \delta_p \\ &= \sigma_{eff} \frac{V}{2\pi} \delta_p \\ &= \sigma_{eff} \frac{I_p R_p}{2\pi} \delta_p \end{aligned}$$

$$R_p = \frac{2\pi}{\sigma_{eff}\delta_p} \tag{5.75}$$

Plasma의 Inductance를 구한다. Skin Layer 내의 자장은 오직 그림 5.5의 z 방향의 성분만을 가지고 z 방향으로 Exponential하게 감소한다고 가정한다.

$$B_z(r,z,t) = B_0(r)e^{-z/\delta_H}e^{i\omega t} \tag{5.76}$$

방정식 (5.45)의 전류에 대한 가정을 이용하여 구동주파수가 작은 경우의 Magnetic Flux F를 구한다.

$$\begin{aligned} \nabla \times \frac{\bar{B}}{\mu} &\approx \bar{J} \\ -\frac{\partial B_z}{\partial r} &\approx \mu J_\theta \\ B_0(r) &= C - r\mu J_0 \\ &= (R - r)\mu J_0 \end{aligned} \tag{5.77}$$

Plasma 안의 유도 전류에 의해 발생하는 자장이 Plasma 밖에서 Zero라고 가정하여 적분상수 C를 구했다. Magnetic Flux F를 구한다.

$$\begin{aligned} F &= \int_0^R B_0(r)2\pi r dr \\ &= \frac{\pi}{3}R^3\mu J_0 \end{aligned} \tag{5.78}$$

Magnetic Flux와 Plasma Inductance L_P의 정의를 이용하여 Plasma Inductance L_P를 구한다.

$$\begin{aligned} F &= L_p I_p \\ &= L_p J_0 R\delta_p \\ &= \frac{\pi}{3}R^3\mu J_0 \end{aligned}$$

$$L_p = \frac{\pi}{3}\frac{\mu R^2}{\delta_p} \tag{5.79}$$

TCP Antenna에서 전달되는 Power

그림 5.8에서 보는 바와 같이 Plasma Chamber 위에 R_1, R_2의 반지름을 가진 ICP Coil 2개가 있다. 아래 첨자 1은 작은 Coil, 2 는 큰 Coil, 0은 Coil 전체를 포함하고 p는 Plasma를 의미한다. Coil 1, 2는 연결되어 있다.

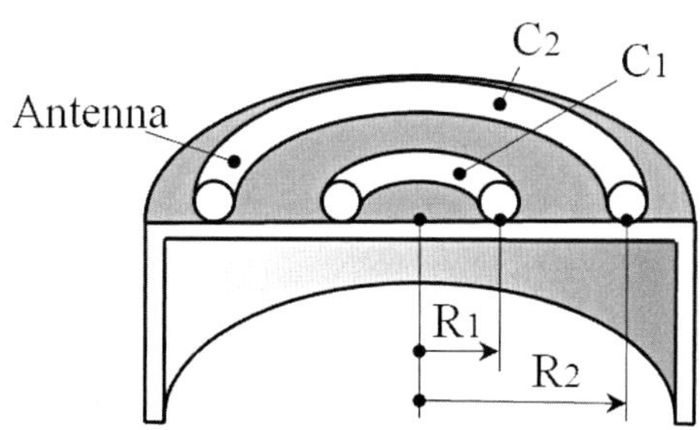

| 그림 5.8 | TCP Source에서 R_1, R_2의 반지름을 가진 Coil C_1, C_2가 있다.

Magnetic Flux를 Coil C_1에서 만들어 Coil C_2를 통과하는 비율 K_1이 1이라고 가정하면 M_{21}, M_{12}는 다음과 같다.

$$\begin{aligned} F_{21} &= K_1 F_{11} \\ &= F_{11} \\ M_{21} &= M_{12} = L_1 = R_1 \mu K(1, \pi/2) \end{aligned} \tag{5.80}$$

방정식 (5.80)을 이용하여 Antenna의 Total Self Inductance L_0를 구한다. Coil C_1, C_2는 연결되어 있다.

$$\begin{aligned} L_0 I_0 &= L_1 I_0 + L_2 I_0 + M_{12} I_0 + M_{21} I_0 \\ L_0 &= 3L_1 + L_2 \\ &= (3R_1 + R_2)\mu K(1, \pi/2) \end{aligned} \tag{5.81}$$

Plasma와 Antenna 사이의 Mutual Inductance M_{P0}는 Antenna에서 만들어진 Magnetic Field가 Plasma에 침투하는 Magnetic Flux F를 계산하여 유도한다. S는 Antenna에 의해 만들어진 자장이 통과하는 Plasma의 표면이다.

$$F_{p0} = \int_S \vec{B} \cdot \vec{n} dS \tag{5.82}$$

그림 5.9는 Antenna에서 Plasma로 Power가 전달되는 것을 계산하기 위한 Transformer Model이다. R_0의 내부저항과 구동전압 V_0인 Power Source에서 Power가 유도결합을 통해 Inductance L_P, 저항 R_P를 가진 Plasma로 전달된다.

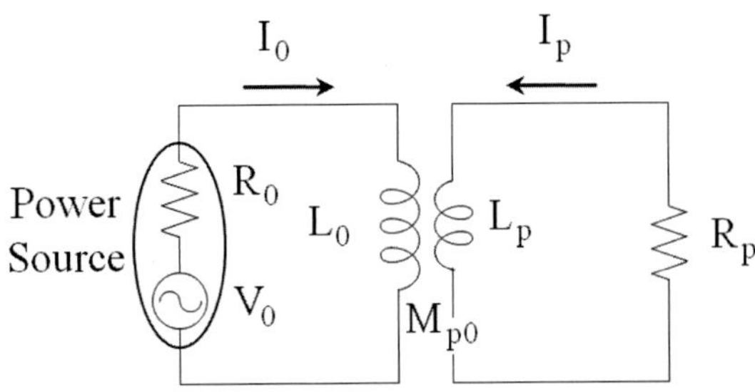

| 그림 5.9 | Power Source에서 방전 Chamber로 Power가 전달되는 Transformer Model. 아래 첨자 1은 작은 Coil, 2는 큰 Coil, 0은 Coil 전체를 포함하고 p는 Plasma를 의미한다.

전류와 Potential이 시간에 대하여 Exponential Function의 형태를 가진다고 가정한다.

$$I_0(t) = \mathrm{Re}[\tilde{I}_0 e^{i\omega t}] \tag{5.83}$$

$$I_p(t) = \mathrm{Re}[\tilde{I}_p e^{i\omega t}] \tag{5.84}$$

$$V_0(t) = \mathrm{Re}[\tilde{V}_0 e^{i\omega t}] \tag{5.85}$$

그림 5.9의 회로에 Kirchhoff의 전압 법칙을 적용한다.

$$\tilde{V}_0 = R_0 \tilde{I}_0 + i\omega L_0 \tilde{I}_0 + i\omega M_{p0} \tilde{I}_p \tag{5.86}$$

$$i\omega M_{p0} \tilde{I}_0 = i\omega L_p \tilde{I}_p + R_p \tilde{I}_p \tag{5.87}$$

방정식 (5.86)과 (5.87)에서 Plasma 전류 $\tilde{I}_0$, $\tilde{I}_p$를 다음과 같이 구한다.

$$\tilde{I}_0 = \tilde{V}_0 / Z \tag{5.88}$$

$$\text{where } Z \equiv R_0 + i\omega L_0 - \frac{\omega^2 M_{p0}^2}{i\omega L_p + R_p}$$

$$\tilde{I}_p = \tilde{V}_0 / Z_p \tag{5.89}$$

$$\text{where } Z_p \equiv (R_0 + i\omega L_0)\frac{i\omega L_p + R_p}{i\omega M_{p0}} + i\omega M_{p0}$$

Power Source에서 Plasma로 흐르는 시간에 대한 평균 Power는 다음과 같다. 첨자 *는 복소수의 Complex Conjugate 의미한다.

$$\overline{P} = \frac{1}{2}\mathrm{Re}[\widetilde{V}_0 \widetilde{I}_0^*] \tag{5.91}$$

공급된 Power에서 Joule Heating에 의해 Plasma에 흡수되는 시간에 대한 평균 Power는 다음과 같다.

$$\overline{P}_{abs} = \frac{1}{2}\left|\widetilde{I}_p\right|^2 R_p \tag{5.92}$$

5-4 Impedance Matching

Matcher의 기능

그림 5.10에 기전력 V_0를 가진 Power Source가 있다. 일반적으로 Power Source는 내부 회로를 보호하기 위하여 R_0의 내부 저항을 가지고 있다. 많이 사용하고 있는 R_0는 50Ω 이다.

그림 5.10의 전류와 전압은 시간변화에 대하여 방정식 (5.83)~(5.85)를 따른다. 소자 a에 전달되어 Joule Heating에 의해 Plasma에 흡수되는 Power는 다음과 같다.

$$\begin{aligned} P_{abs} &= \frac{1}{2}\left|\widetilde{I}\right|^2 x \\ &= \frac{1}{2}\left|\widetilde{V}_0\right|^2 \mathrm{Re}\left[\frac{x}{(x+iy+R_0)^2}\right] \\ &= \frac{1}{2}\left|\widetilde{V}_0\right|^2 \frac{x}{(x+R_0)^2+y^2} \end{aligned} \tag{5.93}$$

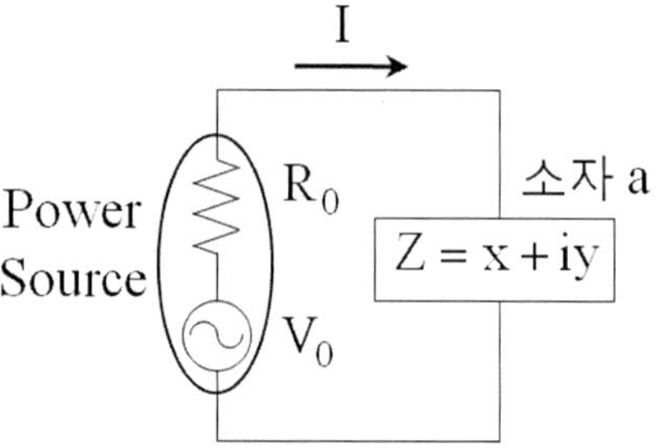

그림 5.10 기전력 V_0, 내부 저항 R_0를 가진 Power Source가 있다. Impedance Z를 가진 소자 a에 최대 Power가 전달되는 조건을 찾으려 한다.

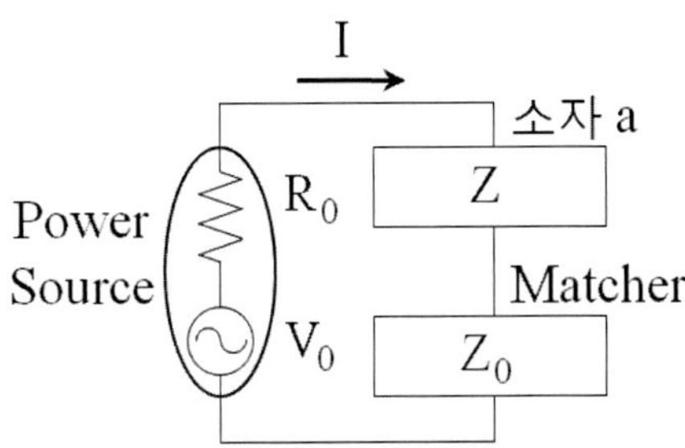

그림 5.11 Impedance Z_0를 가진 Matcher가 자기를 포함한 소자 a의 전체 Impedance를 R_0로 만들기 위해 설치된다.

P_{abs}가 극값을 가지는 x, y를 구한다.

$$\frac{\partial P}{\partial y} = 0 \rightarrow y = 0 \tag{5.94}$$

$$\frac{\partial P}{\partial x} = 0 \rightarrow x = R_0 \tag{5.95}$$

$x = R_0$, $y = 0$일 때 가장 큰 Power가 Plasma에 흡수된다. 그림 5.11의 Matcher는 소자 a와 자기 자신의 Impedance를 합하여 전체 Impedance를 R_0로 만들어 Power를 Power Source에서 전기 장치로 효율적으로 많이 보내는 장치이다. 또한 Plasma로 전원장치로부터 발생된 주파수만을 보낸다는 개념을 포함한다.

에너지 소모가 없는 Capacitor와 Inductance Coil을 이용하여 Matcher를 만든다. Plasma Chamber에서 전류, 전압을 읽고 Impedance를 계산하고 전기 Motor를 이용하여 가변 Capacitor의 용량을 조절하여 Matching 한다. 2Bit Data로 측정한 Impedance를 변환하고 각 Bit 크기에 해당하는 Capacitor를 배열하고 Switching하여 Matcher의 Impedance를 정하는 전자식 Matcher도 있다.

그림 5.11에서 다음 방정식의 Z는 소자 a의 Impedance, Z_0는 Matcher의 Impedance이다.

$$Z + Z_0 = R_0 \tag{5.96}$$

$$Z_0 = -iy \tag{5.97}$$

Matcher와 Power Source를 합친 Impedance Z_1은 Z의 Complex Conjugate가 된다.

$$\begin{aligned} Z_1 &\equiv Z_0 + R_0 \\ &= Z^* && (5.98) \\ &= x - iy && (5.99) \end{aligned}$$

방정식 (5.96)에 의하면 Matcher에서는 기전력 V_0와 전류 I 사이에는 위상차가 없어야 한다. 그러나 현실에서는 반드시 존재한다. 전류의 위상이 기전력 V_0와 위상의 부호가 같을 경우를 Forward Power, 부호가 다를 경우는 Reflect Power라고 한다. Reflect Power를 가능한 많이 줄여야 하는데 Plasma 장비에서 보통은 전체 Power의 2% 이하로 관리한다.

전송선의 Characteristic Impedance

Plasma 장비 Power의 구동주파수가 커짐에 따라 생기는 현상들이 일반적인 회로 이론에 친숙한 우리의 인식에 일치하지 않는다. Power Source에서 전극에 전압을 인가했을 때, 동시간에 전극에서 전압이 인가되지 않는다. Power Source에서 빛이 출발하여 전극에 도달하는 시간 만큼의 시간 지체가 있은 후에 전압 상승이 생기게 된다. 그림 5.12에서 A point에 길이 L의 전선에 1,000 volt의 Pulse를 주었을 때 B에서 인식하는 것은 L/c(c: 광속도) 시간 후이다.

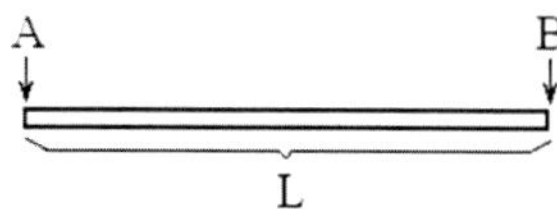

그림 5.12 길이 L의 전선에서 Point A에 1,000volt의 전압을 인가한다.

1GHz의 Sinusoidal Power 인가할 때 이동속도는 광속도이므로 파장은 30cm이다. 만약에 L이 30cm이라면 L 위에는 1000volt에서 -1000volt 까지 다양한 전압이 존재하게 된다. 30cm 전선에 100MHz의 구동주파수를 사용하는 경우 그림 5.13에서 z_0, z_1, z_2 는 시간 t_0, t_1, t_2에서 인가된 전압이 도달한 위치이다. 100MHz일 때의 파장은 300cm이므로 t_2는 10^{-9} sec이다.

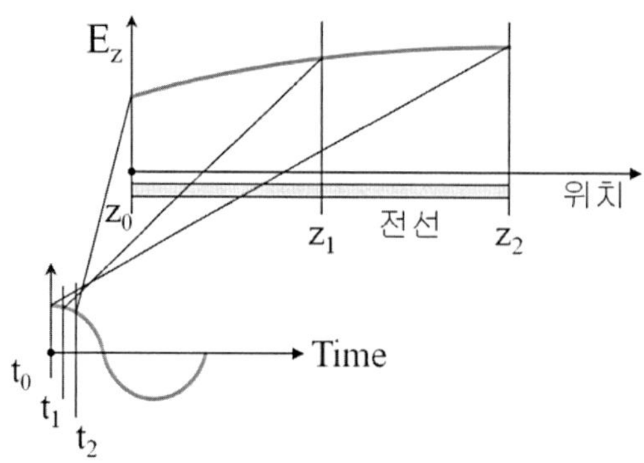

그림 5.13 시간 t_0, t_1, t_2에서 출발한 Wave가 전선의 위치 z_0, z_1, z_2에 도달하고 있다.

위치 z_0와 z_2 에서 E_z의 크기를 비교하면 z_0 에서 E_z의 크기가 z_2 에서 cos(36°) = 81%이다. 전자장이 동시가 아닌 광속도로 움직인 다음 인가된다는 사실이 100MHz의 구동주파수, 지름 45cm 이상의 Wafer를 사용하는 경우에 무시할 수 없는 Uniformity 문제를 초래한다. Sinusoidal 인가는 $V=V_0\cos(2\pi ft+\phi_0)$의 형태로 A에서 전압을 인가하는 것을 말한다. f는 구동주파수, t는 시간, ϕ_0는 위상이다.

그림 5.14에서 R은 전선의 단위 길이당 저항이고 L은 단위 길이당 Inductance, C는 단위 길이당 Shunt Capacitance, G는 단위 길이당 Shunt Conductance이다. 대체로 전선의 저항 R과 G는 L과 C에 비하여 작기 때문에 무시하는 경우가 많다.

Kirchhoff의 법칙에 의해 그림 5.14(b) 등가회로에서 다음 방정식을 유도한다.

$$\begin{aligned} v(z,t) = {} & R\Delta z\, i(z,t) \\ & + L\Delta z \frac{\partial i(z,t)}{\partial t} \\ & + v(z+\Delta z,t) \end{aligned} \tag{5.100}$$

$$\begin{aligned} i(z,t) = {} & G\Delta z\, v(z+\Delta z,t) \\ & + C\Delta z \frac{\partial v(z+\Delta z,t)}{\partial t} \\ & + i(z+\Delta z,t) \end{aligned} \tag{5.101}$$

전압 v, 전류 i가 $\exp(i\omega t)$의 함수라고 가정한다.

$$v(z,t) \equiv V(z)e^{i\omega t} \tag{5.102}$$

$$i(z,t) \equiv I(z)e^{i\omega t} \tag{5.103}$$

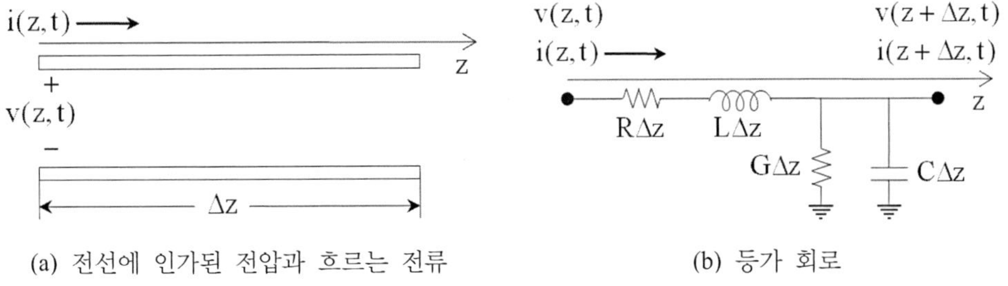

| 그림 5.14 | 두 개의 전선에 (a)와 같이 전압을 인가한다. (b)는 등가회로이다. R은 단위 길이당 저항, L은 단위 길이당 Inductance, C는 단위 길이당 Shunt Capacitance, G는 단위 길이당 Shunt Conductance이다.

방정식 (5.100), (5.101)을 Δz로 나눈다.

$$\frac{dV(z)}{dz} = -(R + i\omega L)I(z) \tag{5.104}$$

$$\frac{dI(z)}{dz} = -(G + i\omega C)V(z) \tag{5.105}$$

V(z), I(z) 방정식을 구한다.

$$\frac{d^2V(z)}{dz^2} - \gamma^2 V(z) = 0 \tag{5.106}$$

$$\frac{d^2I(z)}{dz^2} - \gamma^2 I(z) = 0 \tag{5.107}$$

$$\text{where } \gamma \equiv \sqrt{(R + i\omega L)(G + i\omega C)} \tag{5.108}$$

R과 G가 작다고 가정하여 무시하고 방정식 (5.106), (5.107)에서 v(z,t), i(z,t) 해를 구한다. V_0^+, V_0^-, I_0^+, I_0^-는 우선은 단순한 적분상수이다.

$$v(z,t) = V_0^+ e^{i\omega(t-\sqrt{LC}z)} + V_0^- e^{i\omega(t+\sqrt{LC}z)} \tag{5.109}$$

$$i(z,t) = I_0^+ e^{i\omega(t-\sqrt{LC}z)} + I_0^- e^{i\omega(t+\sqrt{LC}z)} \tag{5.110}$$

방정식 (5.109)와 (5.110)의 우변 첫째 항은 Wave의 z 방향 진행을 의미하고 둘째 항은 -z 방향 진행을 의미한다. 첫째 항의 z 방향 진행의 의미는 z와 시간 t가 커지면서 동일 위상을 유지한다는 것이다. 시간이 지나면서 위상이 z 방향으로 움직인다. 따라서 V_0^+, V_0^-, I_0^+, I_0^-는 z 방향과 -z 방향으로 움직이는 Wave의 양이라고 할 수 있다. 방정식 (5.104), (5.109)에서 Characteristic Impedance Z_0를 정의한다.

$$I(z) = \frac{1}{R_0}\left(V_0^+ e^{-\gamma z} - V_0^- e^{\gamma z}\right) \tag{5.111}$$

$$\text{where } Z_0 \equiv \sqrt{\frac{R + i\omega L}{G + i\omega C}} \tag{5.112}$$

Smith Chart

Resistance 성분이 없는 전송선에 Impedance Z_L을 가진 Load가 연결되었다. Load로 전송된 Power의 일부는 반사된다.

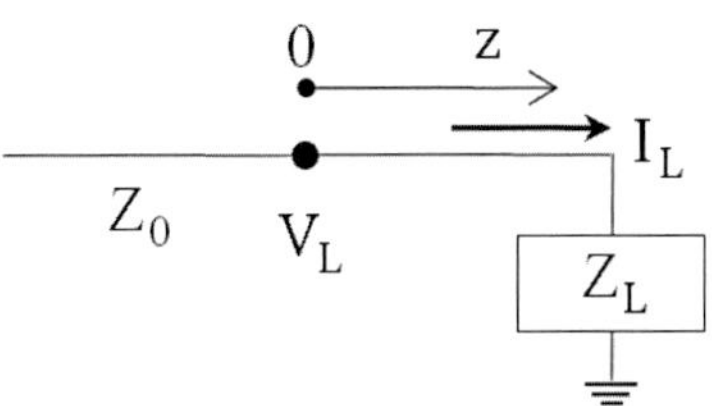

┃그림 5.15┃ Z_0의 Characteristic Impedance를 가진 전송선에 Impedance Z_L을 가진 Load 가 연결되었다.

에너지 손실이 없는 전송선의 경우에 전송선 위의 전압은 방정식 (5.109)와 같고 전류는 방정식 (5.111)에서 구할 수 있다. Load Impedance는 다음과 같다.

$$Z_L = \frac{V(0)}{I(0)} = \frac{V_0^+ + V_0^-}{V_0^+ - V_0^-} Z_0 \tag{5.113}$$

방정식 (5.113)을 이용하여 Voltage Reflection Coefficient를 다음과 같이 정의한다. V_0^- 는 z=0에서 반사파를 의미한다.

$$V_0^- = \frac{Z_L - Z_0}{Z_L + Z_0} V_0^+$$

$$\begin{aligned} \Gamma &\equiv \frac{V_0^-}{V_0^+} \\ &= \frac{Z_L - Z_0}{Z_L + Z_0} \end{aligned} \tag{5.114}$$

진행 방향이 −z 방향의 반사파인 V_0^- 를 최소화 하기 위해서는 $Z_L=Z_0$ 이어야 한다. $\Gamma=0$일 때 Reflect Wave가 없다. 이 경우 'Matching되었다'고 한다. 방정식 (5.99)와 Impedance Imaginary Part와 다른 이유는 원점을 Matcher와 Load 사이로 했기 때문이다. 방정식 (5.109), (5.110)을 Voltage Reflection Coefficient를 이용하여 다음과 같이 정리한다.

$$v(z,t) = V_0^+ \left[e^{i\omega(t-\sqrt{LC}z)} + \Gamma e^{i\omega(t+\sqrt{LC}z)} \right] \tag{5.115}$$

$$i(z,t) = I_0^+ \left[e^{i\omega(t-\sqrt{LC}z)} + \Gamma e^{i\omega(t+\sqrt{LC}z)} \right] \tag{5.116}$$

반사계수를 이용하여 Smith Chart를 만든다. 방정식 (5.114)에서 방정식 (5.118)과 같이 Impedance를 Normalization을 하고 Real Part와 Imaginary Part를 구한다.

$$\Gamma \equiv \frac{Z_L - Z_0}{Z_L + Z_0} = \frac{z_L - 1}{z_L + 1} \tag{5.117}$$

$$\text{where } z_L \equiv Z_L / Z_0 \tag{5.118}$$

$$z_L = \frac{1+\Gamma}{1-\Gamma}$$
$$r_L + ix_L = \frac{(1+\Gamma_r)+i\Gamma_i}{(1+\Gamma_r)+i\Gamma_i} \tag{5.119}$$

$$\text{where } z_L \equiv r_L + ix_L \tag{5.120}$$
$$\Gamma \equiv \Gamma_r + i\Gamma_i \tag{5.121}$$

$$r_L = \frac{1-\Gamma_r^2-\Gamma_i^2}{(1-\Gamma_r)^2+\Gamma_i^2} \tag{5.122}$$

$$x_L = \frac{2\Gamma_i}{(1-\Gamma_r)^2+\Gamma_i^2} \tag{5.123}$$

r_L 및 x_L 값에 따라 Γ_r, Γ_i 좌표로 방정식 (5.124)와 (5.125)를 그림 5.16(a), (b)와 같이 Graph를 그린다.

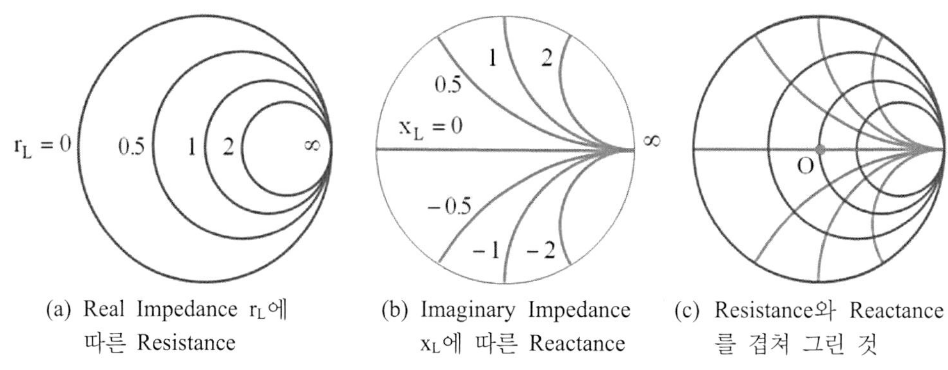

(a) Real Impedance r_L에 따른 Resistance　(b) Imaginary Impedance x_L에 따른 Reactance　(c) Resistance와 Reactance를 겹쳐 그린 것

┃그림 5.16┃ Smith Chart의 Resistance와 Reactance.

Load Impedance를 Resistance와 Reactance를 겹쳐 그린 그림 5.16(c)에 한 점으로 나타낼 수 있다. Matching한다는 것은 Normalized Resistance r_L이 1이 되고 Normalized Reactance x_L이 Zero가 되는 것이므로 Load Impedance가 그림 5.16(c)의 Point O의 값을 가지면 'Matching이 됐다'고 할 수 있다. Smith Chart에서는 Impedance 뿐만 아니라 Admittance를 동시에 그린다. Admittance Y의 정의는 다음과 같다.

$$Y \equiv \frac{1}{Z} \tag{5.126}$$

그림 5.17(a)는 Admittance의 Real Part와 Imaginary Part를 Impedance와 같은 방식으로 Normalization 하여 함께 그린 그림이고 (b)는 Normalized Impedance와 Normalized Admittance를 같이 그린 것이다.

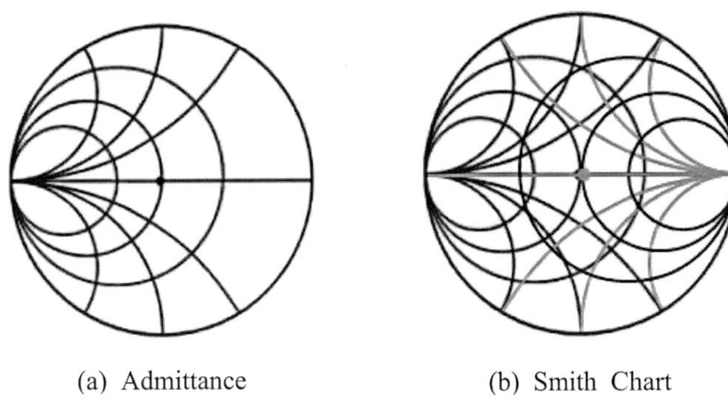

(a) Admittance (b) Smith Chart

┃그림 5.17┃ Smith Chart는 Normalized Impedance와 Normalized Admittance를 같이 그린다.

그림 5.18은 Load가 Matching 상태라고 가정한 후에 Coil과 Capacitor를 추가로 배치하였을 때 Smith Chart 상의 Impedance 궤적을 보여 준다. 그림 5.18(a)는 Coil이 직렬 연결되었을 경우인데 Resistance는 변함이 없고 Reactance 증가한다. Equi-Resistance Line을 따라 Smith Chart 위로 Impedance 위치가 이동한다. 그림 5.18(c)와 같이 Capacitor가 직렬 연결되었을 경우에는 Equi-Resistance Line을 따라 Smith Chart 아래로 Impedance 위치가 이동한다. Plasma의 상태 변화에 따라 Load의 Impedance는 변한다. 전류와 Potential Drop을 측정하면 Load Impedance를 계산할 수 있다. Smith Chart 상의 위치를 파악하고 그림 5.18의 Impedance 궤적을 이용하여 Matcher와 Load를 포함하는 Impedance가 Reaction이 Zero, Resistance는 Characteristic Impedance와 같게 Matcher를 조정하여 Matching 한다.

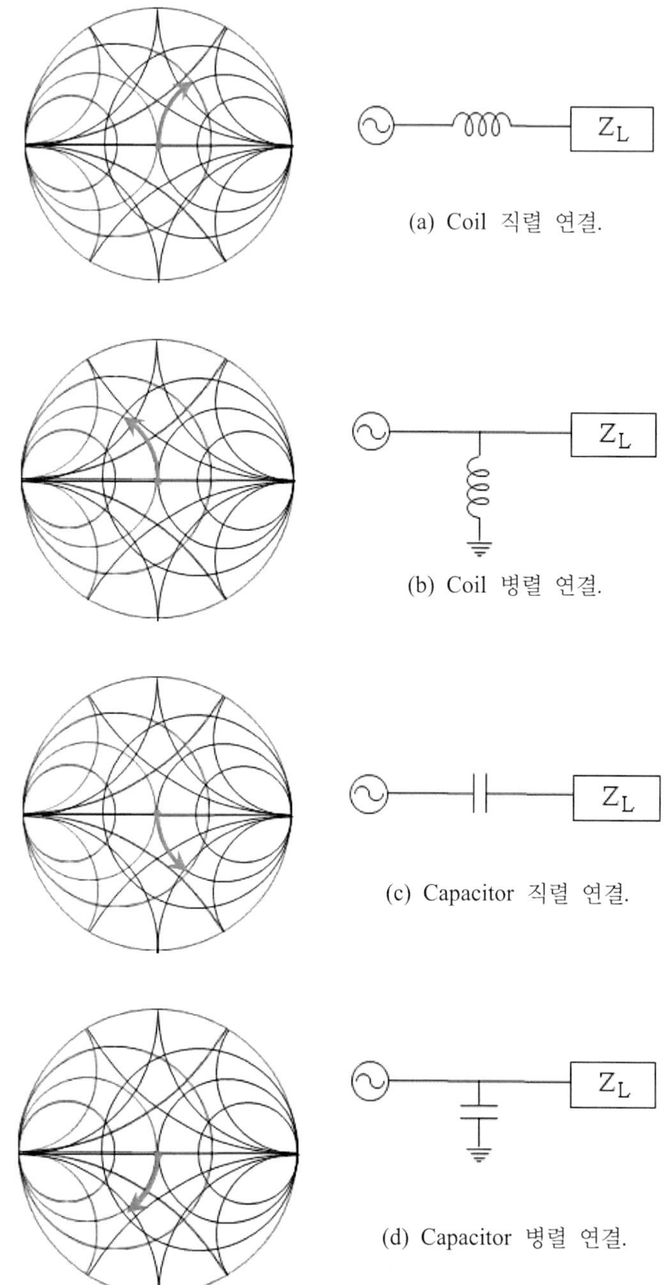

그림 5.18 Coil 및 Capacitor 배치에 따른 Smith Chart 상의 Impedance 궤적.

연.습.문.제

1. Solenoid Coil에서 Coil 내부의 자장은 μNI/L이다. N은 Coil Turn, I는 전류, L은 Coil의 길이이다. Solenoid Coil 내부의 자장을 유도하시오.

2. 그림 5.16에 대응하는 그림 5.17(a)의 Admittance 관계 방정식을 유도하시오.

제 6 장

Wave

6-1 Standing Wave

Standing Wave와 Traveling Wave

좌우 대칭인 그림 6.1(a) 전극의 Point A에 Sinusoidal 전압을 인가하였을 때 Wave는 Point B 방향으로 그림 6.1(b)에서 보는 바와 같이 전도체 표면을 따라 전극 아래 중앙부로 이동한다.

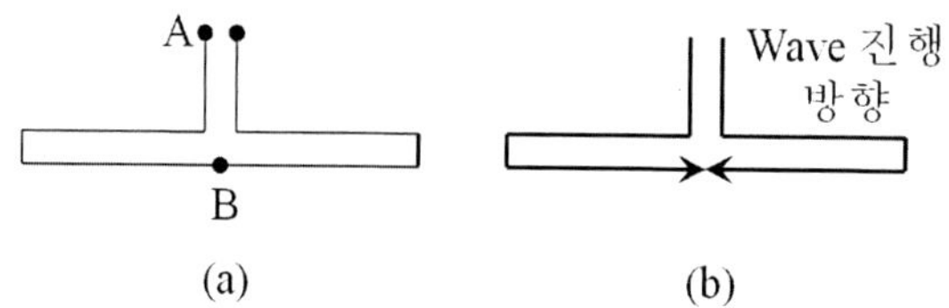

그림 6.1 전극 위에서 Wave가 Point A에서 Point B로 이동.

이 현상은 Axi-Symmetric하기 때문에 Point B에서 Axial E-field는 Radial 방향의 미분 값이 Zero가 되어야 한다. 전극 아래 중앙부에서 시간에 따라 E_z가 가장 크거나 가장 작다.

그림 6.2와 같이 전극 아래에서 시간에 따라 제자리에서 크기가 변하는 Wave가 존재한다. Axial E-field E_z는 E-field에 상수를 곱한 것처럼 단지 크기만 변한다.

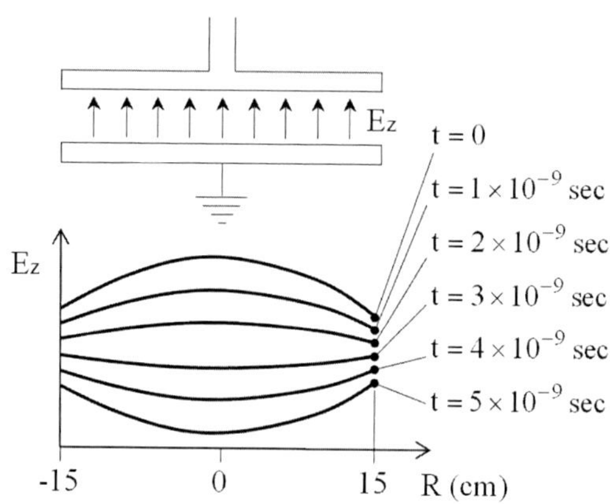

그림 6.2 주파수 100MHz일 경우의 시간에 따른 전극 사이의 Axial E-field의 분포. Wafer 크기는 지름 30cm, Wave Length는 약 300cm이다.

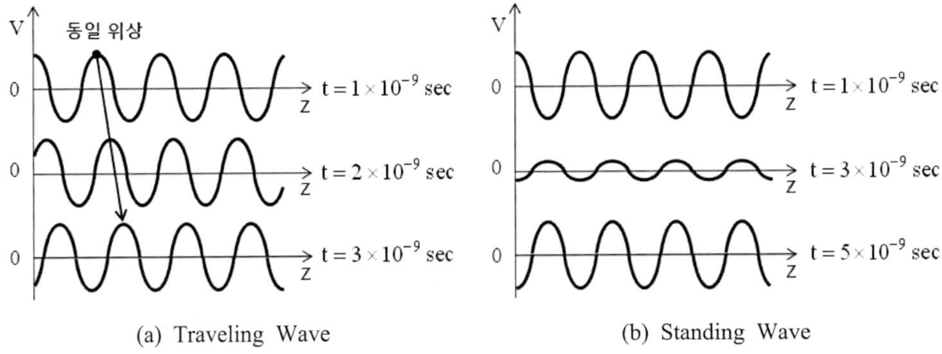

┃그림 6.3┃ Traveling Wave는 위상의 이동이 있다. Standing Wave는 제자리에서 진동한다.

구동주파수가 커짐에 따라 Wave Length가 Wafer Size와 같아지고 그림 6.2와 같은 E-field의 불균일성이 증가하게 된다. 이를 Standing Wave Effect라 한다. Wave가 움직인다고 하는 것은 위상이 움직이는 것을 말한다. 그림 6.3은 Traveling Wave와 Standing Wave의 예이다. Standing Wave에서는 Wave Number가 Zero이다. 위상속도를 결정할 수 없다.

$\cos(\omega t-\kappa z)$ Factor를 가진 Sinusoidal Wave일 경우에 $(\omega t-kz)$가 위상이다. 시간 t가 변할 때 동일 위상을 가진 Wave의 위치는 $\omega t-kz=C$가 되는 z이다. 위상이 시간 t 동안에 z의 거리를 진행했으니까 Phase Velocity $v_\phi=z/t$이다. κ는 Wave Number라고 부르고 역수는 Wave Length이다. Traveling Wave는 Phase Velocity v_ϕ의 속도를 가지고 그림 6.3(a) 같이 이동한다.

$$v_\phi = \frac{z}{t} = \frac{\omega}{\kappa} \tag{6.1}$$

그림 6.1에서 Point B에서 왼편, 오른편으로 진행하는 Amplitude가 같은 Wave가 합쳐진다. $\cos(\omega t-\kappa z)$는 오른편으로 진행하는 Wave이고 $\cos(\omega t+\kappa z)$는 왼편으로 진행하는 Wave이다. A는 임의의 상수이다.

$$E = A[\cos(\omega t - \kappa z) + \cos(\omega t + \kappa z)] \tag{6.2}$$

방정식 (6.2)를 정리한다. 방정식 (6.2)는 그림 6.3(b)와 같이 시간에 따라 제자리에서 진동한다.

$$E = 2A\cos(\omega t)\cos(\kappa z) \tag{6.3}$$

Standing Wave Effect

평행한 원판 전극으로 이루어진 CCP 방전에서 Standing Wave Effect로 인한 Plasma Non-uniformity는 Shaped Electrode를 사용하는 것으로 완화할 수 있다. 전장이 큰 곳의 전극간 거리를 크게 하면 된다. 그림 6.4는 보통의 CCP 방전 장치와 Standing Wave Effect를 완화하기 위한 Gaussian Shaped Electrode를 이용한 방전 장치이다. 그림 6.4(b)에서 절연층을 형성하지 않아도 Shaped Electrode 효과는 있다. Gaussian Shaped Electrode라고 한 이유는 전극이 Gauss Function의 형태를 가지기 때문이다.

현상을 Axi-Symmetry이라고 가정한다. Axi-Symmetry일 경우 변수는 B_ϕ, E_r, E_z 3개이고 B_ϕ, E_r, E_z 는 다음과 같이 시간에 따른 변화는 Sinusoidal Function의 형태를 가진다고 가정한다.

$$B_\phi = \hat{B}_\phi(r,z)\cos(\omega t) = \hat{B}_\phi(r,z)\,\mathrm{Re}(e^{i\omega t}) \tag{6.4}$$

$$E_r = \hat{E}_r(r,z)\cos(\omega t) = \hat{E}_r(r,z)\,\mathrm{Re}(e^{i\omega t}) \tag{6.5}$$

$$E_z = \hat{E}_z(r,z)\cos(\omega t) = \hat{E}_z(r,z)\,\mathrm{Re}(e^{i\omega t}) \tag{6.6}$$

Ampere 방정식과 Faraday 방정식으로부터 다음 방정식을 유도한다.

$$\frac{\partial \hat{B}_\phi}{\partial z} = -i\omega\varepsilon_0\mu_0\hat{E}_r \tag{6.7}$$

$$\frac{1}{r}\frac{\partial(r\hat{B}_\phi)}{\partial r} = i\omega\varepsilon_0\mu_0\hat{E}_z \tag{6.8}$$

$$\frac{\partial \hat{E}_r}{\partial z} - \frac{\partial \hat{E}_z}{\partial r} = -i\omega\hat{B}_\phi \tag{6.9}$$

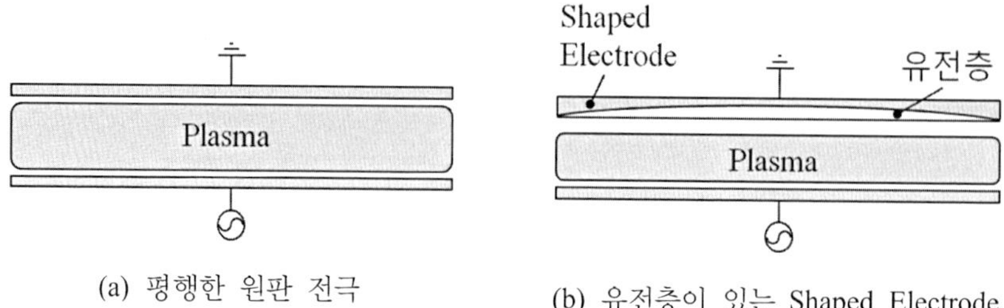

(a) 평행한 원판 전극

(b) 유전층이 있는 Shaped Electrode

| 그림 6.4 | 평행한 원판 전극과 절연층이 있는 Gaussian Shaped Electrode 비교.

방정식 (6.8)을 (6.6)과 (6.7)에 대입하고 Radial 방향의 전장 E_X를 제거하여 E_Z 방정식을 구한다.

$$\frac{1}{r}\frac{\partial}{\partial r}\left(r\frac{\partial \hat{E}_Z}{\partial r}\right)+\frac{\partial^2 \hat{E}_Z}{\partial z^2}+\kappa_0^2\hat{E}_Z=0 \tag{6.10}$$

$$\text{where } \kappa_0=\omega/c$$
$$c=1/\sqrt{\mu_0\varepsilon_0}$$

전장은 전도체 표면에 수직이어야 한다. 전장의 전극 표면에 평행인 성분은 없다. 이를 수학적으로 표시한 전극 표면에서 E-field의 경계 조건은 다음과 같다.

$$\bar{E}\times\hat{n}=0 \tag{6.11}$$

전극이 평행할 경우 B_ϕ 방정식 보다는 E_Z 방정식이 편리하다. 방정식 (6.10)의 해 E_Z는 다음과 같다. 그림 6.5는 Order Zero Bessel Function을 보여 준다.

$$\hat{E}_Z=E_0J_0(\kappa_0 r) \tag{6.12}$$
$$\text{where } J_0=\text{Order Zero Bessel Function.}$$

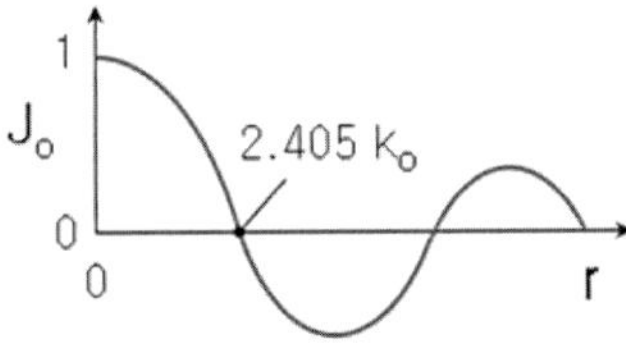

| 그림 6.5 | Order Zero Bessel Function.

주파수에 따른 J_0를 Wafer 반경을 축으로 하여 표시할 경우 그림 6.6과 같다. 구동주파수가 커질수록 Standing Wave Effect에 의해 전장의 Uniformity는 좋지 않다. 반도체공정에서 Pattern이 미세해질수록 입구가 작고 High Aspect Ratio인 Hole을 파기 위해 작업 압력은 작아야 하고 방전을 유지하기 위해 구동주파수는 커져야 한다. LCD 혹은 OLED 공정에서 일반적으로 사용되는 기판은 2.2m×2.5m 이상이다. 주파수 13.56MHz일 경우는 파장이 22.1m, 100MHz일 경우는 파장이 3m이다. 전장의 Wave 특성이 PECVD, Dry Etcher 같은 Display용 Plasma 장비 설계에 반영되어야 한다. Standing Wave Effect는 고해상도 반도체 공정, 450mm Wafer 반도체 공정, Display용 CCP 장비에서 반드시 고려해야 할 문제이다.

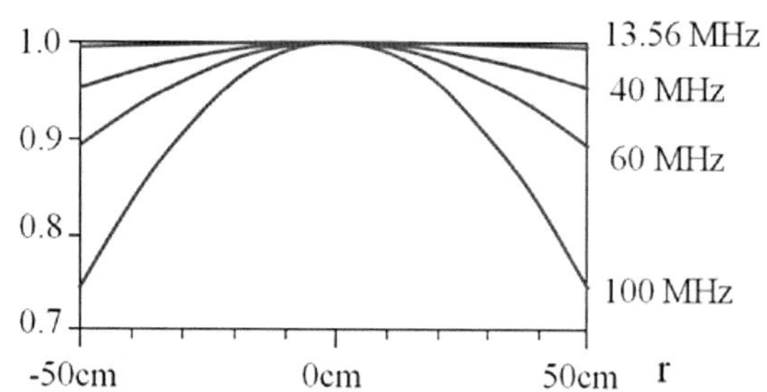

그림 6.6 주파수에 따른 전장 분포. 주파수가 높을 수록 Uniformity는 좋지 않다.

Gaussian Shaped Electrode

Standing Wave Effect로 인한 Radial Non-Uniformity를 없애기 위해서는 전극을 평행하게 하지 않고 전극 사이의 거리를 Radial 거리에 따라 변화를 주는 것이 방법이 될 수 있다. Faraday 방정식, Ampere 방정식에서 Axi-Symmetric하다고 가정하여 다음 방정식을 유도한다.

$$\frac{1}{r}\frac{\partial}{\partial r}\left(r\frac{\partial \hat{B}_\phi}{\partial r}\right) - \frac{\hat{B}_\phi}{r^2} + \frac{\partial^2 \hat{B}_\phi}{\partial z^2} + \kappa_0^2 \hat{B}_\phi = 0 \tag{6.13}$$

$\hat{B}_\phi$의 해를 변수 분리 방법을 이용하여 구한다.

$$\hat{B}_\phi \sim g(r)f(z) \tag{6.14}$$

우선 g(r)을 구한다. 그림 6.7과 같이 전류 밀도 J_{z0}가 Surface A에 Uniform하게 분포하고 있다고 가정하고 Stoke's Theorem을 사용한다.

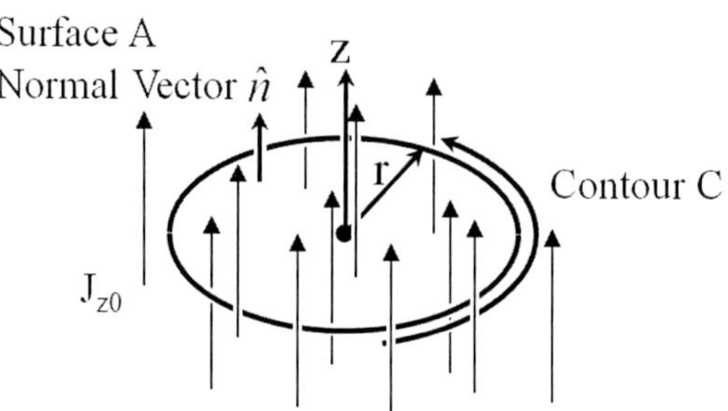

그림 6.7 z 방향으로 전류가 Surface A에 Uniform하게 분포하고 있다. Contour C는 Surface A를 둘러싸는 폐곡선이다.

$$\nabla \times \vec{B} = \mu_0 \vec{J}$$
$$\iint_A (\nabla \times \vec{B}) \cdot \hat{n} dA = \iint_A (\mu_0 \vec{J}) \cdot \hat{n} dA$$
$$\oint \vec{B} \cdot d\vec{C} = \pi r^2 \mu_0 J_{z0}$$
$$\int B_\phi 2\pi dr = \pi r^2 \mu_0 J_{z0}$$
$$B_\phi 2\pi r = \pi r^2 \mu_0 J_{z0}$$
$$B_\phi = r\mu_0 J_{z0} / 2$$
$$B_\phi \sim r$$
$$g(r) \sim r \tag{6.15}$$

B_ϕ는 r에 비례한다는 결론에서 다음과 같은 형태로 B_ϕ가 해를 가진다는 가정을 한다.

$$\hat{B}_\phi = K \cdot r \cdot f(z) \tag{6.16}$$

where K = 임의의 상수

방정식 (6.16)을 (6.13)에 대입한다.

$$\frac{\partial^2 f(z)}{\partial z^2} + \kappa_0^2 f(z) = 0 \tag{6.17}$$

E_z는 r에 관계없다는 가정 하에 f(z)를 구하고 z에 대하여 Even Function을 취하고 임의의 상수 K를 정리한다. Even Function을 취하는 것은 수학 규칙을 깨는 것이 아니다.

$$\hat{B}_\phi(r,z) = i\frac{E_0\kappa_0}{2c} \cdot r \cdot \cos(\kappa_0 z) \tag{6.18}$$
$$\hat{E}_r(r,z) = \frac{E_0\kappa_0}{2} \cdot r \cdot \sin(\kappa_0 z) \tag{6.19}$$
$$\hat{E}_z(r,z) = E_0 \cos(\kappa_0 z) \tag{6.20}$$

$k_0 z = z\omega/c << 1$이기 때문에 $\cos(\kappa_0 z) \approx 1$, $\sin(\kappa_0 z) \approx 0$이므로 $\hat{E}_z \approx E_0 = \text{constant}$이고 $\hat{E}_r \approx 0$이다. 방정식 (6.11)과 같이 전극표면에서는 전극표면의 Tangential Vector와 E-Field는 수직이다. 그림 6.8에 정의된 Tangential Vector $d\vec{r}$과 E-Field의 Dot Product는 Zero이다.

$$d\vec{r} \cdot \vec{E} = 0 \tag{6.21}$$

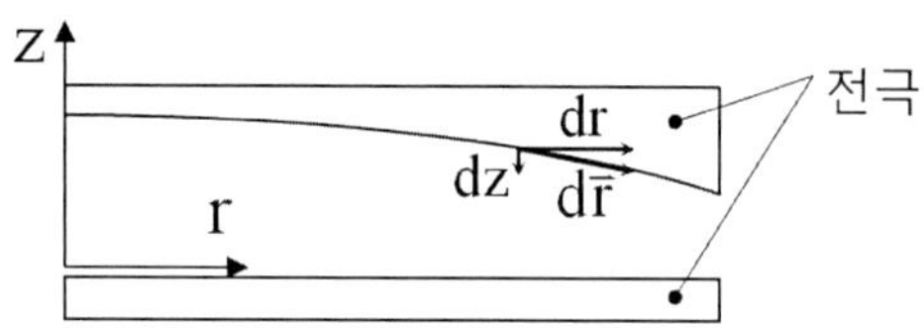

| 그림 6.8 | 전극간 사이를 결정하기 위한 설명도.

그림 6.8에서 $d\bar{r}$은 전극의 표면을 따라가는 Tangential Vector이고 전극표면에서 E-field는 $d\bar{r}$에 수직이다.

전극 사이의 간격은 다음과 같다.

$$dr \cdot E_r + dz \cdot E_z = 0$$

$$\frac{dr}{dz} = -\frac{E_z}{E_r} = -\frac{2}{r\kappa_0 \cot(\kappa_0 z)}$$

$$-\frac{\kappa_0}{2} \cdot r \cdot dr = \cot(\kappa_0 z) \cdot dz$$

$$-\frac{\kappa_0}{4} \cdot r^2 = \frac{1}{\kappa_0} \ln\left|\sin(\kappa_0 z)\right| + C$$

$$\sin(\kappa_0 z) = C \cdot \exp\left(-\frac{\kappa_0^2 r^2}{4}\right)$$

$$\kappa_0 z \approx C \cdot \exp\left(-\frac{\kappa_0^2 r^2}{4}\right) \tag{6.22}$$

a_0를 Center에서 전극 사이 거리라고 하고 적분상수 C를 구한다. 함수의 형태가 Gaussian 함수 형태를 가진다.

$$z \approx a_0 \cdot \exp\left(-k_0^2 r^2 / 4\right) \tag{6.23}$$

방정식 (6.23)은 J_{z0}=constant라는 가정과 Plasma가 없는 상태에서 유도된 것이다. 그림 6.9(a)는 Gaussian Shaped Electrode의 치수이다. 100MHz의 경우 450mm Wafer의 Center와 Edge의 차이는 단지 1.35mm에 불과하다. 그러나 Parallel Electrode에서 Wafer에 공급되는 전장 에너지를 $\varepsilon_0 E^2$에 비례한다고 가정하면 그림 6.9(b)와 같이 Center와 Edge의 공급 에너지 차이가 10%가 넘는다.

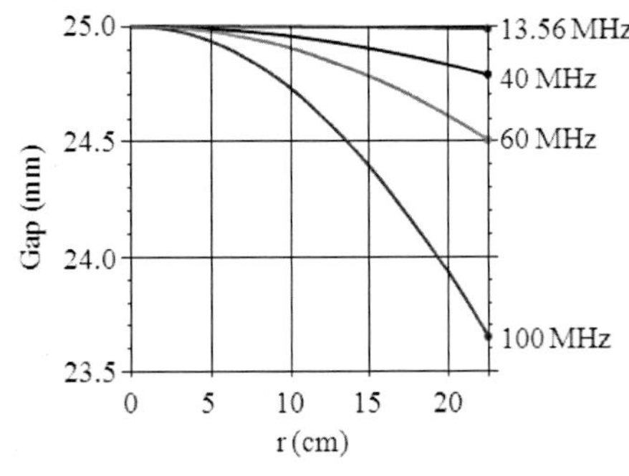

(a) Gaussian Shaped Electrode의 치수

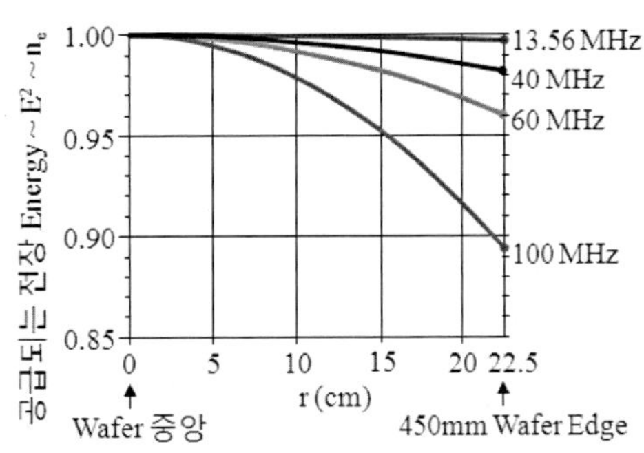

(b) Wafer에 공급되는 전장 에너지

그림 6.9 주파수에 따른 Gaussian Shaped Electrode 사이의 거리와 공급 에너지 비교.

6-2 Wave Guide

기름을 이송시키는 송유관과 같이 Wave를 이송시키는 것이 Wave Guide이다. Wave Guide는 Wave가 통과하지 못하는 재질로 만든다.

전도체의 Skin Layer와 경계 조건

전장과 자장은 초전도체를 통과하지 못한다. 전장은 표면 전하에 의해 차단되고 자장은 표면 전류에 의해 차단된다. $\hat{n}$은 표면에 수직인 Normal Vector이다.

$$\begin{aligned} &\int \varepsilon \nabla \cdot \vec{E} dV = \int \rho dV \\ &\oint \varepsilon \hat{n} \cdot \vec{E}\, dA = 4\sigma_S A \\ &\varepsilon \hat{n} \cdot \vec{E} = \sigma_S \\ &\quad \text{where } \sigma_S = \text{Surface Charge Density} \end{aligned} \tag{6.24}$$

$$\begin{aligned} &\int \nabla \times \vec{B} dV = \mu \int \vec{J} dV \\ &\oint \left(\hat{n} \times \vec{B}\right) dA = \mu \vec{K} A \\ &\hat{n} \times \vec{B} = \mu \vec{K} \\ &\quad \text{where } \vec{K} = \text{Surface Current} \end{aligned} \tag{6.25}$$

초전도체 바로 내부에서 표면과 평행 방향의 전장에 대하여 내부전하가 순식간에 평형을 맞추어 주어서 Equi-Potential이 되어 전장이 Zero가 되는데 초전도체 표면 바로 바깥 쪽에는 Field의 연속성으로 전도체 표면에 평행한 전장 $E_t = 0$이 되어야 한다. 초전도체에서는 자장이 가해지면 방정식 (6.25)의 Surface Current에 의하여 전도체 표면에 평행한 자장 B_t는 차단된다. 전도체 표면에 수직인 자장 B_n를 차단시킬 전류가 없다. 따라서 내부의 자장이 Zero이고 연속성에 의하여 $B_n=0$일 수밖에 없다.

$$\begin{aligned} &E_t = 0 \\ &\hat{n} \times (\vec{E}_t + \vec{E}_n) = 0 \\ &\hat{n} \times \vec{E} = 0 \end{aligned} \tag{6.26}$$

$$\begin{aligned} &B_n = 0 \\ &\hat{n} \cdot (\vec{B}_t + \vec{B}_n) = 0 \\ &\hat{n} \cdot \vec{B} = 0 \end{aligned} \tag{6.27}$$

방정식 (6.26)와 (6.27)의 조건을 이용하여 그림 6.10에 전장과 자장을 표시하였다.

초전도체가 아닌 일반 전도체에서는 전장, 자장이 침투하는 Skin Depth δ의 Skin Layer가 존재한다. 표 6.1은 각종 물질의 Skin Depth이다.

초전도체에서 Conductivity는 무한대이다. $E_t = J/\infty$이므로 전류에 관계 없이 $E_t = 0$이다. 그러나 Finite conductivity를 가지는 일반 전도체의 Skin Layer에서는 $E_t = J/\sigma$이므로 방정식 (6.25)에 포함된 전류 J와 K가 zero가 되어야 한다. $B_t = 0$이다.

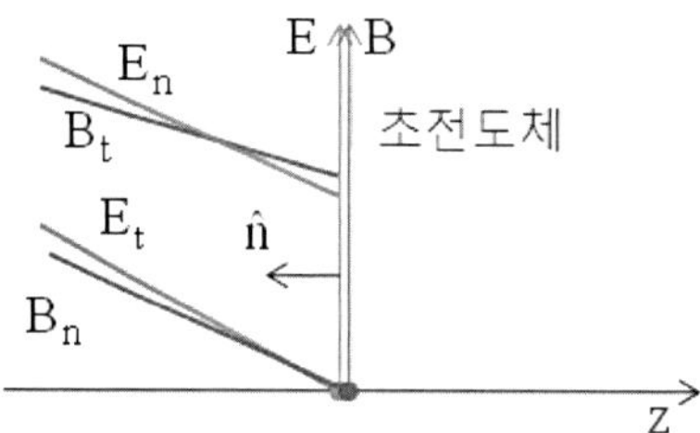

| 그림 6.10 | 초전도체 외부의 Field 분포. 은 표면에 수직인 Normal Vector이다.

| 표 6.1 | Skin Depth(㎛).

주파수	100MHz	1GHz	10GHz
은	6.44	2.04	0.64
동	6.61	2.09	0.66
금	7.86	2.49	0.79
알루미늄	7.96	2.52	0.80

따라서 B_t에 대한 일반 전도체 Skin Layer-Bulk Conductor의 경계조건은 다음과 같다.

$$\hat{n} \times \vec{B} = 0 \tag{6.28}$$

Skin Layer를 가지는 일반 전도체에서 위에 도출된 결론에 의한 전장, 자장의 분포는 그림 6.11과 같다. Graph의 Skin Layer 파선은 추측에 의거했기 때문이다.

일반 전도체 Skin Layer에서 전장, 자장을 구한다. Displacement Current가 작은 경우의 Ampere 방정식을 사용하여 전장을 구한다.

$$\begin{aligned} \nabla \times \vec{B}_S &= \mu \vec{J} \\ &\approx \mu\sigma \vec{E}_S \\ \vec{E}_S &= \frac{1}{\mu\sigma} \nabla \times \vec{B}_S \end{aligned} \tag{6.29}$$

시간에 대한 변화는 exp(-iωt)함수를 따른다고 가정하고 Faraday 방정식에서 Skin Layer의 자장을 구한다.

$$\begin{aligned} \nabla \times \vec{E}_S &= -\frac{\partial}{\partial t}(\vec{B}_S) \\ \vec{B}_S &= -\frac{i}{\omega} \nabla \times \vec{E}_S \end{aligned} \tag{6.30}$$

방정식 (6.29)와 (6.30)을 1차원적인 간단한 수식을 만든다. 우선 Gradient를 1차원 형태로 만든다.

$$\nabla = -\hat{n} \frac{\partial}{\partial z} \tag{6.31}$$

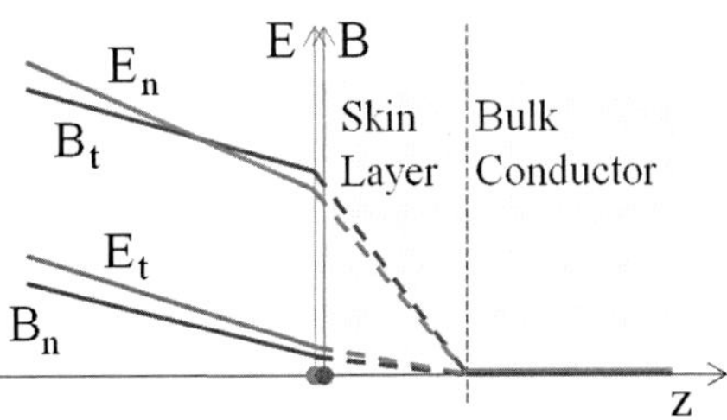

그림 6.11 일반 전도체의 Field 분포. Graph의 Skin Layer 파선은 아직 추측에 의한 부분이다.

방정식 (6.31)을 이용하여 방정식 (6.29)와 (6.30)을 다음과 같이 변형한다.

$$\vec{E}_s = -\frac{1}{\mu\sigma}\hat{n} \times \frac{\partial \vec{B}_s}{\partial z} \tag{6.32}$$

$$\vec{B}_s = \frac{i}{\omega}\hat{n} \times \frac{\partial \vec{E}_s}{\partial z} \tag{6.33}$$

방정식 (6.32)와 (6.33)에서 전장을 제거하고 Skin Depth δ를 정의한다.

$$\hat{n} \times \vec{E}_s \approx -\frac{1}{\mu\sigma}\hat{n} \times \left(\hat{n} \times \frac{\partial \vec{B}_s}{\partial z}\right)$$

$$\hat{n} \times \frac{\partial \vec{E}_s}{\partial z} \approx -\frac{1}{\mu\sigma}\hat{n} \times \left(\hat{n} \times \frac{\partial^2 \vec{B}_s}{\partial z^2}\right)$$

$$\vec{B}_s = -\frac{i}{\omega}\frac{1}{\mu\sigma}\hat{n} \times \left(\hat{n} \times \frac{\partial^2 \vec{B}_s}{\partial z^2}\right)$$

$$\hat{n} \times \vec{B}_s = -\frac{i}{\omega}\frac{1}{\mu\sigma}\hat{n} \times \left[\hat{n} \times \left(\hat{n} \times \frac{\partial^2 \vec{B}_s}{\partial z^2}\right)\right]$$

$$= \frac{i}{\omega}\frac{1}{\mu\sigma}\frac{\partial^2 (\hat{n} \times \vec{B}_s)}{\partial z^2}$$

$$\frac{\partial^2}{\partial z^2}(\hat{n} \times \vec{B}_s) + i\mu\sigma\omega(\hat{n} \times \vec{B}_s) = 0$$

$$\frac{\partial^2}{\partial z^2}(\hat{n} \times \vec{B}_s) + 2i\delta^{-2}(\hat{n} \times \vec{B}_s) = 0 \tag{6.34}$$

$$\text{where } \delta \equiv \sqrt{\frac{2}{\mu\sigma\omega}} \tag{6.35}$$

방정식 (6.27)과 그림 6.11의 Skin Layer에서 Wall과 평행한 자장의 성분 B_t와 수직한 성분 B_n를 비교하면 Skin Layer 내에서는 상대적으로 B_n가 무시할 만큼 작다고 판단 한다. Skin Layer와 공간 사이의 자장의 크기를 B_{t0}라고 하여 방정식 (6.34)의 해를 구한다.

$$\vec{B}_s = \vec{B}_{t0}e^{-z/\delta}e^{iz/\delta} \tag{6.36}$$

방정식 (6.36)을 (6.32)에 대입하여 전장을 구한다.

$$\vec{E}_s = \frac{1}{\mu\sigma}\frac{(1-i)}{\delta}(\hat{n}\times\vec{B}_{t0})e^{-z/\delta}e^{iz/\delta}$$
$$= \sqrt{\frac{\omega}{2\mu\sigma}}(1-i)(\hat{n}\times\vec{B}_{t0})e^{-z/\delta}e^{iz/\delta} \qquad (6.37)$$

방정식 (6.36)과 (6.37)에서 전장, 자장은 위상이 다르고 그림 6.12와 같이 Skin Layer 내에서 Exponential Decay한다는 것을 알 수 있다. 구불구불한 것은 Exponential 함수 지수의 허수 때문이다.

Power 손실을 구한다. Skin Layer 내의 전류는 방정식 (6.37)에서 유도할 수 있다.

$$\vec{J} = \sigma\vec{E}_s$$
$$= \sqrt{\frac{\omega\sigma}{2\mu}}(1-i)(\hat{n}\times\vec{B}_{t0})e^{-z/\delta}e^{iz/\delta} \qquad (6.38)$$

Skin Depth 방정식 (6.35)를 이용하여 표면전류 $\vec{K}$를 구한다.

$$\vec{K} = \int_0^\infty \vec{J}dz$$
$$= \sqrt{\frac{\omega\sigma}{2\mu}}(1-i)(\hat{n}\times\vec{B}_{t0})\int_0^\infty e^{(-1+i)z/\delta}dz$$
$$= \sqrt{\frac{\omega\sigma}{2\mu}}(\hat{n}\times\vec{B}_{t0})\delta$$
$$= \frac{1}{\mu}(\hat{n}\times\vec{B}_{t0}) \qquad (6.39)$$

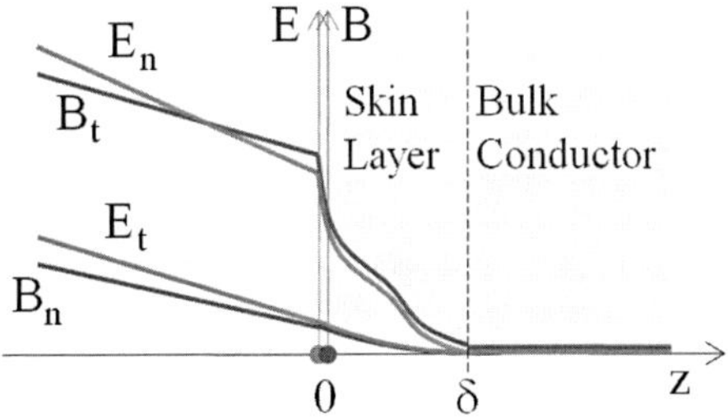

그림 6.12 Normal 전장 $E_\perp$, Tangential 자장 $B_{//}$은 Skin Layer에서 Exponential Decay 한다. Tangential 전장 $E_{//}$, Normal 자장 $B_\perp$도 Exponential Decay한다.

단위 면적 당 Ohmic Loss로 Skin Layer에서 없어지는 Power는 다음과 같다.

$$\begin{aligned}\frac{dP_{Loss}}{dA} &= \int_0^{\infty}\frac{1}{2}\bar{J}\cdot\bar{E}_s^*dz \\ &= \frac{\omega\delta}{4\mu}\left|\bar{B}_{t0}\right|^2\end{aligned} \tag{6.40}$$

방정식 (6.39)를 이용하여 단위 면적 당 Ohmic Loss로 Skin Layer에서 없어지는 Power를 표면전류 $\bar{K}$로 나타낼 수 있다.

$$\begin{aligned}\frac{dP_{Loss}}{dA} &= \frac{\omega\delta}{4\mu}\left|\bar{B}_{n0}\right|^2 \\ &= \frac{1}{2\sigma\delta}\left|\bar{K}\right|^2\end{aligned} \tag{6.41}$$

TEM, TM, TE Wave와 지배방정식

Wave 방정식을 유도한다. 우선 Wave 진행 방향을 z라 하고 그림 6.13과 같이 좌표를 정한다. Wave Guide 표면이 초전도체라고 가정한다. Guide 단면적이 반드시 사각형일 필요는 없다.

전장과 자장이 z 방향과 시간에 대해 다음의 함수형태를 가진다.

$$\bar{E}(x,y,z,t) \equiv \bar{E}(x,y)e^{ikz-i\omega t} \tag{6.42}$$

$$\bar{B}(x,y,z,t) \equiv \bar{B}(x,y)e^{ikz-i\omega t} \tag{6.43}$$

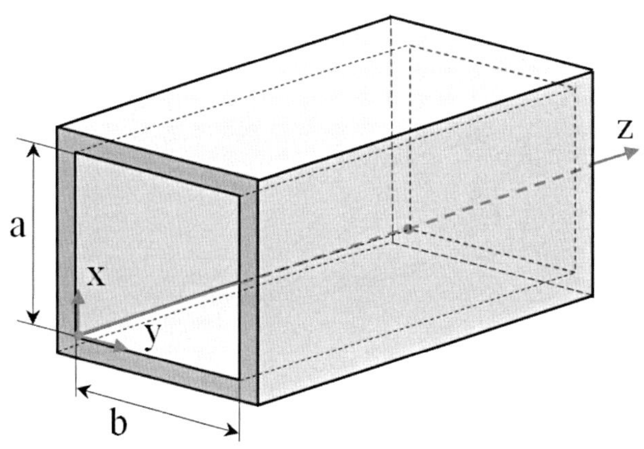

그림 6.13 Wave Guide. 속이 비어 있는 Duct이다. 반드시 사각형 Duct일 필요는 없다. Wave Guide 표면이 초전도체라고 가정한다.

전류와 전하가 없다고 가정하고 Faraday방정식과 Ampere 방정식을 정리한다.

$$\begin{pmatrix} \nabla \times \vec{E}(x,y,z) = i\omega\vec{B}(x,y,z) \\ \nabla \times \vec{B}(x,y,z) = -i\mu\varepsilon\omega\vec{E}(x,y,z) \end{pmatrix} \rightarrow$$

$$\nabla^2\vec{E}(x,y,z) + \mu\varepsilon\omega^2\vec{E}(x,y,z) = 0 \quad (6.44)$$

$$\nabla^2\vec{B}(x,y,z) + \mu\varepsilon\omega^2\vec{B}(x,y,z) = 0 \quad (6.45)$$

방정식 (6.42)과 (6.43)를 방정식 (6.44)과 (6.45)에 대입하여 Wave 방정식을 구한다.

$$\left[\nabla_t^2 + \left(\mu\varepsilon\omega^2 - k^2\right)\right]\begin{pmatrix} \vec{E}(x,y) \\ \vec{B}(x,y) \end{pmatrix} = 0 \quad (6.46)$$

$$\text{where } \nabla_t^2 \equiv \nabla^2 - \partial^2 / \partial z^2 \quad (6.47)$$

TEM(Transverse Electromagnetic) Wave는 전장, 자장이 Wave 진행 방향의 수직인 성분만 있는 Wave이다. z 방향의 전장 및 자장이 Zero이다. TM(Transverse Magnetic) Wave는 Wave 진행방향의 자장 성분이 없는 Wave이고, TE(Transverse Electric) Wave는 Wave 진행방향의 전장 성분이 없는 Wave이다. 전장을 진행 방향과 진행방향에 Transverse한 성분으로 나눈다. 6장에서 Transverse는 Wave 진행 방향의 수직인 방향으로 정의한다. $\hat{e}_3$는 z 방향의 단위 Vector이다.

$$\vec{E} \equiv \vec{E}_z + \vec{E}_t \quad (6.48)$$

$$\text{where } \vec{E}_z \equiv \hat{e}_3 E_z \quad (6.49)$$

$$\vec{E}_t \equiv (\hat{e}_3 \times \vec{E}) \times \hat{e}_3 \quad (6.50)$$

방정식 (6,42), (6.43)과 방정식 (6.48) ~ (6.50)을 이용하여 Wave 진행방향과 Transverse 방향의 변수로 표현된 Faraday 방정식을 유도한다.

$$\nabla \times \vec{E} = -\partial\vec{B} / \partial t$$

$$\left(\nabla_t + \hat{e}_3 \frac{\partial}{\partial z}\right) \times \left(\vec{E}_t + \vec{E}_z\right) = i\omega(\vec{B}_t + \vec{B}_z)$$

$$\nabla_t \times \vec{E}_t + \nabla_t \times \vec{E}_z + \hat{e}_3 \times \frac{\partial \vec{E}_t}{\partial z} = i\omega(\vec{B}_t + \vec{B}_z) \quad (6.51)$$

방정식 (6.51)에 $\hat{e}_3$ 외적과 내적을 이용하여 Transverse 방향과 Wave 진행방향의 방정식 (6,52), (6.53)을 구한다.

$$\hat{e}_3 \times \text{Eq (6.50)} \rightarrow$$

$$\hat{e}_3 \times \left[\nabla_t \times \vec{E}_z + \nabla_t \times \vec{E}_t + \hat{e}_3 \times \frac{\partial \vec{E}_t}{\partial z} = i\omega(\vec{B}_t + \vec{B}_z) \right]$$

$$\nabla_t E_z - \frac{\partial \vec{E}_t}{\partial z} = i\omega \hat{e}_3 \times \vec{B}_t$$

$$\frac{\partial \vec{E}_t}{\partial z} + i\omega \hat{e}_3 \times \vec{B}_t = \nabla_t E_z \tag{6.52}$$

$$\hat{e}_3 \cdot \text{Eq (6.50)} \rightarrow$$

$$\hat{e}_3 \cdot (\nabla_t \times \vec{E}_t) + \hat{e}_3 \cdot (\nabla_t \times \vec{E}_z) + \hat{e}_3 \cdot \left(\hat{e}_3 \times \frac{\partial \vec{E}_t}{\partial z} \right) = i\omega \hat{e}_3 \cdot (\vec{B}_t + \vec{B}_z)$$

$$\hat{e}_3 \cdot (\nabla_t \times \vec{E}_t) = i\omega B_z \tag{6.53}$$

비슷한 방법으로 Ampere 방정식 (6.54), (6.55)를 유도한다.

$$\frac{\partial \vec{B}_t}{\partial z} - i\mu\varepsilon\omega \hat{e}_3 \times \vec{E}_t = \nabla_t B_z \tag{6.54}$$

$$\hat{e}_3 \cdot (\nabla_t \times \vec{B}_t) = -i\mu\varepsilon\omega E_z \tag{6.55}$$

Gauss 방정식은 다음과 같다.

$$\nabla_t \cdot \vec{E}_t + \frac{\partial E_z}{\partial z} = 0 \tag{6.56}$$

$$\nabla_t \cdot \vec{B}_t + \frac{\partial B_z}{\partial z} = 0 \tag{6.57}$$

TEM (Transverse electromagnetic) Wave는 전장, 자장이 Wave 진행 방향의 수직인 성분만 있는 Wave이다. z 방향의 전장 및 자장이 Zero이다. TEM Wave의 Faraday 방정식과 방정식 (6.56)에서 Gauss 방정식을 구한다.

$$\nabla \times \vec{E} = i\omega \vec{B}$$

$$\nabla_t \times \vec{E}_t = i\omega \vec{B}_z$$

$$\nabla_t \times \vec{E}_{TEM} = 0 \tag{6.58}$$

$$\nabla_t \cdot \vec{E}_{TEM} = 0 \tag{6.59}$$

방정식 (6.58)과 (6.59)는 2차원 Electrostatic이 된다. 방정식 (6.58), (6.59)에 의해 얻어진 Wave 방정식은 방정식 (6.46)과 같아야 하기 때문에 Wave Number k를 구한다.

$$k = \omega\sqrt{\mu\varepsilon}$$
$$\equiv k_0 \quad (6.60)$$

Wave를 전송하는 Wave Guide가 전도체로 이루어졌으므로 Wave Guide 표면의 Potential이 같아서 전장의 경계조건이 Zero이고 TEM Wave 방정식으로 해를 구하면 전장이 Zero이다. TEM Wave는 전도체로 만들어진 Wave Guide 안에서 존재할 수 없다. 방정식 (6.54)에서 TEM (Transverse electromagnetic) Wave의 자장을 구한다. 방정식 (6.62)의 Z를 Wave Impedance라고 한다.

$$\frac{\partial \vec{B}_t}{\partial z} - i\mu\varepsilon\omega\hat{e}_3 \times \vec{E}_t = \nabla_t B_z$$
$$\frac{\partial \vec{B}_{TEM}}{\partial z} = i\mu\varepsilon\omega\hat{e}_3 \times \vec{E}_{TEM}$$
$$\pm ik\vec{B}_{TEM} = i\mu\varepsilon\omega\hat{e}_3 \times \vec{E}_{TEM}$$
$$\pm i\sqrt{\mu\varepsilon}\omega\vec{B}_{TEM} = i\mu\varepsilon\omega\hat{e}_3 \times \vec{E}_{TEM}$$
$$\pm \vec{B}_{TEM} = i\sqrt{\mu\varepsilon}\hat{e}_3 \times \vec{E}_{TEM}$$
$$\pm \vec{H}_{TEM} = i\sqrt{\frac{\varepsilon}{\mu}}\hat{e}_3 \times \vec{E}_{TEM}$$
$$= \frac{i}{Z}\hat{e}_3 \times \vec{E}_{TEM} \quad (6.61)$$

$$\text{where } Z \equiv \sqrt{\mu/\varepsilon} \quad (6.62)$$

일반적인 Wave 방정식 (6.46)의 해를 구하기 위해 경계 조건이 필요하다. 초전도체의 경계조건 방정식 (6.26)에서 Wave Guide 표면 전장의 경계조건을 구한다. 첨자 s는 Wave Guide 표면을 의미한다.

$$\hat{n} \times \vec{E} = 0 \rightarrow E_z\big|_s = 0 \quad (6.63)$$

방정식 (6.27), (6.54)에서 Wave Guide 표면 자장의 경계조건을 구한다.

$$\hat{n} \cdot \vec{B} = 0$$
$$B_t = 0$$
$$\frac{\partial \vec{B}_t}{\partial z} - i\mu\varepsilon\omega\hat{e}_3 \times \vec{E}_t = \nabla_t B_z$$
$$\nabla_t B_z = 0$$
$$\left.\frac{\partial B_z}{\partial n}\right|_s = 0 \quad (6.64)$$

방정식 (6.52)에서 TE Wave의 Transverse Field 사이의 관계와 Wave Impedance를 구한다. $E_Z=0$이다.

$$\frac{\partial \vec{E}_t}{\partial z} + i\omega \hat{e}_3 \times \vec{B}_t = 0$$
$$\pm ik\vec{E}_t = i\omega \hat{e}_3 \times \vec{B}_t$$
$$i\omega \vec{B}_t = \pm ik \hat{e}_3 \times \vec{E}_t$$
$$\vec{H}_t = \pm \frac{k}{\mu\omega} \hat{e}_3 \times \vec{E}_t$$
$$\equiv \pm \frac{1}{Z} \hat{e}_3 \times \vec{E}_t \tag{6.65}$$
$$\text{where } Z \equiv \frac{\mu\omega}{k}$$
$$= \frac{k_0}{k}\sqrt{\frac{\mu}{\varepsilon}} \tag{6.66}$$

방정식 (6.54)에서 TM Wave의 Transverse Field 사이의 관계와 Wave Impedance를 구한다. $B_Z=0$이다.

$$\frac{\partial \vec{B}_t}{\partial z} - i\mu\varepsilon\omega \hat{e}_3 \times \vec{E}_t = 0$$
$$\pm ik\mu\vec{H}_t = i\mu\varepsilon\omega \hat{e}_3 \times \vec{E}_t$$
$$\vec{H}_t = \pm \frac{\varepsilon\omega}{k} \hat{e}_3 \times \vec{E}_t$$
$$= \pm \frac{1}{Z} \hat{e}_3 \times \vec{E}_t \tag{6.67}$$
$$\text{where } Z = \frac{k}{\mu\varepsilon\omega} = \frac{k}{k_0}\sqrt{\frac{\mu}{\varepsilon}} \tag{6.68}$$

방정식 (6.52)와 (6.54)에서 TM Wave의 Transverse Field와 Wave 진행 방향의 Field 사이의 관계를 구한다. $B_Z=0$이다.

$$\frac{\partial \vec{E}_t}{\partial z} + i\omega \hat{e}_3 \times \vec{B}_t = \nabla_t E_Z$$
$$\pm ik\vec{E}_t + i\omega \vec{e}_3 \times \vec{B}_t = \nabla_t E_Z \tag{6.69}$$

$$\begin{aligned}
&\frac{\partial \vec{B}_t}{\partial z} - i\mu\varepsilon\omega\hat{e}_3 \times \vec{E}_t = 0 \\
&\pm ik\vec{B}_t = i\mu\varepsilon\omega\hat{e}_3 \times \vec{E}_t \\
&\mp ik\hat{e}_3 \times \vec{B}_t = i\mu\varepsilon\omega\hat{e}_3 \times \left(\hat{e}_3 \times \vec{E}_t\right) \\
&i\omega\hat{e}_3 \times \vec{B}_t = \mp i\mu\varepsilon\frac{\omega^2}{k}\vec{E}_t
\end{aligned} \tag{6.70}$$

방정식 (6.69)와 (6.70)에서 자장 Term을 제거한다.

$$\begin{aligned}
&\pm ik\vec{E}_t + i\omega\hat{e}_3 \times \vec{B}_t = \nabla_t E_z \\
&\pm ik\vec{E}_t \mp i\mu\varepsilon\frac{\omega^2}{k}\vec{E}_t = \nabla_t E_z \\
&\left(ik - i\mu\varepsilon\frac{\omega^2}{k}\right)\vec{E}_t = \pm\nabla_t E_z \\
&\vec{E}_t = \pm\frac{ik\nabla_t E_z}{\mu\varepsilon\omega^2 - k^2} \\
&\quad\;\; = \pm\frac{ik}{\gamma^2}\nabla_t E_z
\end{aligned}$$

$$\vec{E}_t = \pm\frac{ik}{\gamma^2}\nabla_t\psi \tag{6.71}$$

$$\text{where}\ \ \gamma^2 \equiv \mu\varepsilon\omega^2 - k^2 \tag{6.72}$$

$$\psi \equiv E_z \tag{6.73}$$

방정식 (6.52) (6.54)에서 TE Wave의 Transverse Field와 Wave 진행 방향의 Field 사이의 관계를 구한다. $E_Z=0$이다.

$$\vec{H}_t = \pm\frac{ik}{\gamma^2}\nabla_t\psi \tag{6.74}$$

$$\text{where}\ \ \psi \equiv H_z \tag{6.75}$$

방정식 (6.72)의 정의로 Wave 방정식 (6.46)을 정리한다.

$$(\nabla_t^2 + \gamma^2)\psi = 0 \tag{6.76}$$

방정식 (6.76)의 해를 구하기 위해서는 경계조건이 필요하다. 방정식 (6.63), (6.64)와 방정식 (6.73), (6.75)에서 경계조건을 구한다.

$$\psi\big|_s = 0 \quad \text{for TM Wave} \tag{6.77}$$

$$\frac{\partial\psi}{\partial n}\bigg|_s = 0 \quad \text{for TE Wave} \tag{6.78}$$

방정식 (6.76)의 Eigenvalue γ_λ에 대하여 해당되는 해 ψ_λ가 있다. λ=1, 2, 3,.. 에 해당하는 해를 Mode라고 부른다. λ의 각각의 값에 해당하는 방정식 (6.72)의 Wave Number k는 Eigenvalue γ_λ에 대하여 다음과 같다.

$$k_\lambda^2 = \mu\varepsilon\omega^2 - \gamma_\lambda^2 \tag{6.79}$$

k_λ 를 zero로 만드는 Cutoff Frequency ω_λ 는 다음과 같다. Wave Number k가 Zero가 된다는 것은 방정식 (6.42), (6.43)에서 정의 된 변수들이 Standing Wave가 된다는 것이다.

$$\omega_\lambda \equiv \frac{\gamma_\lambda}{\sqrt{\mu\varepsilon}} \tag{6.80}$$

방정식 (6.80)을 이용하여 방정식 (6.79)를 정리한다.

$$k_\lambda^2 = \mu\varepsilon(\omega^2 - \omega_\lambda^2) \tag{6.81}$$

$\omega > \omega_\lambda$ 일 때 k_λ 는 실수이고 Guide 안에서 전파된다. k_λ 가 허수일 경우에 방정식 (6.41), (6.43)의 Exponential Function의 지수가 Standing Wave의 형태가 되어 Wave가 전파하지 못하는데 이를 Cutoff Mode라고 한다.

Rectangular Wave Guide 해

원형이나 그 밖의 Type에 비교하여 Rectangular Type이 Wave 전송에 손실이 없는 효율적인 Wave Guide이다. a와 b의 변을 가진 그림 6.13의 사각 Wave Guide에서 방정식 (6.76)의 TE Wave 해를 구한다. 방정식 (6.76)을 그림 6.13의 좌표계로 표시한다.

$$\left(\frac{\partial^2}{\partial x^2} + \frac{\partial^2}{\partial y^2} + \gamma^2\right)\psi = 0 \tag{6.82}$$

TE Wave의 경우는 $\psi = B_Z$, $E_Z = 0$이고 경계 조건은 Wall에서 $\partial B_Z / \partial n = 0$이다. ψ를 구하기 위해 변수 분리 방법을 사용한다.

$$\psi \equiv f(x)g(y) \tag{6.83}$$

방정식 (6.83)을 (6.82)에 대입한다.

$$f''g + fg'' + \gamma^2 fg = 0$$

$$\frac{f''}{f} + \frac{g''}{g} + \gamma^2 = 0$$

$$\frac{f''}{f} \equiv -\alpha \tag{6.84}$$

$$\frac{g''}{g} \equiv -\beta \tag{6.85}$$

$$\gamma^2 = \alpha + \beta \tag{6.86}$$

방정식 (6.84)와 (6.85)에 의해 f와 g는 삼각함수이고 경계조건 방정식 (6.78)에서 다음 해를 구한다.

$$\psi_{mn}(x,y) = H_0 \cos\left(\frac{m\pi x}{a}\right)\cos\left(\frac{n\pi y}{b}\right) \tag{6.87}$$

$$\text{where } \gamma_{mn}^2 = \pi^2\left(\frac{m^2}{a^2} + \frac{n^2}{b^2}\right) \tag{6.88}$$

방정식 (6.80)의 Cutoff Frequency는 다음과 같다.

$$\omega_{mn}^2 = \frac{\pi}{\sqrt{\mu\varepsilon}}\left(\frac{m^2}{a^2} + \frac{n^2}{b^2}\right) \tag{6.89}$$

a>b이면 m=1, n=0일 때 Cutoff Frequency가 제일 작다.

$$\omega_{1,0} = \frac{\pi}{\sqrt{\mu\varepsilon a}} \tag{6.90}$$

TE1,0 Mode의 H_z는 방정식 (6.87)에 의해 다음과 같다.

$$H_z = H_0 \cos\left(\frac{\pi x}{a}\right) e^{ikz - i\omega t} \tag{6.91}$$

방정식 (6.74), (6.75), (6.83)를 이용하여 x, y 방향의 Magnetic Field H_x, H_y를 구한다.

$$\vec{H}_t = \pm \frac{ik}{\gamma^2} \nabla_t H_z$$

$$\begin{aligned} H_x &= \pm \frac{ik}{\gamma^2} \frac{\partial H_z}{\partial x} \\ &= \pm \frac{ik}{\gamma^2} \frac{\pi}{a} \sin\left(\frac{\pi x}{a}\right) e^{ikz - i\omega t} \\ &= \frac{ika}{\pi} \sin\left(\frac{\pi x}{a}\right) e^{ikz - i\omega t} \end{aligned} \tag{6.92}$$

$$\begin{aligned} H_y &= \pm \frac{ik}{\gamma^2} \frac{\partial H_z}{\partial y} \\ &= \frac{ikb}{\pi} \sin\left(\frac{\pi y}{b}\right) e^{ikz - i\omega t} \end{aligned} \tag{6.93}$$

방정식 (6.67), (6.68)을 이용하여 x, y 방향의 전장 E_x, E_y를 구한다.

$$\begin{aligned} H_x &= -\frac{1}{Z} E_y \\ E_y &= i \frac{\omega a \mu}{\pi} H_0 \sin\left(\frac{\pi x}{a}\right) e^{ikz - i\omega t} \end{aligned} \tag{6.94}$$

$$\begin{aligned} H_y &= \frac{1}{Z} E_x \\ E_x &= -i \frac{\omega b \mu}{\pi} H_0 \sin\left(\frac{\pi x}{b}\right) e^{ikz - i\omega t} \end{aligned} \tag{6.95}$$

$TE_{1,0}$ Mode의 Cutoff Frequency ω_{10}는 TE Mode 혹은 TM Mode의 Cutoff Frequency 중에서 가장 작다.

표 6.2 a=2b일 경우의 Cutoff Frequency $\omega_{mn}/\omega_{1,0}$.

m \ n	0	1	2	3
0		2.00	4.00	6.00
1	1.00	2.24	4.13	
2	2.00	2.84	4.48	
3	3.00	3.61	5.00	
4	4.00	4.48	5.66	
5	5.00	5.39		
6	6.00			

Surface Wave

Surface Wave의 Resonance 조건을 구하기 전에 필요한 Plasma Dielectric Constant κ_p를 구한다. 자장이 없고 전자의 속도와 전장이 시간에 대하여 Exponential 함수 형태라고 가정한다.

$$\vec{E}(t) \equiv \tilde{E}\cos\omega t = \mathrm{Re}\,\tilde{E}_x e^{i\omega_c t} \tag{6.96}$$

$$\vec{v}(t) \equiv \tilde{v}\cos\omega t = \mathrm{Re}\,\tilde{v}e^{i\omega_c t} \tag{6.97}$$

$$m\frac{d\vec{v}}{dt} = -e\vec{E} - m\nu_m\vec{v} \tag{6.98}$$

방정식 (6.96), (6.97), (6.98)에서 전장과 속도의 관계식을 구한다.

$$\tilde{v} = -\frac{e}{m}\frac{\tilde{E}}{i\omega + \nu_m} \tag{6.99}$$

방정식 (6.99)를 이용하여 Conduction Current를 구하고 Permittivity, Dielectric Constant를 방정식 (6.100), (6.101)과 같이 구한다.

$$\tilde{J}_{Tx} = i\omega\varepsilon_o\tilde{E}_x - en_o\tilde{u}_x$$

$$= i\omega\varepsilon_o\left[1 - \frac{\omega_{pe}^2}{\omega(\omega - i\nu_m)}\right]$$

$$\varepsilon_p \equiv \varepsilon_o\kappa_p = \varepsilon_o\left[1 - \frac{\omega_{pe}^2}{\omega(\omega - i\nu_m)}\right] \tag{6.100}$$

$$\kappa_p \equiv 1 - \frac{\omega_{pe}^2}{\omega(\omega - i\nu_m)} \tag{6.101}$$

Permittivity 방정식 (6.100)을 이용하여 Ampere 방정식을 나타내면 다음과 같다.

$$\nabla \times \tilde{H} = i\omega\varepsilon_p\tilde{E}_x \tag{6.102}$$

Surface Wave의 Resonance 조건을 구한다.

그림 6.14의 좌표에서 유전층, Plasma 사이의 경계를 따라 x 방향의 성분이 없는 Surface Wave가 진행한다. Wave 진행 방향인 z 방향으로는 z의 Exponential 함수의 형태라고 가정하고 경계에 Normal하게 Field가 Exponential하게 감소한다고 가정한다. α_d, α_P는 유전층, Plasma의 Decay Constant이다.

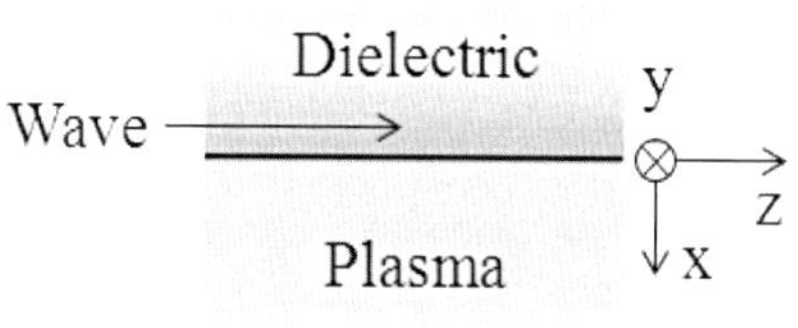

| 그림 6.14 | Wave가 z축을 따라 유전층과 Plasma 사이를 진행하고 있다.

$$\vec{E},\ \vec{H} \sim \hat{E},\ \hat{H} \cdot e^{i\omega t + \alpha_d x - ik_z z} \quad \text{for } x < 0 \tag{6.103}$$

$$\sim \hat{E},\ \hat{H} \cdot e^{i\omega t - \alpha_d x - ik_z z} \quad \text{for } x > 0 \tag{6.104}$$

Dispersion Relation이라는 것은 광학에서 유래된 단어로 Prism을 사용하여 빛을 분해할 때 Prism을 통과하면서 꺾인 각도와 Color의 관계를 뜻한다. 꺾인 각도는 주파수, Color는 Wave Length로 1:1 Matching 할 수 있다. Plasma에서는 Wave Number와 Driving Frequency의 관계를 구하는 것을 Dispersion Relation을 구한다고 한다. 방정식 (6.103), (6.104)에서 Wave Number를 정한다.

$$k_x = i\alpha_d \quad \text{for } x < 0 \tag{6.105}$$

$$= -i\alpha_d \quad \text{for } x > 0 \tag{6.106}$$

$$k_y = 0 \tag{6.107}$$

$$k_z = k_z \tag{6.108}$$

Faraday 방정식과 Ampere 방정식을 이용하여 유전층에서 Decay Constant와 Wave Number의 관계를 구한다.

$$\left.\begin{array}{l} \nabla \times \vec{E} = -\mu_o \dfrac{\partial \hat{H}}{\partial t} \to \vec{k} \times \hat{E} = \omega \mu_o \hat{H} \\ \nabla \times \vec{H} = \dfrac{\partial \vec{E}}{\partial t} + \vec{J} \to \vec{k} \times \hat{H} = -\omega \varepsilon_o \kappa_d \hat{E} \end{array}\right] \to$$

$$\vec{k} \times \left(\vec{k} \times \hat{H}\right) = -\omega \varepsilon_o \kappa_d \vec{k} \times \hat{E} = -\omega^2 \varepsilon_o \mu_o \kappa_d \hat{H}$$

$$\vec{k} \times (\vec{k} \times \hat{H}) = (\vec{k} \cdot \hat{H})\vec{k} - \left(\vec{k} \cdot \vec{k}\right)\hat{H} = -\left(\vec{k} \cdot \vec{k}\right)\hat{H} = \alpha_d^2 - k_z^2$$

$$\therefore\ -\alpha_d^2 + k_z^2 = \kappa_d \mu_0 \varepsilon_0 \omega^2 \tag{6.109}$$

같은 방법으로 구하면 Plasma에서 Decay Constant와 Wave Number의 관계는 다음과 같다.

$$-\alpha_p^2 + k_z^2 = \kappa_p \mu_0 \varepsilon_0 \omega^2 \tag{6.110}$$

Ampere 방정식에서 Plasma와 유전층에서 z 방향의 전장 Ez를 구한다.

$$\bar{k} \times \hat{H} = -\omega\varepsilon_o \kappa_d \hat{E}$$

$$\left[\bar{k} \times \hat{H}\right]_z = -\omega\varepsilon_o \kappa_d E_{zd}$$

$$i\alpha_d H_{yo} e^{\alpha_d x - ik_z z} = -\omega\varepsilon_o \kappa_d E_{zd}$$

$$E_{zd} = H_{yo} \frac{\alpha_d}{i\omega\varepsilon_o \kappa_d} e^{\alpha_d x - ik_z z} \tag{6.111}$$

$$E_{zp} = -H_{yo} \frac{\alpha_p}{i\omega\varepsilon_o \kappa_p} e^{-\alpha_d x - ik_z z} \tag{6.112}$$

x=0에서 유전층 내의 전장과 Plasma의 전장은 방정식 (6.111), (6.112)에 의해 같다.

$$\frac{\alpha_p}{\kappa_p} = \frac{\alpha_d}{\kappa_d} \tag{6.113}$$

방정식 (6.113)에 방정식 (6.109)와 (6.110)을 대입한다.

$$\kappa_d^2 \left(k_z^2 - \kappa_p \frac{\omega^2}{c^2} \right) = \kappa_p^2 \left(k_z^2 - \kappa_d \frac{\omega^2}{c^2} \right)$$

$$k_z = \kappa_d^{1/2} \frac{\omega}{c} \left[\frac{\omega_{pe}^2 - \omega^2}{\omega_{pe}^2 - (1+\kappa_d)\omega^2} \right]^{1/2} \tag{6.114}$$

방정식 (6.114)와 같이 주파수와 Wave Number의 관계를 Dispersion Relation이라고 부른다. 그림 6.15는 방정식 (6.114)의 Graph이다.

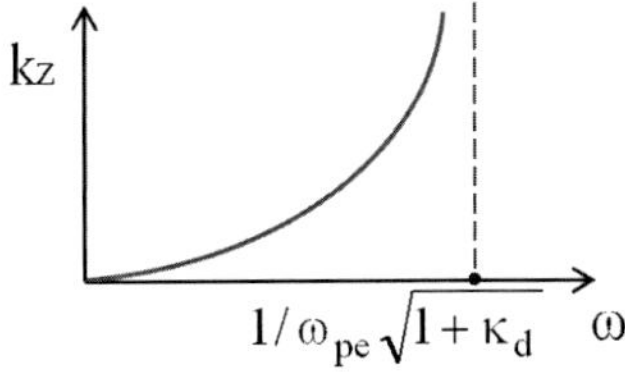

| 그림 6.15 | Surface Wave Dispersion Relation.

방정식 (6.114)에서 일 때 Wave Number k_Z는 무한대 이다. k_Z가 무한대라는 것은 Phase Velocity가 Zero라는 것이고 이는 에너지가 이동이 없고 한자리에 머무는 것이고 어떤 물리현상에 의해 이 에너지가 한 자리에서 완전히 소모된다는 것이다. Resonance가 일어났다고 이야기한다.

6-3 ECR Plasma Source

ICP, TCP, CCP 방전을 이용하는 Plasma 장비 외에도 널리 사용되는 다른 장비들이 있다. ECR(Electron Cyclotron Resonance), Helicon, Surface Wave, UHF Resonator Discharge 장비 등이다. ECR과 Helicon의 특징은 자장이 크고(100~1000gauss) 작업 압력이 작고(10^{-4}~10^{-2}Torr), Plasma 밀도가 크다(10^{11}~$10^{12}cm^{-3}$). 자장은 Cyclotron 혹은 Helicon Wave에 의해 전자가 에너지를 얻는 새로운 방식을 제공한다. 이러한 특성들은 전자의 충돌 주파수가 외부에서 주어지는 구동주파수에 비해 작은 낮은 작업 압력 영역에서 대단히 유용하다. 자장은 자장의 수직 방향으로 하전입자의 운동을 억제한다. 이러한 특성 또한 전자의 손실을 작게 하여 낮은 작업 압력의 방전에 유용하다. Surface Wave 장비는 낮은 압력과 높은 압력 양쪽에서 작동한다. 세상에는 목록을 만들지도 못할 정도로 수 없이 많은 종류의 Plasma Source가 존재하고 각 장비에는 고려해야 할 내용이 많아 단지 Plasma Source를 골라 특징만 기술한다.

기본 아이디어

Harmonic Electric Filed에서 움직이는 전자의 운동방정식은 다음과 같다. 자장은 z 방향의 Permanent한 성분만 있다.

$$m\dot{\vec{V}} = e\vec{E} + e[\vec{V} \times \vec{B}_0] - \nu_e\vec{V} \quad \text{where } \vec{E} = \vec{E}_0 e^{-i\omega t} \tag{6.115}$$

속도도 시간에 대하여 Harmonic Oscillation 한다고 가정하고 x, y, z 방향의 속도를 구한다.

$$V_x = \frac{e[-i(\omega + i\nu_e)E_x + \Omega_e E_y]}{m[\Omega_e^2 - (\omega + i\nu_e)^2]} \tag{6.116}$$

$$V_y = \frac{e[-i(\omega + i\nu_e)E_y + \Omega_e E_x]}{m[\Omega_e^2 - (\omega + i\nu_e)^2]} \tag{6.117}$$

$$V_z = \frac{eE_z}{-im(\omega + i\nu_e)} \tag{6.118}$$

방정식 (6.116)~(6.118)를 이용하여 단위 부피당 전자에 의해 흡수되는 Electric Power w를 방정식 (6.119)와 같이 계산할 수 있다.

$$\begin{aligned} w &= \bar{J} \cdot \bar{E}^* \\ &= \frac{e^2 n_e}{m}\left[\frac{-i(\omega + i\nu_e)(E_x E_x^* + E_y E_y^*) + \Omega_e(E_y E_x^* - E_x E_y^*)}{\Omega_e^2 - (\omega + i\nu_e)^2} + \frac{E_z E_z^*}{-i(\omega + i\nu_e)}\right] \end{aligned} \tag{6.119}$$

Plasma 밀도를 높이기 위해 전자를 가속시키기 위한 큰 전장이 필요하고 Power 흡수($w = \mathbf{J} \cdot \mathbf{E} = en_e\mathbf{V}_e \cdot \mathbf{E}$)를 크게 할 필요가 있다. 그러나 방정식 (6.119)에서 Gyro Frequency($\Omega_e = eB_0/m = e\mu_0H_0/m$)와 Field Frequency와 같고 전자의 Collision Frequency가 작으면 분모가 Zero에 근접함에 따라 흡수되는 에너지가 비약적으로 커지는 것을 알 수 있다. 이것이 ECR 방전의 기본 아이디어이다.

ECR Plasma Source의 종류

Divergent ECR Reactor

그림 6.16은 대표적인 Divergent ECR Plasma 장치이다.

Microwave는 Wave Guide를 통하여 Plasma에 전달 되는데 이용할 특정 Mode의 Wave가 통과하도록 Wave Guide를 설계한다. TM_{11} Mode와 TE_{11} Mode를 동시에

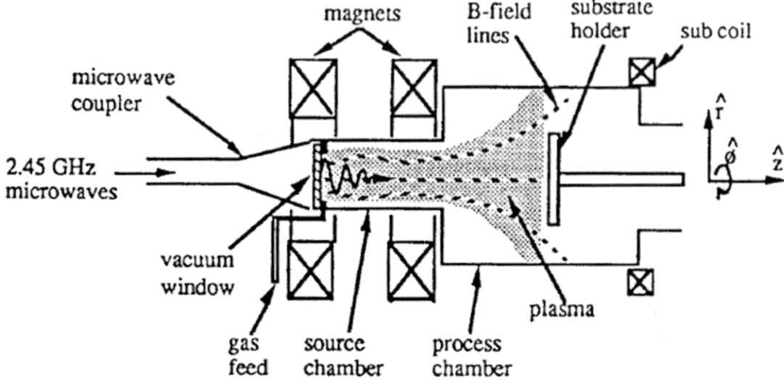

그림 6.16 대표적인 Divergent ECR Plasma 장치.

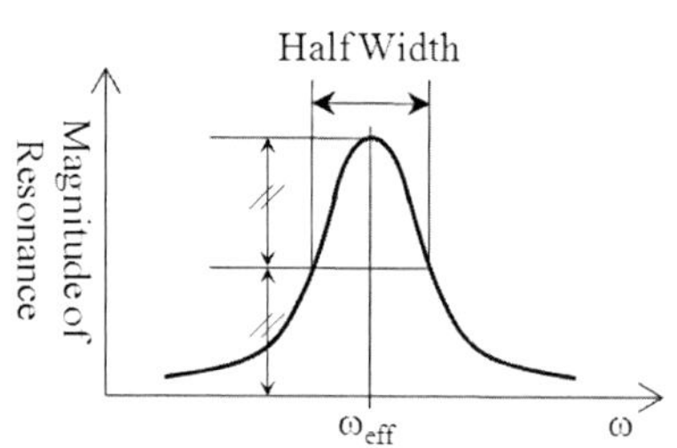

| 그림 6.17 | Half Width of Gyro Resonance. Half Width는 최대 Plasma 생산량의 절반인 곳의 Driving Frequency ω의 범위이다.

사용하는 경우 경우에는 Propagation Loss를 줄이기 위해 Circular Wave Guide를 이용한다. 자장은 Magnet Coil에 의해 만들어진다. Gyro Resonance에 의한 Plasma Power Transfer를 효과적으로 하기 위해서는 Gyro Frequency와 Field Frequency가 같아야 한다. Gyro Frequency가 Collision Frequency 보다 커야 한다. Driving Frequency는 보통 1GHz 이상이다. 1GHz 이상의 Gyro Frequency를 위한 강한 자장을 균일하게 만들어 모든 전자가 Gyro Resonance를 만들기는 어렵다. 그림 6.17의 Gyro Resonance의 Half Width는 대체로 Effective Collision Frequency ω_{eff}와 크기가 비슷하다. 자장의 편차를 ΔB 라고 할 때 Driving Frequency ω는 평균자장 B_0에 비례하고 ω_{eff}는 ΔB에 비례한다고 할 수 있다. 자장의 편차가 $\Delta B/B_0 \leq \omega_{eff}/\omega$의 관계를 가지도록 해야 한다. 자장의 넓은 공간 편차를 가지기 위해 ω_{eff}를 크게 하면 Collision에 의하여 Resonance가 방해된다.

자장의 공간 편차를 줄이기 위해 그림 6.18과 같이 여분의 Magnetic Coil을 사용한다.

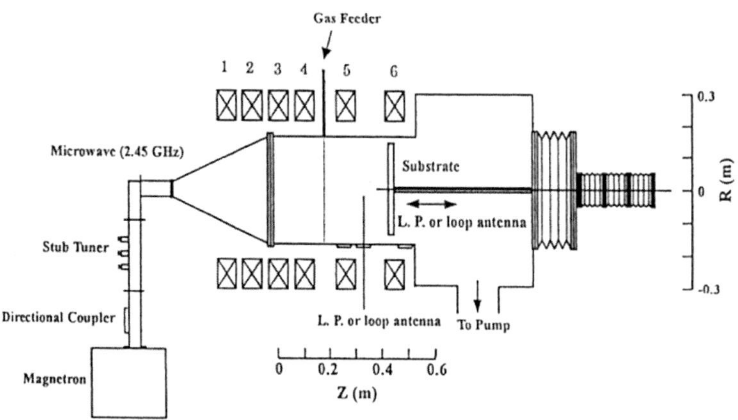

| 그림 6.18 | ECR source with several additional magnets.

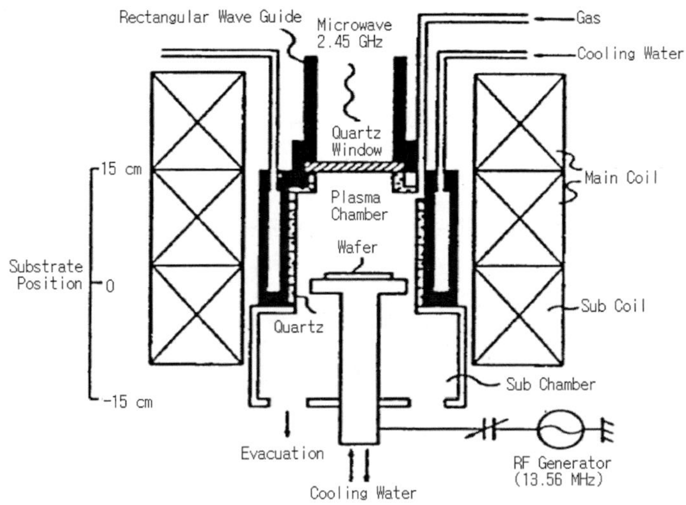

| 그림 6.19 | Technological ECR source.

분석 및 연구를 위한 추천하는 주제는 다음과 같다.

- Dielectric Window 직 후의 Wave 통과.
- Microwave가 이동하면서 감쇄하고 Plasma에 흡수되는 ECR 영역.
- ECR 영역에서 Wafer로 Plasma 확산 영역. 이 영역에서는 Plasma를 Uniform 하게 Wafer에 이동시켜야 한다. Plasma 확산 영역에서 보통은 Resonance가 적기 때문에 Ionization이 작고 전자-Ion 재결합 때문에 Plasma Density가 작게 된다. ECR 영역을 통과한 하전입자들은 Magnetic Line을 따라 넓은 각도로 흩어지게 된다. 이를 방지하기 위해 자장을 그림 6.19의 Sub Coil을 이용하여 Main Coil과 더불어 Magnetic Nozzle 형태로 만들어 Plasma가 흩어지는 각도를 작게 만든다.

| Distributed ECR Reactor

보통의 Divergent ECR Reactor에서는 Homogeneous한 자장을 만들기 위한 낭비가 많다. 자장을 효율적으로 사용하기 위한 ECR로는 Distributed ECR이 있다. 영구 자석을 이용하여 그림 6.20과 같이 Cusp 모양의 자장을 만든다. 이 자석들은 그림 6.21과 같이 평면이나 Cylindrical 표면에 설치한다. 영구 자석 위에 점선 안의 자장에 대응하는 Gyro Frequency와 같은 구동주파수를 가진 Antenna를 설치한다. Plasma의 주요 Mechanism은 자장이 작은 방향으로 자장을 따라 움직이는 표류(Drift)와 확산(Diffusion)이다. Gyro Resonance가 점선 안에서 일어나고 전자는 자장을 따라 자석 사이의 중앙으로 이동한다. Collision과 많은 하전입자에 의한 Field

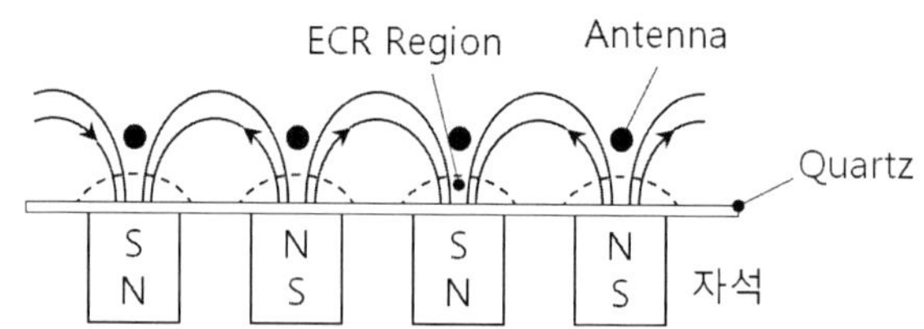

그림 6.20 Distributed ECR Plasma Source.

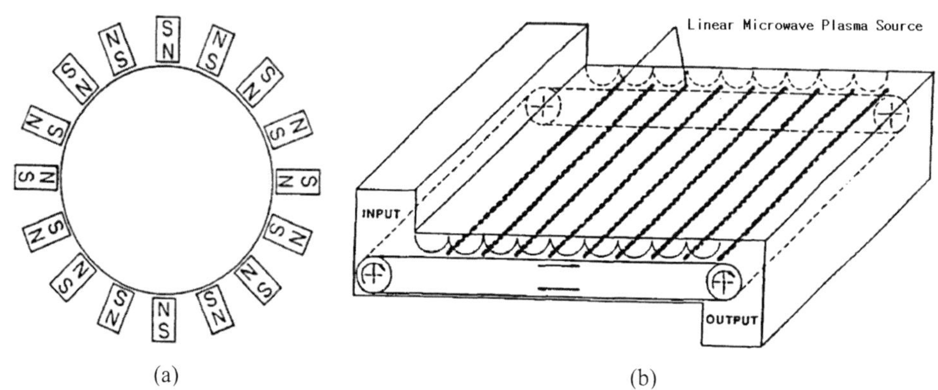

그림 6.21 (a) Cylindrical and (b) planar, geometry for distributed ECR plasma reactors.

왜곡에 의해 전자가 자장을 빠져 나와 Bulk Plasma에 합류한다. 장점은 Cusp 자장이 Plasma를 Wall 방향이 아닌 Bulk Plasma 방향으로 밀어 Plasma 손실이 작다는 것이다.

Directly Excited ECR Resonator

그림 6.21과 같이 Resonance 영역은 영구 자석으로 만들고 2.45GHz의 Microwave를 Chamber로 주입하여 Plasma를 만드는 방식도 있다. Plasma Uniformity에 좋지 않은 것으로 알려져 있다.

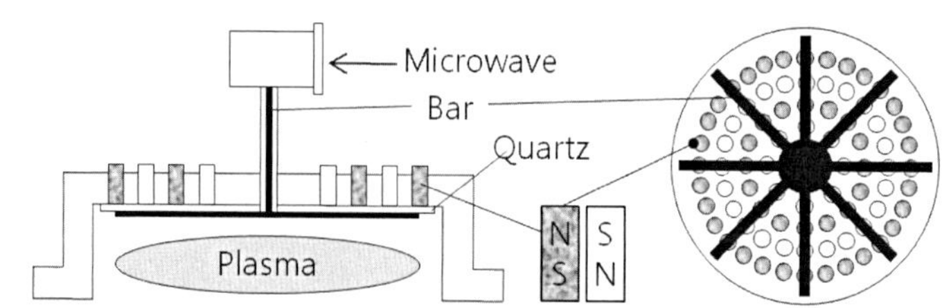

그림 6.22 30cm Wafer를 사용하는 Directly Excited ECR Resonator.

ECR Reactor의 간단한 이론

어떠한 Plasma 반응기이던지 이론은 Gas Discharge Plasma에 기초한다. 따라서 대부분의 경우 Particle Balance Equation, Energy Balance Equation의 해를 구해야 한다. Maxwell Equation도 방정식과 변수의 Self-Consistent Set을 위해 도입되어야 한다. 정성적 분석을 위해 Uniform Density Discharge Model을 사용하는 경우가 많다.

방전의 Particles Balance

Bulk Plasma의 Plasma Density가 Uniform하며 그 값은 n_0 라고 가정한다. Particle 생성항 또한 적분 영역에서 Uniform하다고 가정한다. Steady State의 Particle Balance Equation을 부피 적분한다. V는 적분 부피, A는 V를 둘러 싼 폐면적, $\hat{n}$ 는 A의 Normal Vector, $\dot{n}$ 은 생성항이다.

$$\begin{aligned} &\nabla\cdot n\bar{v}=\dot{n} \\ &\iiint_V(\nabla\cdot n\bar{v}=\dot{n}) \\ &\iiint_V\nabla\cdot n\bar{v}=\dot{n}V \\ &\oiint_A n\bar{v}\cdot\hat{n}dA=n_0n_gK_iV \end{aligned} \tag{6.120}$$

하전입자는 자장에 수직인 방향으로 Diffusion이 억제된다. 자장이 존재하지만 Wall과 평행하게 설계된 자장이 아니기 때문에 Sheath는 존재한다고 가정한다. Sheath-Bulk Plasma 경계인 방정식 (6.120)의 적분 폐면적에서 하전입자의 속도는 Bohm Velocity $u_B=(eT_e/M)^{1/2}$를 가진다고 가정한다. 방정식 (6.120)에 의거한 Wall에서의 Particle 손실량은 다음과 같다.

$$n_0u_B(2\pi R^2/\xi_L+2\pi RL/\xi_R)=n_0n_gK_i(T_e)\pi R^2L \tag{6.121}$$

T_e 는 전자 온도, M은 Ion 질량, n_g는 Neutral Particles Density, R과 L은 방전 Chamber의 반지름과 길이, ξ_L과 ξ_R는 길이 방향과 반지름 방향의 Diffusion 억제 계수이다. K_i는 Rate Constant이다. ECR 방전에서는 Diffusion 억제가 주로 영구자석에 의한 Permanent Magnetic Field에 기인한다. 방정식 (6.121)을 정리한다.

$$\frac{K_i(T_e)}{u_B}=\frac{2(R/\xi_L+L/\xi_R)}{n_gRL}\equiv\frac{1}{n_gd_{eff}} \tag{6.122}$$

$$\text{where } d_{eff}\equiv\frac{RL}{2(R/\xi_L+L/\xi_R)} \tag{6.123}$$

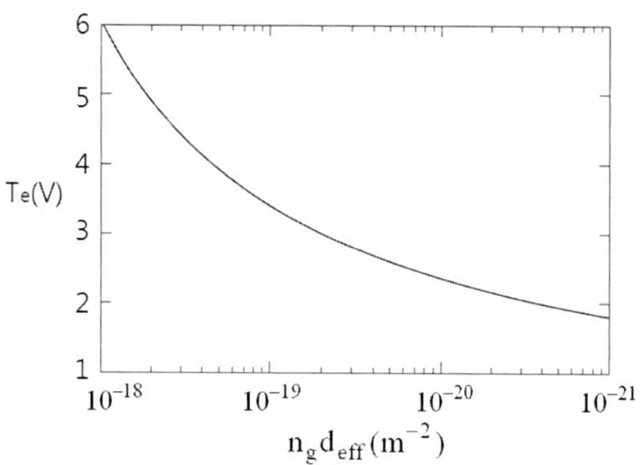

| 그림 6.23 | Argon의 전자 온도 T_e와 $n_g d_{eff}$ 의 Graph.

Rate Constant K_i는 온도의 함수이다. K_i는 Cross Section에서 구할 수 있다.

$$K_i = \nu_{ion} / n_g = 4\pi \int_0^\infty V\sigma_i(V) f_e(V) V^2 dV \tag{6.124}$$

where ν_{ion} : Ionization Frequency

방정식 (6.122)에서 전자온도는 $n_g d_{eff}$ 의 함수라는 것을 알 수 있다. 이런 종류의 계산은 많은 Gas에 대하여 행하여졌으며 그림 6.23은 Argon의 경우이다.

Ionization이 활발하고 비탄성 충돌이 주도적일 경우에 Atom Density는 Boltzmann 분포 $n_s = (g_s / \Sigma) \exp(\varepsilon_s / T_e)$ 를 가진다. g_s 와 ε_s 는 통계적 가중치이고 첨자 s는 입자의 상태를 의미하고 Σ는 Total Particle Density이다. ε_s 는 Ionization 에너지일 경우가 많다. Ionization Frequency 또한 방정식 (6.124)과 비슷하게 계산할 수 있다. Rate Constant와 마찬가지로 ν_{ion} 또한 전자온도의 함수이다.

$$\nu_{ion} = 4\pi \sum_s n_s \int_0^\infty V\sigma_{is}(V) f_e(V) V^2 dV \tag{6.125}$$

대단히 작은 이온화에서 Druyvestein 분포와 같은 예외적인 경우를 제외하고 대부분의 경우 EEDF는 Maxwellian이라고 가정한다.

▎저압방전에서의 Energy Balance

방전할 때 1개의 전자가 잃는 에너지의 종류는 다음과 같다.

(1) Ionization 에너지 E_I

(2) Excitation 에너지 E_s

(3) Wall에 부딪혀 잃는 에너지 $1.5T_e$

(4) Ion에 의해 잃는 에너지. 전자에 속했던 에너지가 Ambipolar Field에 의해 Ion 가속 에너지 ($E_+=eT_e/2+U_S$)로 전달된다. U_S는 Wall과 Bulk Plasma 사이의 Potential 에너지 $U_S=eT_e\ln(M/2\pi m)$이다.

Ionization 때문에 잃는 Power W_{ion}, Ionization Frequency ν_{ion}는 방정식 (6.124), (6.125)와 Power W_{ion}와 Ionization Frequency ν_{ion}의 관계 $W_{ion}=\nu_{ion}E_I$를 이용하여 계산할 수 있다.

전자 충돌에 의해 Atom을 Excitation할 수 있다. Radiation을 통해 에너지를 잃기도 하고 Metastable일 경우에는 Wall과의 충돌로 에너지를 잃을 수 있다. 에너지 준위가 높은 Excited Atom은 충돌에 의해 Target에 에너지를 전달하면서 에너지를 잃기도 한다. Excitation Frequency ν_s와 Excitation 에너지 W_s는 다음과 같다.

$$\nu_s = 4\pi N\int_0^\infty V\sigma_s(V)f_e(V)V^2dV \tag{6.126}$$

$$W_{ex} = \sum_{s=2}^{s_{max}}\nu_s\varepsilon_s \tag{6.127}$$

where σ_s : Excitation Cross Section

ε_s : Excitation Energy of State s

전자 1개를 만들기 위한 에너지는 다음과 같다.

$$E_{Tot} = E_I + E_S + 1.5eT_e + \frac{eT_e}{2} + U_S \tag{6.128}$$

Plasma를 유지하기 위한 Power 공급은 다음과 같다.

$$P_{abs} = en_0u_BE_{Tot}\left(2\pi R^2/\xi_L + 2\pi RL/\xi_R\right) \tag{6.129}$$

기대되는 Plasma Density는 다음과 같다.

$$n_0 = \frac{P_{abs}}{eu_BE_{Tot}(2\pi R^2/\xi_L + 2\pi RL/\xi_R)} \tag{6.130}$$

Travelling Wave Reactor: Role of Magnetic Field Divergence

Diverging Magnetic Field를 따라 Plasma가 진행할 때 Plasma Source와 Chamber 사이에 Potential 차이 V_d가 있다. 이 Potential 차이를 알기 위해 Boltzmann 분포, Ion Flux Balance Equation, Ion Energy Balance Equation을 이용한다. n_0와 u_B는 Plasma Source에서의 Ion Density와 속도, u_S는 Processing Chamber에서의 속도이다.

• Boltzmann 분포:

$$n_s = n_0 \exp\left(-V_d/T_e\right) \tag{6.131}$$

• Ion Flux Balance Equation:

$$n_s u_s A_s = n_0 u_B A_0 \tag{6.132}$$

• Ion Energy Balance Equation:

$$Mu_s^2/2 = Mu_B^2/2 + eV_d \tag{6.133}$$

Source Area A_0 와 Process Chamber Area A_s 는 해당되는 자장 B_0 와 B_S 를 이용하여 Magnetic Flux Conservation에 의해 다음과 같이 정의한다.

$$A_S B_S = A_0 B_0 \tag{6.134}$$

방정식 (6.133)~(6.134)을 이용한 수치적 결과는 [15, p.511] A_s/A_0 가 2에서 16까지 변할 때 V_d/eT_e 는 1에서 3까지의 값을 가지는 것을 보여 준다.

Reactor 내의 Microwave의 진행

Reactor의 Travelling Wave

Maxwell 방정식의 Matrix 형태는 다음과 같다. Ω_e 는 Electron Gyro Frequency 이다.

$$\begin{vmatrix} \hat{e}_x & \hat{e}_y & \hat{e}_z \\ \dfrac{\partial}{\partial x} & \dfrac{\partial}{\partial y} & \dfrac{\partial}{\partial z} \\ E_x & E_y & E_z \end{vmatrix} = i\omega\mu_0 \vec{B} \tag{6.135}$$

$$\begin{vmatrix} \hat{e}_x & \hat{e}_y & \hat{e}_z \\ \dfrac{\partial}{\partial x} & \dfrac{\partial}{\partial y} & \dfrac{\partial}{\partial z} \\ B_x & B_y & B_z \end{vmatrix} = -i\omega\varepsilon_0 \sum_{i,j=x,y,z} \varepsilon_{ij}\vec{E}_j$$

$$= -i\omega\varepsilon_0 \begin{pmatrix} \varepsilon_\perp E_x + igE_y \\ -igE_x + \varepsilon_\perp E_y \\ \varepsilon_\parallel E_Z \end{pmatrix} \tag{6.136}$$

$$\text{Where} \quad \varepsilon_{\perp} = 1 - \frac{\omega_{pe}^2}{\omega^2 - \Omega_e^2} \tag{6.137}$$

$$\varepsilon_{\parallel} = 1 - \frac{\omega_{pe}^2}{\omega^2} \tag{6.138}$$

$$g = \frac{\omega_{pe}^2 \Omega_e}{\omega\left(\omega^2 - \Omega_e^2\right)}$$

$$\omega_{pe}^2 = \frac{ne^2}{m\varepsilon_0}$$

Wave가 z축을 따라 진행하고 x-y 평면에서 회전하는 전자의 특성에 맞게 E_z가 Zero라고 가정하고 전장은 x, y의 함수라고 가정한다.

$$\frac{d^2}{dz^2}\begin{pmatrix} E_x \\ E_y \end{pmatrix} + \omega^2 \varepsilon_0 \mu_0 \begin{pmatrix} \varepsilon_{\perp} E_x + igE_y \\ -igE_x + \varepsilon_{\perp} E_y \end{pmatrix} = 0 \tag{6.139}$$

방정식 (6.139)은 물리적 상수들이 z의 함수라고 해도 유효하다. Right와 Left Circularly Polarized Wave에 해당하는 새로운 변수를 정의한다.

$$E^{+} \equiv E_x + iE_y \tag{6.140}$$

$$E^{-} \equiv E_x - iE_y \tag{6.141}$$

방정식 (6.139)를 방정식 (6.140)과 (6.141)을 사용하여 정리한다.

$$\frac{d^2 E^{+}}{dz^2} + \omega^2 \varepsilon_0 \mu_0 \left(1 - \frac{\omega_{pe}^2}{\omega\left(\omega - \Omega_e(z) - i\nu_e\right)} \right) E^{+} = 0 \tag{6.142}$$

$$\frac{d^2 E^{-}}{dz^2} + \omega^2 \varepsilon_0 \mu_0 \left(1 - \frac{\omega_{pe}^2}{\omega\left(\omega + \Omega_e(z) - i\nu_e\right)} \right) E^{-} = 0 \tag{6.143}$$

ECR 방전에서 Collision이 없고 $\Omega_e=\omega$일 때 특이점을 가지는 Right Polarized Wave를 분석한다. 자장이 z축을 따라 선형적으로 변한다고 가정한다.

$$\Omega_e(z) = \omega + \alpha\left(z - z_{res}\right) \tag{6.144}$$

where Z_{res} : Resonant Point

방정식 (6.142)을 새로운 정의를 이용하여 정리한다.

$$\frac{d^2E^+}{ds^2}+\left(1+\frac{\eta}{s+i\gamma}\right)E^+=0 \tag{6.145}$$

$$\begin{aligned} \text{where } s &= \omega(z-z_{res}) \\ \eta &= \omega_{pe}^2/(\omega c\alpha) \\ \gamma &= \nu_e/(c\alpha) \\ c &= 1/\sqrt{\mu_0\varepsilon_0} : \text{Light Speed} \end{aligned}$$

Budden [16]이 자장이 큰 방향에서 전파해 오는 Wave에 대한 방정식 (6.145)를 풀었다. Plasma Frequency가 작을 경우에 Reflect Power S_{refl}는 zero, Transmitted Power는 $S_{trans}=S_{inc}\exp(-\eta\pi)$, Absorbed Power는 $S_{abs}=S_{inc}(1-\exp(-\eta\pi))$라는 값을 얻었다. Plasma Frequency가 Field Frequency 보다 클 때는 모든 Microwave Power가 Resonance Point에서 흡수되고 Reflect Power는 없다. 이것이 ECR Resonance의 장점이다. Budden의 해는 자장의 분포가 선형적일 때만 유효하다. 방전은 단순하지 않다. 다음을 주의해야 한다.

(1) 방전에서 Chamber Wall 부터의 Wave Reflection은 Field 흡수에 영향을 끼친다.
(2) Transversal Plasma Inhomogeneity는 Resonant Point에서 Reflect가 일어나도록 만든다.
(3) Collision Frequency가 매우 작으면 전자의 속도와 Doppler 효과를 고려해야 한다.
(4) Plasma의 비선형성을 고려해야 한다. Gyro Frequency의 2배수, 3배수의 Resonance가 관찰된다.

DECR Reactor

DECR Reactor에서는 전자기파가 자장에 수직하게 전파된다. Transverse Wave 방정식은 다음과 같다.

$$\frac{d^2}{dy^2}\begin{pmatrix}E_x\\0\\E_z\end{pmatrix}+\omega^2\varepsilon_0\mu_0\begin{pmatrix}\varepsilon_\perp E_x+igE_y\\-igE_x+\varepsilon_\perp E_y\\\varepsilon_{//}E_Z\end{pmatrix}=0 \tag{6.146}$$

z성분의 전장은 없다. 방정식 (6.146)의 첫째 방정식과 둘째 방정식에서 E_x를 위한 방정식을 유도한다.

$$\frac{d^2}{dy^2}E_x + \omega^2\varepsilon_0\mu_0\left(\varepsilon_\perp - \frac{g^2}{\varepsilon_\perp}\right)E_x = 0 \tag{6.147}$$

이 방정식은 Upper Hybrid Frequency $\omega=\omega_{UP}=(\omega_{Pe}{}^2+\Omega_e{}^2)^{1/2}$에서 Resonance가 일어나고 Power가 흡수된다. Extra Ordinary Wave는 $\omega_{UP}<\omega<\Omega_e/2+(\Omega_e{}^2/4+\omega_{Pe}{}^2)^{1/2}$에서 사라진다. Resonance 영역과 Antenna 사이에 이 영역이 있으면 공진이 일어날 수 없다. 2.45GHz에서 $2\times10^{12}cm^{-3}$ Plasma 밀도는 쉽게 달성할 수 있다.

Microwave의 흡수

Resonant Point에서 Wave 흡수를 검토한다. 시간에 대하여 Harmonic하게 변하는 전장과 자장이 있는 전자의 운동방정식은 다음과 같다.

$$m\frac{d\vec{V}}{dt} = q(\vec{E}e^{-i\omega t} + \vec{V}\times\vec{B}) - m\nu_e\vec{V} \tag{6.148}$$

속도를 다음과 같이 가정한다.

$$\vec{V} = \vec{V}_t e^{-i\omega t} \tag{6.149}$$

방정식 (6.149)를 (6.148)에 대입한다.

$$(-im\omega + m\nu_e + q\vec{B}\times)\vec{V}_t = q\vec{E} \tag{6.150}$$

방정식 (6.150)은 Gyro 운동을 지배하는 방정식이다. $\vec{V}_t$를 V_x, V_y 성분으로 나누고 방정식 (6.149)를 이용하여 다음 방정식을 유도한다.

$$V_x + iV_y = \frac{eE_r(1+i)}{m(i(\Omega_e - \omega) + \nu_e)} \tag{6.151}$$

$$\text{where } E_x + iE_y \equiv E_r(1+i) \tag{6.152}$$

흡수된 Power는 다음과 같다.

$$\begin{aligned} w &= \frac{1}{2}(eV_xE_x^* + eV_yE_y^*) \\ &= m\left(\frac{eE_r}{m}\right)^2 \frac{\nu_e}{\nu_e^2 + (\Omega_e - \omega)^2} \end{aligned} \tag{6.153}$$

방정식 (6.144) $\Omega_e(z) = \omega + \alpha(z - z_{res})$을 방정식 (6.153)에 대입한다.

$$w(z) = m\left(\frac{eE_r}{m}\right)^2 \frac{\nu_e}{\nu_e^2 + \omega^2\alpha^2 z^2} \tag{6.154}$$

방정식 (6.154)에 $n_e dz$를 곱하고 구간($z=-z_0$, $z=z_0$)에서 적분한다.

$$W = \frac{2e^2E^2n_e}{m\omega\alpha}\arctan\left(\frac{\omega\alpha z_0}{\nu_e}\right) \tag{6.155}$$

z_0가 무한대일 때 다음 방정식을 얻는다.

$$W = \frac{2\pi e^2 {E_r}^2 n_e}{m\omega\alpha} \tag{6.156}$$

방정식 (6.156)을 유도하기 위해 전자의 운동에 대하여 Adiabatic이라는 가정하에 Linear Electrodynamics와 Hydrodynamic Description을 사용하였다. Adiabatic이라는 가정은 (1) Characteristic Length L_h와 (2) Reversed Field Frequency ω^{-1} 시간 내에서 전자 운동의 특성이 변하지 않는다는 것을 의미한다. (1)의 수학적 표현은 $eE/m\omega(\omega\Omega_e+i\nu_e) \ll L_h$이고 (2)의 수학적 표현은 $\omega \gg V/L_h$이다. 일반적인 반도체 공정 Plasma에서는 $\omega \gg \nu$의 Field Frequency를 선택하여 Collisionless의 특징을 가진다. 1개 전자 운동 방정식은 다음과 같이 쓸 수 있다.

$$m\frac{dV_r}{dt} + i\Omega_e(z)V_r = \frac{e}{m}E_r\exp(-i\omega t) \tag{6.157}$$

방정식 (6.142)와 $z=V_z t$의 관계를 이용하여 방정식 (6.157)을 정리한다.

$$m\frac{dV_r}{dt} + i\omega(1+\alpha V_z t)V_r = \frac{e}{m}E_r\exp(-i\omega t) \tag{6.158}$$

$V_r \equiv \hat{V}_r\exp(-i\omega t)$를 대입한다.

$$m\frac{d\hat{V}_r}{dt} + i\omega\alpha V_z t\hat{V}_r = \frac{e}{m}E_r \tag{6.159}$$

시간 구간 ($-T$ to T)에서 적분한다.

$$\begin{aligned}&\hat{V}_r(T)\exp(i\omega\alpha V_z T^2/2)\\ &= \hat{V}_r(-T)\exp(i\omega\alpha V_z T^2/2)\\ &\quad -\frac{e}{m}E_r\int_{-T}^{T}dt\exp(i\omega\alpha V_z T^2/2)\end{aligned} \tag{6.160}$$

$T >> (2\pi/\omega\alpha V_z)^{1/2}$ 이면 방정식 (6.160)의 적분항은 다음과 같다.

$$\int_{-T}^{T} dt \exp(i\omega\alpha V_z t^2/2) = (1+i)\sqrt{\frac{\pi}{\omega\alpha V_z}} \tag{6.161}$$

$\hat{V}_r(T)$ 와 $\hat{V}_r(-T)$ 의 차이가 시간에 따라 진동한다. Resonance 후에 $\hat{V}_r(T)$ 가 커진다고 단언할 수 없다. 방정식 (6.160)과 (6.161)에서 다음 방정식을 유도한다.

$$\left|\hat{V}_r(T)\right|^2 = \left|\hat{V}_r(-T)\right|^2 + \frac{eE_r}{m}\left(\frac{2\pi}{\omega\alpha V_z}\right)^{1/2} \tag{6.162}$$

전자 1개가 얻는 평균 에너지는 다음과 같다.

$$\Delta W_{el} = \frac{\pi e^2 E_r^2}{m\omega\alpha V_z} \tag{6.163}$$

단위면적에서 얻는 전체 전자의 에너지는 다음과 같다.

$$\begin{aligned} S_{ecr} &= \int_{V_z} dV_z f(V_z) V_z \Delta W_{el} \\ &= \int_{V_z} dV_z f(V_z) \frac{\pi e^2 E_r^2}{m\omega\alpha} \\ &= \frac{\pi n_e e^2 E_r^2}{m\omega\alpha} \end{aligned} \tag{6.165}$$

$f(V_z)$가 속도 V_z 에 대한 분포함수라고 하면 Filed와 전자 사이의 Interaction의 Phase 차이로 인하여 어떤 전자들은 큰 에너지를 얻고 어떤 전자들은 에너지를 전혀 얻지 못한다. Resonance Field와 전자 사이의 반응은 흔히 Fast Electron 생성과 함께 Non-Maxwellian EEDF를 만든다.

Conclusion

ECR Reactor는 저압에서 고밀도 Plasma를 만들 수 있는 장치이다.

연.습.문.제

1. 방정식 (6.119)를 유도하시오.

부 록

부록A Maxwell 속도 분포 함수

온도가 절대온도 T이고 질량이 m인 단일 종류로 구성되어 있는 입자들에게 외력이 가해지지 않고 입자 사이의 탄성 충돌에 의해 평형 상태에 있는 입자들의 속도 분포를 구한다. 속도분포함수는 다음의 조건을 만족하도록 정의되었다. n은 입자밀도이다.

$$\int f(\bar{v})d^3\bar{v} = n \tag{A.1}$$

속도 $(\bar{v}_1, \bar{v}_1 + d\bar{v}_1)$ 사이에 있는 입자들과 속도 $(\bar{v}_2, \bar{v}_2 + d\bar{v}_2)$ 사이에 있는 입자들이 충돌하는 시간당 횟수는 다음과 같다.

$$f(\bar{v}_1)d^3\bar{v}_1 f(\bar{v}_2)d^3\bar{v}_2 |\bar{v}_1 - \bar{v}_2| I(\theta, v)d\Omega' \tag{A2}$$

$I(\theta, v)d\Omega'$ 는 탄성 충돌 단면적이고 I는 Differential Scattering Cross Section이고 θ는 충돌 전후의 입자 사이의 각도이다. $v = |\bar{v}_1 - \bar{v}_2|$ 이다. Ω 에 $'$을 붙인 것은 충돌 후의 반사각을 의미한다. $\bar{v}_1$과 $\bar{v}_2'$ 의 속도를 가진 입자들이 충돌 후 $\bar{v}_1$과 $\bar{v}_2'$ 의 속도를 가진 입자로 변했다면 전체로는 평형 상태를 유지하고 있으므로 $\bar{v}_1$과 $\bar{v}_2'$ 의 속도를 가진 입자들이 충돌하여 $\bar{v}_1$과 $\bar{v}_2'$ 의 속도를 가진 입자들 만들어 내는 것이 같아야 한다.

$$\begin{aligned} & f(\bar{v}_1)d^3\bar{v}_1 f(\bar{v}_2)d^3\bar{v}_2 |\bar{v}_1 - \bar{v}_2| I(\theta, v)d\Omega' \\ & = f(\bar{v}_1')d^3\bar{v}_1' f(\bar{v}_2')d^3\bar{v}_2' |\bar{v}_1' - \bar{v}_2'| I(\theta, v')d\Omega \end{aligned} \tag{A.3}$$

Maxwell 방정식을 유도하기 위해 다음과 같은 정의를 한다.

$$\bar{V} \equiv \frac{\bar{v}_1 + \bar{v}_2}{2} \tag{A.4}$$

$$\bar{V}' \equiv \frac{\bar{v}_1' + \bar{v}_2'}{2} \tag{A.5}$$

$$\bar{v} \equiv \bar{v}_1 - \bar{v}_2 \tag{A.6}$$

$$\bar{v}' \equiv \bar{v}_1' - \bar{v}_2' \tag{A.7}$$

평형 상태라는 전제 하에 $\bar{V} = \bar{V}'$, $\bar{v} = \bar{v}'$ 이기 때문에 다음 관계식이 성립한다.

$$d^3\bar{v}_1 d^3\bar{v}_2 = \begin{vmatrix} \frac{\partial \bar{v}_1}{\partial \bar{V}} & \frac{\partial \bar{v}_2}{\partial \bar{V}} \\ \frac{\partial \bar{v}_1}{\partial \bar{v}} & \frac{\partial \bar{v}_2}{\partial \bar{v}} \end{vmatrix} d^3\bar{V} d^3\bar{v}$$

$$= d^3\bar{V} d^3\bar{v} \tag{A.8}$$

방정식 (A.8)에 의해 다음의 대응 관계식을 유추할 수 있다.

$$d^3\bar{v}_1' d^3\bar{v}_2' = d^3\bar{V}' d^3\bar{v}' = d^3\bar{V} d^3\bar{v}' \tag{A.9}$$

충돌 시점을 원점으로 하고 Isotropic하다고 가정한 후 극좌표 공간에서 적분자는 다음과 같다.

$$d^3\bar{v} = v^2 dv d\Omega \tag{A.9}$$

$$d^3\bar{v}' = v'^2 dv' d\Omega' = v^2 dv d\Omega' \tag{A.10}$$

방정식 (A.9), (A.10)을 (A.3)에 대입한다.

$$f(\bar{v}_1)f(\bar{v}_2) d^3\bar{V} v^2 dv d\Omega v I(\theta, v) d\Omega'$$

$$= f(\bar{v}_1')f(\bar{v}_2') d^3\bar{V} v^2 dv d\Omega' v I(\theta, v) d\Omega \tag{A.11}$$

방정식 (A.11)에서 다음 관계식을 얻는다.

$$f(\bar{v}_1)f(\bar{v}_2) = f(\bar{v}_1')f(\bar{v}_2') \tag{A.12}$$

Isotropic하므로 함수 g를 $\bar{v}^2$ 로 정의한 후 관계식을 정리한다.

$$g(\bar{v}^2) \equiv \ln f(\bar{v}) \tag{A.13}$$

$$g(\bar{v}_1^2) + g(\bar{v}_2^2) = g(\bar{v}_1'^2) + g(\bar{v}_2'^2) \tag{A.14}$$

충돌 전후에 운동량과 에너지가 보존되므로 다음 방정식을 만족한다.

$$m\bar{v}_1 + m\bar{v}_2 = m\bar{v}_1' + m\bar{v}_2'$$

$$\rightarrow \bar{v}_1 + \bar{v}_2 = \bar{v}_1' + \bar{v}_2' \tag{A.15}$$

$$\frac{m}{2}\bar{v}_1^2 + \frac{m}{2}\bar{v}_2^2 = \frac{m}{2}\bar{v}_1'^2 + \frac{m}{2}\bar{v}_2'^2$$

$$\rightarrow \bar{v}_1^2 + \bar{v}_2^2 = \bar{v}_1'^2 + \bar{v}_2'^2 \tag{A.16}$$

속도는 상대적인 것이라 $\bar{v}_2 \equiv 0$을 선택해도 관계식 (A.15)와 (A.16)에 모순되지 않는다.

$$\bar{v} = \bar{v}_1 - \bar{v}_2 = \bar{v}_1 \tag{A.17}$$

방정식 (A.15)와 (A.17)에서 다음식이 유도된다.

$$\bar{v} = \bar{v}_1' + \bar{v}_2' \tag{A.18}$$

방정식 (A.7)과 (A.18)에서 다음이 유도된다.

$$\bar{v}_1' = \frac{\bar{v} + \bar{v}'}{2} \tag{A.19}$$

$$\bar{v}_2' = \frac{\bar{v} - \bar{v}'}{2} \tag{A.20}$$

방정식 (A.19)와 (A.20)에서 산란각 θ를 구할 수 있다.

$$\begin{aligned}(\bar{v}_1')^2 &= \frac{1}{4}(\bar{v}^2 + \bar{v}'^2 + 2\bar{v}\bar{v}') \\ &= \frac{1}{2}v^2(1+\cos\theta)\end{aligned} \tag{A.21}$$

$$\begin{aligned}(\bar{v}_2')^2 &= \frac{1}{4}(\bar{v}^2 + \bar{v}'^2 - 2\bar{v}\bar{v}') \\ &= \frac{1}{2}v^2(1-\cos\theta)\end{aligned} \tag{A.22}$$

$\bar{v}_2 \equiv 0$를 이용하고 방정식 (A.17), (A.21)과 (A.22)를 (A.14)에 대입한다.

$$\begin{aligned}g(\bar{v}_1'^2) + g(\bar{v}_2'^2) &= g(\bar{v}^2) + g(0) \\ &= g\left(\frac{v^2}{2}(1+\cos\theta)\right) + g\left(\frac{v^2}{2}(1-\cos\theta)\right)\end{aligned} \tag{A.23}$$

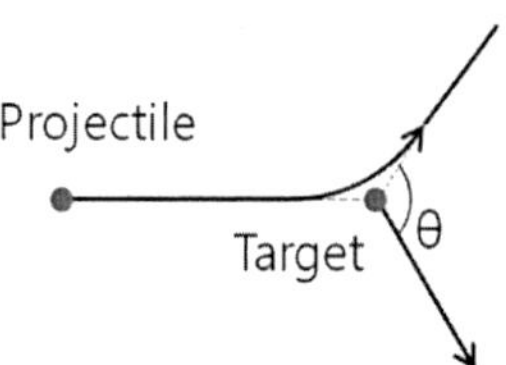

┃그림 A.1┃ Target과 Projectile이 충돌한 후 산란각 θ.

방정식 (A.23)을 $\cos\theta$로 미분한다.

$$\dot{g}\left(\frac{v^2}{2}(1+\cos\theta)\right) = \dot{g}\left(\frac{v^2}{2}(1-\cos\theta)\right) \tag{A.24}$$

방정식 (A.24)에 정면 충돌의 경우인 $\theta=\pi$를 대입한다.

$$\dot{g}(v^2) = \dot{g}(0) \tag{A.25}$$

$\dot{g}(0)$는 상수이므로 $\dot{g}(0) = -\alpha$ 로 놓고 함수 g와 f를 구할 수 있다.

$$g(v^2) = A - \alpha v^2 \tag{A.26}$$

$$f(\bar{v}) = e^A e^{-\alpha v^2} \tag{A.27}$$

입자 밀도와 함수 f의 정의, 분자의 평균 에너지의 지식을 이용하여 A와 α를 구할 수 있다.

$$n \equiv \int f(\bar{v}) d^3v \tag{A.28}$$

$$\frac{3}{2}eT \equiv \frac{1}{n}\int \frac{mv^2}{2} f(\bar{v}) d^3v \tag{A.29}$$

방정식 (A.28)과 (A.29)에서 다음 같이 상수 값을 얻는다.

$$e^A = (\alpha / \pi)^{3/2} n \tag{A.30}$$

$$\alpha = \frac{m}{2eT} \tag{A.31}$$

Maxwell 속도분포함수는 다음과 같다.

$$f(\bar{v}) = n\left(\frac{m}{2\pi eT}\right) e^{-\frac{m\bar{v}^2}{2eT}} \tag{A.32}$$

$$= n\left(\frac{m}{2\pi eT}\right) e^{-m(v_x^2+v_y^2+v_z^2)/(2eT)} \tag{A.33}$$

부록B Boltzmann 방정식의 충돌 항

Collision Term을 구한다. $(\bar{v}, \bar{v}+d\bar{v})$ 와 $(\bar{v}_1, \bar{v}_1+d\bar{v}_1)$ 범위에 있는 입자가 단위 부피, 단위 시간에 충돌하는 횟수는 방정식 (B.1)과 같다. Apostrophe ′는 충돌 후를 의미한다. Differential Scattering Cross Section I는 방정식 (3.60)에서 정의했고 Ω 는 입체각을 의미한다.

$$\begin{aligned} & f(\bar{v})d^3\bar{v}\ f(\bar{v}_1)d^3\bar{v}_1|\bar{v}_1-\bar{v}|d\sigma' \\ &= f(\bar{v})d^3\bar{v}\ f(\bar{v}_1)d^3\bar{v}_1|\bar{v}_1-\bar{v}|I(\theta, v)d\Omega' \end{aligned} \tag{B.1}$$

$(\bar{v}, \bar{v}+d\bar{v})$와 $(\bar{v}_1, \bar{v}_1+d\bar{v}_1)$ 범위에 있는 입자가 충돌하여 $(\bar{v}', \bar{v}'+d\bar{v}')$와 $(\bar{v}'_1, \bar{v}'_1+d\bar{v}'_1)$ 범위의 속도를 가진다고 하면 평형상태에서 $(\bar{v}', \bar{v}'+d\bar{v}')$ 와 $(\bar{v}'_1, \bar{v}'_1+d\bar{v}'_1)$ 범위에 있는 입자가 충돌하여 $(\bar{v}, \bar{v}+d\bar{v})$ 와 $(\bar{v}_1, \bar{v}_1+d\bar{v}_1)$ 범위의 속도를 가질 수 있다. 운동량 보존과 에너지 보존이 되므로 다음과 같이 기술할 수 있다.

$$\bar{v}+\bar{v}_1 = \bar{v}'+\bar{v}'_1 \tag{B.2}$$

$$\bar{v}^2+\bar{v}_1^2 = \bar{v}'^2+\bar{v}_1'^2 \tag{B.3}$$

$(\bar{r}, \bar{r}+d\bar{r})$ 에 있는 속도 $(\bar{v}, \bar{v}+d\bar{v})$ 를 가지는 입자가 비탄성 충돌에 의하여 증가한 개수는 다음과 같다. 문제점은 비탄성 충돌에 의한 증가를 탄성 충돌에 의한 충돌로 표현하는 것이다.

$$\begin{aligned} & \left[\frac{\partial f(\bar{v}, \bar{r}\ \ t)}{\partial t}\right] d^3\bar{v} \\ &= f(\bar{v}', \bar{r}, t)\ f(\bar{v}'_1, \bar{r}, t)|\bar{v}'_1-\bar{v}'|I(\theta, g')d\Omega d^3\bar{v}'_1 d^3\bar{v}' \\ &= f(\bar{v}, \bar{r}, t)\ f(\bar{v}_1, \bar{r}, t)|\bar{v}_1-\bar{v}|I(\theta, g)d\Omega' d^3\bar{v}_1 d^3\bar{v} \\ & \quad \text{where } g \equiv |\bar{v}_1-\bar{v}| \\ & \qquad\qquad g' \equiv |\bar{v}'_1-\bar{v}'|. \end{aligned} \tag{B.4}$$

방정식 (B.2)와 (B.3)에 의해 다음식이 성립한다.

$$g = g' \tag{B.5}$$

$$|\bar{v}'_1-\bar{v}'|I(\theta, g')d\Omega d^3\bar{v}'_1 d^3\bar{v}' = |\bar{v}_1-\bar{v}|I(\theta, g)d\Omega' d^3\bar{v}_1 d^3\bar{v} \tag{B.6}$$

방정식 (B.6)에 의해 방정식 (B.4)를 다음과 같이 기술한다.

$$\left[\frac{\partial f(\bar{v},\bar{r}\ \ t)}{\partial t}\right]d^3\bar{r}d^3\bar{v} = \int (f'f_1' - ff_1)gI(\theta,g)d\Omega' d^3\bar{v}_1 d^3\bar{v}d^3\bar{r} \qquad \text{(B.7)}$$

$$\begin{aligned} \text{where}\quad f &\equiv f(\bar{v},\bar{r}\ \ t) \\ f_1 &\equiv f(\bar{v}_1,\bar{r}\ \ t) \\ f' &\equiv f(\bar{v}',\bar{r}\ \ t) \\ f_1' &\equiv f(\bar{v}_1',\bar{r}\ \ t) \end{aligned}$$

방정식 (B.7)을 Collisionless Boltzmann 방정식에 삽입하면 다음과 같이 Boltzmann 방정식이 된다.

$$\frac{\partial f}{\partial t} + \bar{v}\cdot\nabla_{\bar{r}} f + \dot{\bar{v}}\cdot\nabla_{\bar{v}} f = \int (f'f_1' - ff_1)gI(\theta,g)d\Omega' d^3\bar{v}_1 \qquad \text{(B.8)}$$

Boltzmann 방정식은 수학적으로 엄밀하지 않다. 직관에 의해 만들었지만 실험 사실을 잘 설명한다.

부록C 유체방정식

연속방정식, 운동방정식, 에너지방정식을 Boltzmann 방정식으로부터 유도한다. 계산의 편의를 위해 입자밀도, 유체속도, 에너지를 대표하는 거시적 물리량 Φ를 정의한다.

$$\Phi(\bar{r},t) \equiv \frac{\int f(\bar{v},\bar{r},t)\phi(\bar{v})d^3\bar{v}}{\int f(\bar{v},\bar{r},t)d^3\bar{v}} \tag{C.1}$$

$$= \frac{1}{n(\bar{r},t)}\int f(\bar{v},\bar{r},t)\phi(\bar{v})d^3\bar{v} \tag{C.2}$$

ϕ=v 일 때 거시적 속도 U를 정의한다.

$$\bar{U}(\bar{r},t) \equiv \frac{1}{n(\bar{r},t)}\int f(\bar{v},\bar{r},t)\bar{v}d^3\bar{v} \tag{C.3}$$

Thermal Velocity u를 정의한다.

$$\bar{u}(\bar{r},t) \equiv \bar{v} - \bar{U} \tag{C.4}$$

< >를 속도분포함수를 이용하여 (C.2)와 같이 거시적 물리량을 결정하는 것이라고 정의한다. u의 거시적 물리량은 Zero이다.

$$< \bar{u} >= 0 \tag{C.5}$$

Stress Tensor P_{ij} 를 정의한다.

$$\rho < u_i u_j >\equiv m\int f(\bar{v},\bar{r},t)u_i u_j d^3\bar{v} \tag{C.6}$$

속도분포함수를 Maxwell 속도분포함수라고 가정하고 방정식 (C.6)을 계산하고 상태방정식 P=nkT를 이용하면 압력 P_{ij} 를 구할 수 있다.

$$\begin{aligned}\rho < u_i u_j > &= n(\bar{r},t)eT(\bar{r},t)\delta_{ij} \\ &= P(\bar{r},t)\delta_{ij}\end{aligned} \tag{C.7}$$

입자의 운동에너지는 Maxwell 속도분포함수 유도할 때와 같이 다음과 정의했다.

$$n < mu^2 / 2 >= \frac{3}{2}n(\bar{r},t)eT(\bar{r},t) \tag{C8}$$

Maxwell 속도분포함수를 이용하여 계산해도 같은 결과를 얻는다.
Thermal Flux는 다음과 같다.

$$q_i = n < mu^2 u_i / 2 > \tag{C.9}$$

Strain Tensor는 다음과 같다.

$$D_{ij} \equiv \frac{1}{2}\left(\frac{\partial U_i}{\partial x_j} + \frac{\partial U_j}{\partial x_i}\right) \tag{C.10}$$

유체방정식을 유도한다.

$$\begin{aligned}
&\frac{\partial}{\partial t} n(\bar{r},t)\Phi(\bar{r},t) \\
&= \frac{\partial}{\partial t}\int f(\bar{v},\bar{r},t)\phi(\bar{v})d^3\bar{v} \\
&= \int\left(\phi(\bar{v})\frac{\partial}{\partial t}f(\bar{v},\bar{r},t)\right)d^3\bar{v} \\
&= \int\left[\phi(\bar{v})\left(-\bar{v}\cdot\nabla_{\bar{r}}f - \dot{\bar{v}}\cdot\nabla_{\bar{v}}f + \left.\frac{\partial f}{\partial t}\right|_c\right)\right]d^3\bar{v} \\
&\equiv A_r + A_v + A_c
\end{aligned} \tag{C.11}$$

$$\text{where } A_r = -\int\left[\phi(\bar{v})\bar{v}\cdot\nabla_{\bar{r}}f\right]d^3\bar{v} \tag{C.12}$$

$$A_v = -\int\left[\phi(\bar{v})\dot{\bar{v}}\cdot\nabla_{\bar{v}}f\right]d^3\bar{v} \tag{C.13}$$

$$A_c = \int\left[\phi(\bar{v})\left.\frac{\partial f}{\partial t}\right|_c\right]d^3\bar{v} \tag{C.14}$$

A_r을 구한다.

$$\begin{aligned}
&A_r \\
&= -\int\left[\phi(\bar{v})\bar{v}\cdot\nabla_{\bar{r}}f\right]d^3\bar{v} \\
&= -\int\left[\phi(\bar{v})v_i\frac{\partial f}{\partial x_i}\right]d^3\bar{v} \\
&= -\frac{\partial}{\partial x_i}\int\left[\phi(\bar{v})v_i f\right]d^3\bar{v} \\
&= -\nabla_{\bar{r}}\cdot\left[n(\bar{r},t)\bar{\Psi}(\bar{r},t)\right] \\
&\equiv -\sum_i\frac{\partial}{\partial x_i}\left[n\Psi_i\right]
\end{aligned} \tag{C.15}$$

$$\text{where } \Psi_i(\bar{r},t) \equiv \frac{\int\left[\phi(\bar{v})v_i f(\bar{v},\bar{r},t)\right]d^3\bar{v}}{n(\bar{r},t)} \tag{C.16}$$

$\dot{\bar{v}}$가 $\bar{v}$의 함수가 아닌 경우에 A_v를 구한다.

$$\begin{aligned}
&A_v \\
&= -\int\left[\phi(\bar{v})\dot{\bar{v}}\cdot\nabla_{\bar{v}}f\right]d^3\bar{v} \\
&= -\int\left[\phi(\bar{v})\dot{v}_i\frac{\partial f}{\partial v_i}\right]d^3\bar{v} \\
&= -\dot{v}_i\int\left[\phi(\bar{v})\frac{\partial f}{\partial v_i}\right]dv_i dv_j dv_k \\
&= -\dot{v}_i\left\{\int\left[\phi(\bar{v})f\Big|_{-\infty}^{\infty}\right]dv_j dv_k - \int\frac{\partial\phi}{\partial v_i}f dv_i dv_j dv_k\right\} \\
&= \dot{v}_i\int\left[\frac{\partial\phi}{\partial v_i}f\right]dv_i dv_j dv_k \\
&= n\dot{\bar{v}}\cdot\bar{\Omega} \\
&= n\sum_i \dot{v}_i\Omega_i
\end{aligned} \tag{C.17}$$

$$\text{where } \Omega_i \equiv \frac{\int\frac{\partial\phi}{\partial v_i}fd^3\bar{v}}{n(\bar{r},t)} \tag{C.18}$$

$\dot{\bar{v}}$가 Lorentz Force일 경우 $\bar{v}$의 함수라도 같은 결과를 얻는다. Boltzmann 방정식 (B.8)의 Collision Term을 이용하여 A_c를 논한다.

$$\begin{aligned}
&A_c \\
&= \int\left[\phi(\bar{v})\frac{\partial f}{\partial t}\Big|_c\right]d^3\bar{v} \\
&= \int\phi(\bar{v})(f'f_1' - ff_1)I(\theta,g)d\Omega g d^3\bar{v}_1 d^3\bar{v} \\
&= \frac{1}{4}\int(\phi' + \phi_1' - \phi - \phi_1)(f'f_1' - ff_1)Id\Omega g d^3\bar{v}_1 d^3\bar{v}
\end{aligned} \tag{C.19}$$

충돌하는 입자들의 속도분포가 f_1과 f이고 충돌한 입자들의 속도 분포가 f_1', f'이다. ϕ_1, ϕ, ϕ_1', ϕ'는 각각의 해당되는 경우의 역학양이다. 방정식 (C.15), (C.17), (C.19)을 방정식 (C.11)에 대입한다.

$$\frac{\partial}{\partial t}(n\Phi)$$
$$= -\sum_i \frac{\partial}{\partial x_i}(n\Psi_i) + n\sum_i \dot{v}_i\Omega_i \tag{C.20}$$
$$+\frac{1}{4}\int(\phi' + \phi_1' - \phi - \phi_1)(f'f_1' - ff_1)I d\Omega g d^3\bar{v}_1 d^3\bar{v}$$

방정식 (C.20)에서 우변의 두 번째 항은 너무 복잡하여 역학양이 보존되는 경우만 살펴본다. 연속방정식을 구한다.

$$\begin{pmatrix} \Phi = m \\ \Psi_i = mU_i \\ \Omega_i = 0 \end{pmatrix} \tag{C.21}$$

방정식 (C.21)을 방정식 (C.20)에 대입한다.

$$\frac{\partial}{\partial t}n(\bar{r},t) + \nabla\cdot(n(\bar{r},t)\bar{U}) = 0 \tag{C.22}$$

운동방정식을 구한다. ϕ=mv_i 로 하여 방정식 (C.2)에서 Φ_i를 구한다.

$$\Phi_i = mU_i \tag{C.23}$$

방정식 (C.16)에서 Ψ_i를 구한다.

$$n\Psi_{ij}$$
$$= m\int v_i v_j f d^3\bar{v}$$
$$= m\int(U_i + u_i)(U_j + u_j) f d^3\bar{v}$$
$$= nmU_iU_j + nm < u_iu_j >$$
$$= \rho U_iU_j + P_{ij} \tag{C.24}$$

방정식 (C.16)에서 Ω_i를 구한다.

$$n\Omega_{ij} = m\int\frac{\partial v_j}{\partial v_i} f d^3\bar{v}$$
$$= nm\delta_{ij} \tag{C.25}$$

방정식 (C.23), (C.24), (C.25)를 방정식 (C.20)에 대입한다.

$$\frac{\partial}{\partial t}(nmU_j) = -\sum_i \frac{\partial}{\partial x_i}(nmU_iU_j + P_{ij}) + n\sum_i \dot{v}_i m\delta_{ij}$$
$$\frac{\partial}{\partial t}(nmU_j) + \sum_i \frac{\partial}{\partial x_i}(nmU_iU_j) = -\sum_i \frac{\partial P_{ij}}{\partial x_i} + nm\dot{v}_j \qquad \text{(C.26)}$$

$$\begin{aligned}
&\frac{\partial}{\partial t}(nmU_j) + \sum_i \frac{\partial}{\partial x_i}(nmU_iU_j) \\
&= m\frac{\partial n}{\partial t}U_j + nm\frac{\partial U_j}{\partial t} + m\sum_i \frac{\partial nU_i}{\partial x_i}U_j + m\sum_i nU_i\frac{\partial U_j}{\partial x_i} \\
&= m\left(\frac{\partial n}{\partial t} + \sum_i \frac{\partial nU_i}{\partial x_i}\right)U_j + nm\left(\frac{\partial U_j}{\partial t} + \sum_i U_i\frac{\partial U_j}{\partial x_i}\right) \\
&= nm\left(\frac{\partial U_j}{\partial t} + \sum_i U_i\frac{\partial U_j}{\partial x_i}\right)
\end{aligned} \qquad \text{(C.27)}$$

방정식 (C.26), (C.27)에 의하여 운동방정식을 구한다.

$$nm\left(\frac{\partial U_j}{\partial t} + \sum_i U_i\frac{\partial U_j}{\partial x_i}\right) = -\sum_i \frac{\partial P_{ij}}{\partial x_i} + nm\dot{v}_j$$
$$nm\left(\frac{\partial \vec{U}}{\partial t} + \vec{U}\cdot\nabla_{\vec{r}}\vec{U}\right) = -\nabla_{\vec{r}}\cdot\overline{\overline{P}} + nm\dot{\vec{v}} \qquad \text{(C.28)}$$
$$nm\frac{d\vec{U}}{dt} = -\nabla_{\vec{r}}\cdot\overline{\overline{P}} + nm\dot{\vec{v}}$$

에너지방정식은 $\phi = \varepsilon \equiv mv^2/2$ 로 하여 구할 수 있다.

$$n\frac{d\varepsilon}{dt} = -\sum_{i,j} P_{ij}D_{ij} - \nabla\vec{q} \qquad \text{(C.29)}$$

부록D Magnetic Moment

시간에 대하여 잘 변화하지 않는 물리량들이 있다. 이것들을 단열량(Adiabatic Invariant)라 하는데 그 중의 하나가 Magnetic Moment μ_{mag} 이다. 전장과 자장 항이 있는 운동방정식에 $\bar{v}\cdot$을 취한다.

$$\bar{v}\cdot\left(mn\frac{d\bar{v}}{dt}=qn\bar{E}+qn\bar{v}\times\bar{B}\right)$$
$$\frac{d}{dt}\left(\frac{1}{2}mv^2\right)=q\bar{v}\cdot\bar{E} \tag{D.1}$$

$\bar{v}\cdot(qn\bar{v}\times\bar{B})$ 는 Zero이다. $\bar{v}$ 를 선회중심 속도 $\bar{v}_{gc}$ 와 자력선에 수직으로 원운동하는 속도 $\bar{v}_{\perp}$ 로 나눈다.

$$\bar{v}=\bar{v}_{gc}+\bar{v}_{\perp} \tag{D.2}$$

방정식 (D.2)을 방정식 (D.1)에 대입하고 정리한다.

$$\frac{d}{dt}\left[\frac{1}{2}m\left(\bar{v}_{gc}+\bar{v}_{\perp}\right)^2\right]=q\bar{v}_{gc}\cdot\bar{E}+q\bar{v}_{\perp}\cdot\bar{E}$$
$$\frac{d}{dt}\left(\frac{1}{2}m\bar{v}_{\perp}^2\right)+2\frac{d}{dt}\left(\frac{1}{2}m\bar{v}_{gc}\cdot\bar{v}_{\perp}\right)+\frac{d}{dt}\left(\frac{1}{2}m\bar{v}_{gc}^2\right)$$
$$=q\bar{v}_{gc}\cdot\bar{E}+q\bar{v}_{\perp}\cdot\bar{E} \tag{D.3}$$

방정식 (D.3)을 Gyro Motion의 선회주기에 대하여 평균을 구한다.

$$\frac{d}{dt}\left\langle\frac{1}{2}m\bar{v}_{\perp}^2\right\rangle+2\frac{d}{dt}\left\langle\frac{1}{2}m\bar{v}_{gc}\cdot\bar{v}_{\perp}\right\rangle+\frac{d}{dt}\left\langle\frac{1}{2}m\bar{v}_{gc}^2\right\rangle$$
$$=q\left\langle\bar{v}_{gc}\cdot\bar{E}\right\rangle+\left\langle q\bar{v}_{\perp}\cdot\bar{E}\right\rangle$$
$$\frac{d}{dt}\left(\frac{1}{2}m\bar{v}_{\perp}^2\right)+m\frac{d}{dt}\left\langle\bar{v}_{gc}\cdot\bar{v}_{\perp}\right\rangle+\frac{d}{dt}\left(\frac{1}{2}m\bar{v}_{gc}^2\right)$$
$$=q\bar{v}_{gc}\cdot\bar{E}+\left\langle q\bar{v}_{\perp}\cdot\bar{E}\right\rangle \tag{D.4}$$

방정식 (D.4)에서 < >는 선회주기 $T=2\pi/\omega_c$에 대한 평균을 나타낸다. 방정식 (D.4) 좌변의 첫째 항은 선회 경로에서 $\bar{v}_{\perp}^2$ 가 일정하기 때문에 쉽게 구할 수 있다.

선회중심 속도는 원운동 속도에 비하여 시간의 변화가 대부분의 경우 대단히 작다. 방정식 (D.4)의 셋째 항은 간단히 정리되고 방정식 (D.4) 좌변의 둘째 항은 선회주기에 평균하면 근사적으로 Zero가 된다.

$$m\frac{d}{dt}\left\langle \bar{v}_{gc}\cdot\bar{v}_{\perp}\right\rangle \approx m\bar{v}_{gc}\cdot\frac{d}{dt}\left\langle \bar{v}_{\perp}\right\rangle = 0 \tag{D.5}$$

그림 D.1을 이용하여 방정식 (D.4) 우변의 둘째 항을 정리하고 Magnetic Moment를 정의한다.

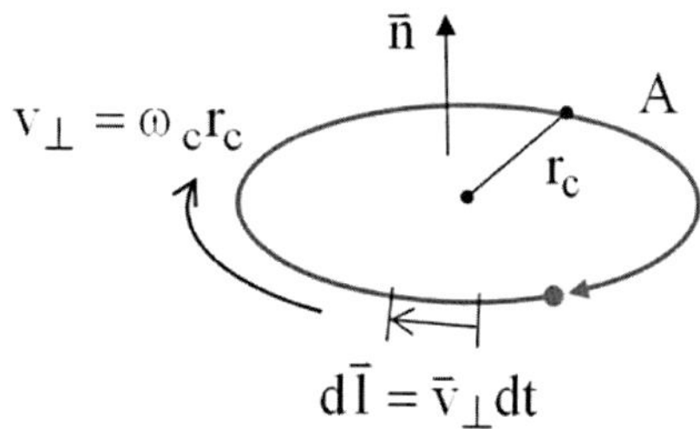

그림 D.1 반지름이 Gyro Radius이고 Contour C로 둘러싸인 면적 A의 Positive Ion 선회 운동.

$$\begin{aligned}
& q\left\langle \bar{v}_{\perp}\cdot\bar{E}\right\rangle \\
& \equiv \frac{q}{T}\int_0^T \bar{v}_{\perp}\cdot\bar{E}dt \\
& = \frac{q}{T}\oint_c \bar{E}\cdot d\bar{l} \\
& = \frac{q}{T}\oint_c \left(\nabla\times\bar{E}\cdot\bar{n}\right)dA \\
& = \frac{q}{T}\oint_c \left(\frac{\partial\bar{B}}{\partial t}\cdot\bar{n}\right)dA \\
& \approx q\frac{\omega_c}{2\pi}\pi r_c^2\frac{\partial\bar{B}}{\partial t} \\
& = \frac{1}{2}q\omega_c r_c^2\frac{\partial\bar{B}}{\partial t} \\
& \therefore q\left\langle \bar{v}_{\perp}\cdot\bar{E}\right\rangle = \mu_{mag}\frac{\partial\bar{B}}{\partial t}
\end{aligned} \tag{D.6}$$

μ_{mag} 는 다음과 같이 정의된다.

$$\begin{aligned}\mu_{mag} &\equiv \text{Current} \times \text{Area} \\ &= \left(\frac{q\omega_c}{2\pi}\right)\left(\pi r_c^2\right) \\ &= \frac{1}{2} m\bar{v}_\perp^2 / B\end{aligned} \tag{D.7}$$

Vector로 정의하면 다음과 같다.

$$\vec{\mu}_{mag} = \frac{q}{2}\vec{r}_c \times \vec{v}_\perp \tag{D.8}$$

방정식 (D.4) 좌변 셋째 항과 우변 둘째 항을 정리한다.

$$q\vec{v}_{gc} \cdot \vec{E} - \frac{d}{dt}\left(\frac{1}{2}m\bar{v}_{gc}^2\right) = \vec{v}_{gc} \cdot \left(q\vec{E} - md\vec{v}_{gc} / dt\right) \tag{D.9}$$

선회중심 속도를 다음과 같이 자장에 수직인 성분과 평행인 성분으로 분리한다.

$$\vec{v}_{gc} = \vec{v}_{gc\perp} + \vec{v}_{gc//} \tag{D.10}$$

방정식 (D.10)를 (D.9)에 대입한다.

$$\begin{aligned}&\left(\vec{v}_{gc\perp} + \vec{v}_{gc//}\right)\cdot\left(q\vec{E} - m\dot{\vec{v}}_{gc}\right) \\ &= \left(\begin{matrix}\dfrac{\vec{E}\times\vec{B}}{B^2} + \dfrac{\mu_{mag}}{qB^3}\vec{B}\times\nabla\dfrac{B^2}{2} \\ +\dfrac{m}{qB^2}\vec{B}\times\dot{\vec{v}}_{gc} + \dot{\vec{v}}_{gc//}\end{matrix}\right)\cdot\left(q\vec{E} - m\dot{\vec{v}}_{gc}\right) \\ &= \frac{\mu_{mag}}{qB^3}\left(\vec{B}\times\nabla\frac{B^2}{2} + \frac{qB^3}{\mu_{mag}}\dot{\vec{v}}_{gc//}\right)\cdot\left(q\vec{E} - m\dot{\vec{v}}_{gc}\right) \\ &= \frac{\mu_{mag}}{B^3}\vec{E}\times\vec{B}\cdot\nabla\frac{B^2}{2} \\ &\quad + \frac{\mu_{mag}m}{qB^3}B\times\dot{\vec{v}}_{gc}\cdot\nabla\frac{B^2}{2} \\ &\quad + \vec{v}_{gc}\cdot\hat{z}\hat{z}\cdot\left(q\vec{E} - m\dot{\vec{v}}_{gc}\right)\end{aligned} \tag{D.11}$$

입자운동에서 다음을 알 수 있다.

$$m\dot{\vec{v}}_{gc//} = q\vec{E}_{//} - \mu_{mag}\nabla\vec{B} \tag{D.12}$$

방정식 (D.12)를 (D.11)에 대입한다.

$$
\begin{aligned}
& q\vec{v}_{gc} \cdot \vec{E} - \frac{d}{dt}\left(\frac{1}{2} m\vec{v}_{gc}^2\right) \\
& = \mu_{mag}\left[\frac{\vec{E}\times\vec{B}}{B^2} + \frac{m}{qB^2}\vec{B}\times\dot{\vec{v}}_{gc} + \dot{\vec{v}}_{gc//}\right]\cdot\nabla\vec{B} \\
& = \mu_{mag}\vec{v}_{gc}\cdot\nabla\vec{B}
\end{aligned}
\tag{D.13}
$$

방정식 (D.6)과 (D.13)을 (D.4)에 대입한다.

$$
\begin{aligned}
& \frac{d}{dt}\left(\frac{1}{2} m\vec{v}_{\perp}^2\right) \\
& = \left\langle q\vec{v}_{\perp}\cdot\vec{E}\right\rangle + q\vec{v}_{gc}\cdot\vec{E} - \frac{d}{dt}\left(\frac{1}{2} m\vec{v}_{gc}^2\right) \\
& = \mu_{mag}\frac{\partial\vec{B}}{\partial t} + \vec{v}_{gc}\cdot\left(q\vec{E} - m\dot{\vec{v}}_{gc}\right) \\
& = \mu_{mag}\left[\frac{\partial\vec{B}}{\partial t} + \vec{v}_{gc}\cdot\nabla\vec{B}\right] \\
& = \mu_{mag}\frac{d\vec{B}}{dt}
\end{aligned}
\tag{D.14}
$$

방정식 (D.7)의 정의를 이용하여 방정식 (D.14)를 정리한다.

$$
\begin{aligned}
& \frac{d}{dt}\left(\frac{1}{2} m\vec{v}_{\perp}^2\right) \\
& = \frac{d}{dt}(B\mu_{mag}) \\
& = \mu_{mag}\frac{dB}{dt} + B\frac{d\mu_{mag}}{dt} = \mu_{mag}\frac{d\vec{B}}{dt}
\end{aligned}
\tag{D.15}
$$

$$
\frac{d\mu_{mag}}{dt} = 0
$$

Magnetic Moment μ_{mag}는 핵융합에 사용되는 Mirror 설명에 유용하게 사용된다.

참.고.문.헌

[1] Miller D.B. IEEE Trans. Microwave Theory and Tech. MTT-14:162, (1966),

[2] Kosmahl H., Miller D., Bethke G. J. appl. Phys. 38: 4576 (1967).

[3] Yoshinobu KawaiU, Yoko Ueda Surface and Coatings Technology 131_2000. 12~19.

[4] S.Samukawa, S.Mory, M.Sasaki. J. Vac. Sci. Technol. A. 9:85, (1991).

[5] S.B. Sing, N. Chand, D.S.Patil. Vacuum 83 (2009), p. 372-377,

[6] Kiichiro Uchino, Hiroshi Muta, ShinjiKawai, Tobias Ro, Vacuum 84 (2010) 1381~1384.

[7] Arnal, Y., Pelletier, J., Pomathiod, L., and Vallier, L., Proc. of 8th International Conference on Plasma Processes (CIP 91), Le Vide, Les Couches Minces, Suppl. 256,235-237 Antibes, France (1991)

[8] Pelletier, J., Device for Distributing a Microwave Energy for Exciting a Plasma, French Patent No 9100894 (22 January 1991), U.S. Patent No 5216,329 (1 June 1993).

[9] Pelletier J. Distributed ECR Plasma Sources. In book: HIGH DENSITY PLASMA SOURCES Design, Physics and Performance Edited by Oleg A. Popov Matsushita Electric Works Woburn, Massachusetts NOYES PUBLICATIONSPark Ridge, New Jersey, U.S.A.Matching of long lines P. 380-425.

[10] Toyohisa Asaji, Hiroshi Sasaki, Hideyuki Furuki, Yushi Kato,Shigeyuki Ishii, Motoichi Kanazawa, Junji Saito. Nuclear Instruments and Methods in Physics Research B 237 (2005) 262-266.

[11] Shigekazu Tada, Wataru Miyazawa, Yuichi Sakamoto, Shoji Den, Yuzo Hayashi. Thin Solid Films 281-282 (1996) 149-151.

[12] Lieberman M.A. Lichtenberg A.J. "Principles of plasma discharges and materials processing", A John Wiley & sons, Inc. 2005.

[13] Budden K.G. Radio waves in ionosphere, Cambridge university press, Cambridge, UK, 1966.

[14] F.F.Chen and D.Armush. Generalized theory of helicon waves. I Normal modes Phys. Plasmas 4 (9), September, 1997, 3411-3421. II. Excitation and absorption. Phys. Plasmas 5 (5), May, 1998, 1239-1254.

[15] D.Armush. The role of Trivelpiece-Gold waves wave in antenna coupling to helicon waves. Phys. Plasmas 7 (7), July, 2000, 3042-3050.

[16] I.D.Sudit and F.F.Chen. Discharge equilibrium of helicon plasma. Plasma sources. Sci. Technol. 5, (1996), p. 43 - 53.

[17] F.F. Chen, J.D. Evans, and G.R. Tynan, Design and performance of distributed helicon sources, Plasma Sources Sci. Technol. 10, 236 (2001)

[18] Yoon Jae Kim, Seung Ho Han, Y.S.Hwang Thin Solid films 435 (2003), 270-274

[19] M.Moisan, Z.Zakr-zhevsky, R.Pantel. J.Phys D.: Appl.Phys. v. 12, 219-237 (1979)

[20] Large diameter surfatron. M.Moisan, J.Margot Z.Zakrzhevsky, Surface wave plasma sources. In. High Density Plasma Sources. Design, physic and Performance. Ed by O.Popov. 1995, p. 192.

[21] Takayuki Toba and Makoto Katsurai. IEEE Tran-sactions on plasma science, Vol. 30, No 6, p. 2095.

[22] Chen Zhaoquan; Liu Minghai; Chen Wei; Luo Zhiqing; Tang Liang; Lan Chaohui; Hu Xiwei; Antennas, Propagation and EM Theory, 2008. ISAPE 2008. 8th International Symposium on p. 559-572 DOI: 10.1109/ISAPE.2008.4735276

[23] Stable surface wave plasma source. Lee Chen, Jianping ZHAO, R.V.Bravemec, Merritt Funk. US Patent 2011/0057562, H05H 1/26, H01P 3/00 Date:Mar 10, 2011.

[24] W. D. Jackon, "Classical Electrodynamics", 2nd ed., John Wiley & Sons, 1962.

[25] 최덕인, "플라즈마물리학과 핵융합", 민음사, 1985.

[26] Earl W. McDaniel, "Atomic Collisions", John Wiley & Sons, 1989.

[27] Linda E. Reichl, "A Modern Course in Statistical Physics", J. Wiley and Sons, New York 2nd ed. 1998.

[28] L. Sansonnens and J. Schmitt, Appl. Phys. Lett., Vol. 82, No. 2, 2003, p.182.

[29] David M. Pozar, "Microwave Engineering" 3rd ed., John Wiley & Sons, 2005.

본 과제(결과물)는 교육과학기술부의 재원으로 한국연구재단의 지원을 받아 수행된 광역경제권 선도산업 인재양성사업의 연구결과입니다.

Following are results of a study on the "Human Resource Development Center for Economic Region Leading Industry" Project, supported by the Ministry of Education, Science & Tehnology(MEST) and the National Research Foundation of Korea(NRF).

정가 19,000원

플라스마 물리 입문

2012년 3월 20일 초판 인쇄
2012년 3월 27일 초판 발행

저자와의 협의하에 인지생략

저 자 : 박 원 택 · Sergey Dvinin

발행자 : 우 명 찬 · 송 준
발행처 : 홍릉과학출판사
주 소 : ㊄142-885 서울시 강북구 인수동 455-60
등 록 : 1976년 10월 21일 제5-66호
전 화 : 02) 999-2274~5, 996-8341, 903-7037
팩 스 : 02) 905-6729
ISBN : 978-89-97570-14-0
hongpub@hongpub.co.kr
www.hongpub.co.kr